AF544354

Christian Lemasson

MESSER AUS FRANKREICH

Alle regionalen Messertypen und ihre Geschichte

Christian Lemasson

MESSER AUS FRANKREICH

Alle regionalen Messertypen und ihre Geschichte

Titel der Originalausgabe: Couteaux de France – Histoire des couteaux régionaux

Grafik: Vivien Therme
Aus dem Französischen von Wolfgang Lantelme

1. Auflage der deutschen Ausgabe, 2023

ISBN 978-3-948264-17-8

Wieland Verlag GmbH
Rosenheimer Str. 22
83043 Bad Aibling
Telefon 08061/38998-0
Fax 08061/38998-20
www.wieland-verlag.com

Gestaltung und Satz der deutschen Ausgabe: Caroline Wydeau
Lektorat: Birgit Arnold
Schlusskorrektur: Karola Wieland

Druck: Print Consult GmbH, München

Printed in EU

FABRIQUE DE COUTELLERIE

ALCIDE MARCLAND

THIERS (Puy-de-Dôme)

ADRESSE TÉLÉGRAPHIQUE

ALCIDE MARCLAND, THIERS

TÉLÉPHONE 62

ECHELLE 2/5

Nos	541 p4	457 pp	458 m	370 pp	550 P	549 P	546 m	544 p	599 gr		596 m		593 pp		594 p3		562 p		459 p3		423 pp
									2 p.	1 p.	2 p.	1 p.	2 p.	1 p.	2 p.	1 p.	2 p.	1 p.	2 p.	1 p.	
Douz. »	p4 4.50	7.»	5.50			5.»	5.»	8.»													7.50 p4
»		7.50		3.50	7.50	5.50	5.50	8.50		46		8.50		42		9.»	20	43.»	46	42	

INHALT

	Vorwort	6
	Technisches Lexikon	8
1	Das Messer und sein Umfeld	12
2	Der Messerschmied im Dorf	16
3	Weitergabe des Fachwissens	22
4	Messer für andere herstellen	26
5	Die Messer im Massif Central	40
6	Die Messer im Südwesten	60
7	Die Messer im Westen	112
8	Die Messer im Norden und Osten	134
9	Die Messer im Südosten	156
10	Falsche Freunde	202
11	Das Meer, eine andere Welt	208
12	Sammlungen	212
	Epilog	216

Anhang

Index	218
Quellenangaben	221
Danksagung	222
Bildhinweise	222

ÜBERSICHT

In diesem Buch verwendete geographische Gliederung der ehemaligen französischen Provinzen und Departements (nach einer Karte von 1936).

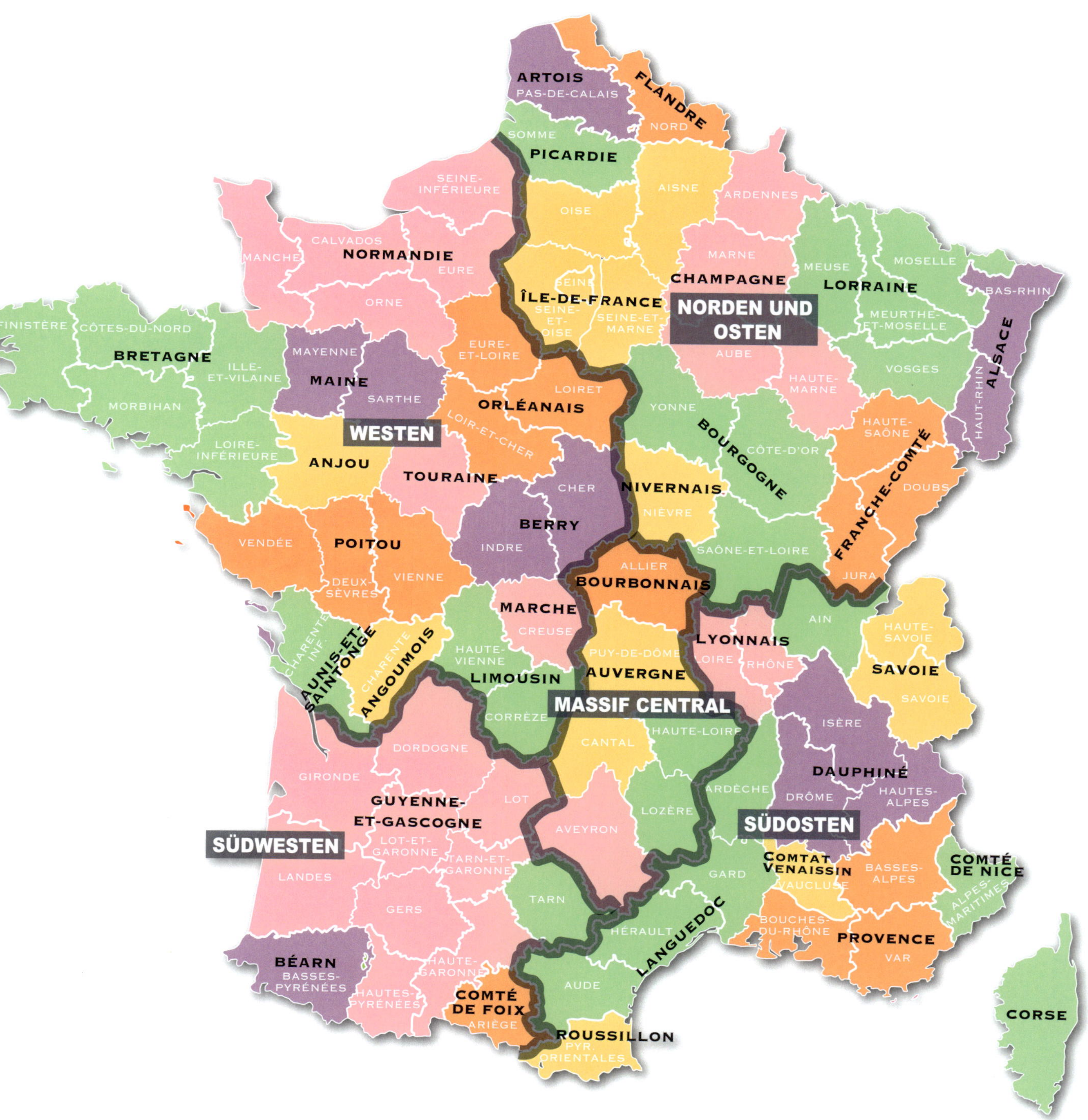

Vorwort

Christian Lemasson | Autor

Die regionalen Messer sind Teil der französischen Lebensart. Sie bilden in ihrer Gesamtheit einen einzigartigen Schatz, dessen Vielfalt nur wenige Nationen mit uns teilen.

Unsere Großväter, meist stammten sie aus dem ländlichen Raum, besaßen alle ihr persönliches Messer, und das trugen sie in ihrer Tasche. Immer. Auf den Gedanken, das Haus ohne es zu verlassen, wären sie niemals gekommen. Lassen Sie uns auf eine gemeinsame Reise gehen, um diese Welt zu entdecken, ich lade Sie ein!

Eingeladen habe ich außerdem zwei Autoren aus dem 19. Jahrhundert: Abel Hugo (1798–1855), Bruder des berühmten Victor Hugo, sowie Eusèbe Girault de Saint Fargeau (1791–1855). Sie werden uns Einblicke in die Regionen und die Atmosphäre des 19. Jahrhunderts gewähren, in der die regionalen Messer treue Begleiter der Menschen waren.

Frankreich ist ein Land kulinarischer Genüsse. In all seinen Regionen hat man es verstanden, die Notwendigkeit der Nahrungsaufnahme in ein Vergnügen und eine Kunst zu verwandeln, die Bestandteil der französischen Kultur geworden sind. In gleichem Maße verstanden es die Menschen, sich bei all ihren Tätigkeiten, die zum Lebenserhalt notwendig sind, von einem Gegenstand begleiten zu lassen, der weit mehr geworden ist als ein einfaches Werkzeug: dem Messer. Es begleitete sie auf den Feldern, im Wald, auf dem Meer und in den Momenten der Gemeinsamkeit, der *convivialité*, die uns Franzosen so viel bedeutet. Bis in die urbane Welt unserer Städte begleitet es uns heutzutage beim Essen.

Während die Menschen lernten, Klingen aus Feuerstein herzustellen, dann aus Bronze, Eisen und Stahl, entwickelte sich das Messer stetig weiter. Im Mittelalter trug man es als feststehendes Messer in einer Scheide am Gürtel und nutzte es in einer bisweilen feindlichen Umgebung ebenso selbstverständlich wie bei Tisch. Zu Beginn des 17. Jahrhunderts wurde es zunehmend durch klappbare Messer abgelöst, die man bequem in der Tasche verstauen konnte.

Frankreich ist ein Land sehr unterschiedlicher Messer, so wie es ein Land mit sehr unterschiedlichen Regionen ist. Es setzt sich aus einem Mosaik von Völkern und Sprachen zusammen, das seine Vielfalt ausmacht, am Ende aber zu einem großen Ganzen vereint ist. Ebenso wie jede Region ihre landwirtschaftlichen und kulinarischen Spezialitäten besitzt, hat auch jeder Franzose sein persönliches Messer, das für die französische Lebensart, unser *l'art de vivre*, steht.

Namen wie Rouennais, Normand, Petit Breton, Gersois, Nontron, Laguiole oder Nogentais sind Worte, die nach Frankreich duften. Es sind die Namen von Messern, die in diesen Regionen geboren wurden. Sie alle stehen für einen Gegenstand, der eine regionale Gemeinschaft repräsentiert, ebenso wie die lokale Sprache oder eine bestimmte Art, sich zu kleiden. Das regionale Taschenmesser ist ein Stück des kulturellen Erbes.

In der ganzen Welt schaut man auf die kulturellen Besonderheiten Frankreichs und bewundert sie. Damit avancieren auch unsere berühmten Laguiole- und Opinel-Messer zu wahren Botschaftern der französischen Lebensart und gastronomischen Künste.

Hans Joachim Wieland | Verleger

Einen Übersetzer für ein fremdsprachiges Buch zu finden, ist mitunter eine schwierige Aufgabe – vor allem, wenn es um ein so spezielles Thema wie Messer geht. Bei diesem Buch kann ich jedoch von einem Glücksfall sprechen: Der Übersetzer Wolfgang Lantelme ist vermutlich der größte Experte für regionale französische Messer in Deutschland und in diesem Bereich seit vielen Jahren beruflich aktiv. Er kennt die Messerszene jenseits des Rheins wie seine Westentasche und ist zudem mit Christian Lemasson freundschaftlich verbunden. Wolfgang Lantelme hat bereits den Titel *Legende Laguiole* des gleichen Autors (ebenfalls in unserem Verlag erschienen) ins Deutsche übersetzt. Ich möchte mich an dieser Stelle noch einmal ausdrücklich bei ihm für seine gleichermaßen fachkundige wie elegante Übersetzung bedanken.

Wolfgang Lantelme | Übersetzer

Die Messerherstellung im 19. und zu Beginn des 20. Jahrhunderts war handwerklich. In jedem einzelnen Gewerk hatten sich über viele Generationen hinweg Fachausdrücke etabliert, die an zahlreichen Stellen dieses Buchs auftauchen. Wenn sie nicht direkt übersetzbar waren, werden sie an Ort und Stelle erklärt. Diese Fachsprache ist fester Bestandteil der Welt der französischen Messer. Für dieses Buch sind sie ein wichtiges Element seines Charakters und Charmes.

Manche Begriffe scheinen einfach übersetzbar zu sein, haben im Deutschen aber andere Bedeutungen als im Französischen. Andere Details sind wichtig für das technisch-konstruktive Verständnis. Wieder Anderes ist französischen Lesern geläufig, nicht aber allen deutschen Lesern. Verlag und Übersetzer kamen deshalb überein, dem Buch einige Erklärungen und ein Technisches Lexikon voranzustellen.

HÄUFIG BENUTZTE BEGRIFFE

Atelier: Hier im Buch ist die Werkstatt eines Messermachers gemeint, mit oder ohne eigene Schmiede.

Patron: Oberhaupt, Familienoberhaupt. Hier im Buch der Chef eines Betriebs.

Coutelier: Im Französischen ein sehr allgemeiner Begriff, der alle Personen bezeichnet, die mit der Herstellung von Schneidwaren in Verbindung gebracht werden können. Das reicht vom Messerschmied, der alles selbst herstellt, bis zum Inhaber eines Schneidwarengeschäfts, der lediglich verkauft.

Coutellerie: Auch ein allgemeiner Begriff, der alles umfasst, was das Gewerbe betrifft, von der Messerherstellung bis zum Schneidwarenhandel, wo Messer nicht hergestellt, sondern nur verkauft werden.

Coutelier-Patron: Ein Patron, der selbst als Messerschmied arbeitet.

Maître-Coutelier: Messerschmiedemeister.

Ouvrier-Coutelier: Angestellter Messermacher.

Ouvrier à domicile: Heimarbeiter.

Forgeron: Schmied.

Taillandier/Taillanderie: Hersteller/Herstellung von Kleineisenwaren, vor allem schneidender und spitzer Werkzeuge für den bäuerlichen Bedarf wie Hacken, Äxte, Schaufeln, Mistgabeln etc.

Fabrikant (im Sinne dieses Buches): Messerhersteller, der bei seinen Zulieferern, meist Heimarbeitern, Messer oder Teile anfertigen lässt (Schmiede, Schleifer, Monteure etc.). Der Fabrikant besorgt die Kundenbestellungen und die Rohstoffe, vergibt die Aufträge an seine Zulieferer, sammelt die Zwischen- und Endprodukte ein und liefert die Bestellungen an seine Kunden aus.

Finisseur: Angestellter bei einem Fabrikanten, der lediglich Abschlussarbeiten erledigt, wie Eingangskontrolle, Einlagern, Verpacken.

Technisches Lexikon

Affilage
Feinabzug, letzter Schliff für den Gebrauch.

Affûtage
Schärfen, Maßnahme, um mittels eines flachen oder rotierenden Schleifsteins Schärfe herzustellen, damit eine Klinge besser schneidet.

Biseau oder Chanfrein
Fase oder Rückenfase, Kantenabschrägung am Rücken der Klinge, ästhetischer Kunstgriff.

Bourbonnaise
Bezeichnet eine Klingenform, bei der Rücken und Schneide parallel zur Mittelachse verlaufen und sich in einer zentrierten Klingenspitze treffen.

Cachage
(aus dem Patois cachar = pressen)
Vorgang des Erhitzens und Formens eines Hornstücks in einer Pressform, so dass es die Form eines Messergriffs annimmt.

Côte oder Côtes
Griffschalen, bezeichnet die beiden auf den Platinen befestigten Platten, die dem Griff seitlich des Ressorts sein Griffvolumen geben.

Cran
Zapfenartige „Nase" unter dem Ressort, die in die Nut des Talons greift, um eine geöffnete Klinge zu arretieren.

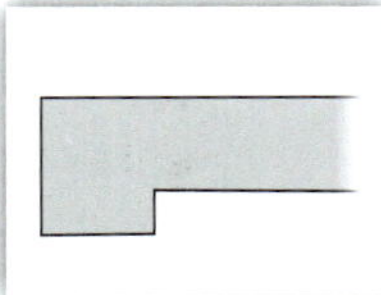

Logement du cran
Nut auf der Oberseite des Talons einer Klinge mit dem Ziel, den Zapfen des Ressorts aufzunehmen und damit die geöffnete Klinge zu arretieren.

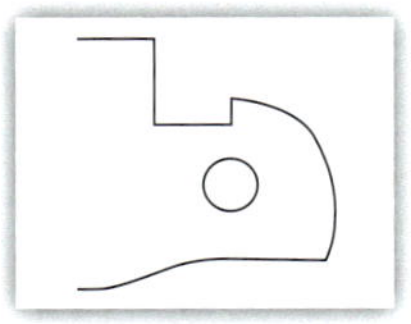

Cran d'arrêt
Verriegelungssystem mit rechtwinkligen Kanten. Dieses System erfordert das Anheben der Mouche zur Entriegelung entweder mit zwei Fingern oder mit einem Ring.

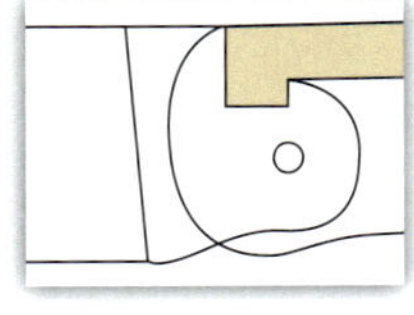

Cran d'arrêt à anneau
Verriegelungssystem wie Cran d'arrêt. Zum Entriegeln wird das Ressort an dem Ring angehoben.

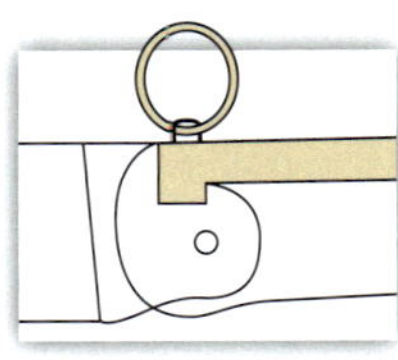

Cran forcé
Verrieglungssystem wie Cran d'arrêt, aber mit abgeschrägter Kante an Ressort und Talon. Erlaubt ein Schließen der Klinge, ohne die Mouche anheben zu müssen.

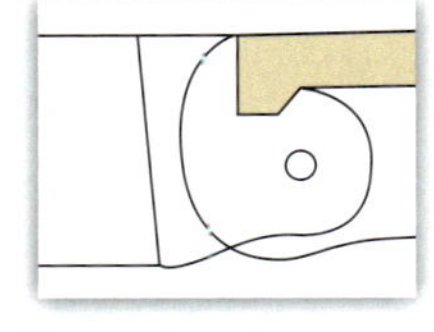

Cran plat mit Talon carré
Verriegelungssystem vieler regionaler Messer ohne „Nase" unter dem Ressort, z.B. Agenais, London, Mineur. Dadurch stoppt die Klinge beim Schließen bei 90°.

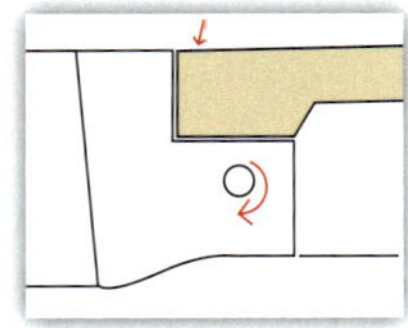

Cran plat mit Talon rond
Verriegelungssystem vieler regionaler Messer ohne „Nase" unter dem Ressort. Dadurch lässt sich die Klinge in einem Gang ohne Zwischenstopp schließen.

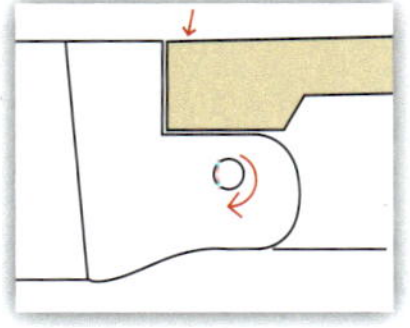

Cul
Hinteres Ende des Griffs oder des Ressorts.

Dos
Rücken, Oberseite des Griffs oder des Ressorts.

Émouture
Grundschliff des Klingenrohlings nach dem Schmieden auf einem rotierenden Schleifstein oder Schleifband.

Enclumette
Kleiner Amboss an der Werkbank des Monteurs, der speziell zum Montieren eines Messers dient.

Entablure
Bezeichnet die Linie zwischen Klingenschräge und Ricasso.

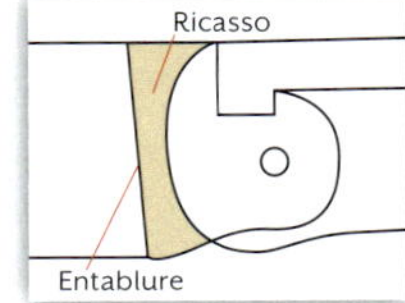

Estampage
Gesenkschmiede, mechanisches Fertigungsverfahren des Umformens, bei dem in Formwerkzeugen (Gesenken) dem zu schmiedenden Stahl unter hohem Pressdruck die Form gegeben wird.

Fourniture
Ausstattung, bezeichnet die Gesamtheit der Teile, aus denen ein Messer hergestellt wird.

Grosse
Gros, Maßeinheit, die zwölf Dutzend, also 144 Stück, entspricht.

Guillochage
Feilarbeit zur Verzierung des Ressorts. Bezeichnet auch den verzierten Abschnitt des Ressorts.

Lame
Klinge, flacher, aus Stahl bestehender, geschliffener Teil eines Messers. Sie durchläuft Härte- und Anlassprozesse, um Elastizität und Schnitthaltigkeit zu gewährleisten.

Lentille
Linse, linsenartige Verlängerung der Klinge zum Griff, die als Anschlag dient.

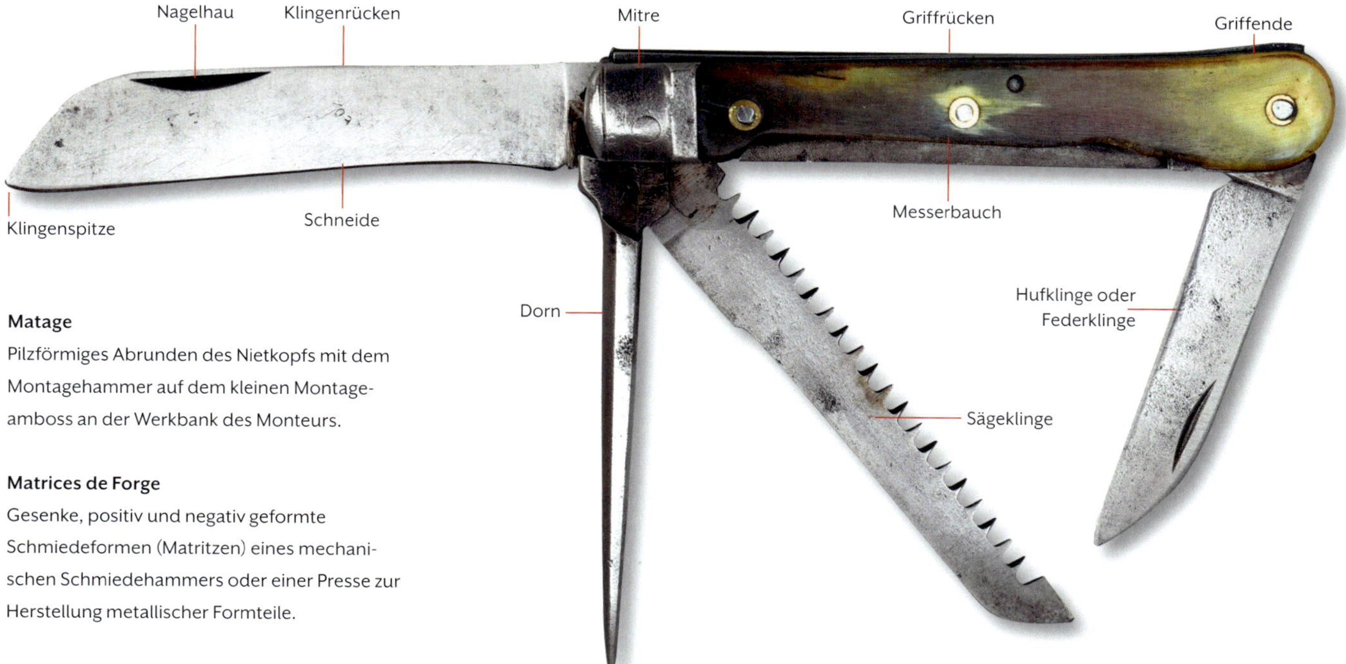

Matage
Pilzförmiges Abrunden des Nietkopfs mit dem Montagehammer auf dem kleinen Montageamboss an der Werkbank des Monteurs.

Matrices de Forge
Gesenke, positiv und negativ geformte Schmiedeformen (Matritzen) eines mechanischen Schmiedehammers oder einer Presse zur Herstellung metallischer Formteile.

Matrices de poinçonnage
Stanzformen, die das serielle Ausstanzen von Messerbestandteilen aus Metallbändern oder -platten ermöglichen.

Mouche
wörtlich: Fliege, in der Fachterminologie der Messerschmiede eine beidseitige Verbreiterung am Kopf eines Ressorts, das nichts mit dem Insekt zu tun hat. Diente ursprünglich zur Entriegelung der Klinge beim Schließen der Messer (siehe Cran d'arrêt). Die Mouche verlor diese Funktion mit Aufkommen des Cran forcé, erhielt sich aber aus ästhetischen Gründen als Schmuckelement. Heute häufig in Form einer Biene dargestellt.

Multipièces
Mehrteiler, Messer mit mehreren Funktionen und/oder entsprechenden Klingen.

Pièce
Teil, Bestandteil des Messers mit spezieller Funktion (z. B. Klinge, Säge, Korkenzieher, Ahle, Dorn).

Platinen
Das Paar seitlicher Metallplatten in Griffform, Bestandteile des Messerskeletts. Mithilfe von Schrauben oder Nieten befestigt der Monteur an ihnen Klinge, Ressort und Griffschalen.

Plein Manche
wörtlich: voller Griff, Griff ohne Metallbacken. Die früheste Form der Griffgestaltung, als man noch nicht die technischen Voraussetzungen für die Herstellung der Mitres besaß. Auch die eleganteste, von den Schmieden in Laguiole bevorzugte Griffversion.

Pointillage
Dekor aus kleinen Metallstiftchen zur Dekoration des Messergriffs.

Polissage
Polieren/Politur, letzte Arbeit des Monteurs zur Beseitigung von Unsauberkeiten, Rissen und Überständen mit anschließender Politur.

Ressort
Federstahl mit der Aufgabe, die Klinge in geöffnetem oder geschlossenem Zustand in Position zu halten. Wird im Rücken des Messers zwischen den Platinen mit Schrauben oder Nieten montiert.

Ricasso
Sichtbarer Teil des Talons.

Rosette
Scheiben unter den Nietköpfen aus Messing, Kupfer oder Eisen.

Talon
Bezeichnet den hinteren, dicksten Teil der Klinge zwischen den Platinen, der beim Öffnen und Schließen der Klinge mit dem Ressort in Kontakt steht. Man unterscheidet Talon ronde und Talon carré. Sh Cran plat.

Tas
Haufen, Aufsatzstück auf einem Amboss, um spezielle Teile schmieden oder formen zu können.

Tête
Kopf, vorderes Ende des Griffs oder Ressorts Richtung Klingenspitze.

Trempe
Härten, Härtevorgang nach dem Schmieden durch plötzliches Abkühlen in Wasser, Öl oder einem kryogenen Gasgemisch. Dem Härten folgt das Anlassen (fr. revenu) bei geringerer Temperatur mit dem Ziel, der nach dem Härten spröden Klinge Elastizität zurückzugeben.

Tranchant
Schneide, die scharfe Kante einer Klinge

Ventre
Bauch, Unterseite des Messergriffs.

Yatagan
Klingenform, bei der die Rückenlinie nach einem kurzen horizontalen Abschnitt schräg zur Klingenspitze abfällt.

Griff mit umgeschlagenen Platinen

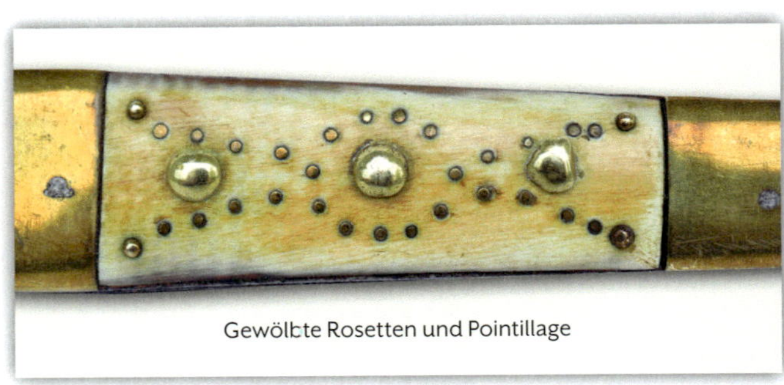
Gewölbte Rosetten und Pointillage

Schaffußklinge

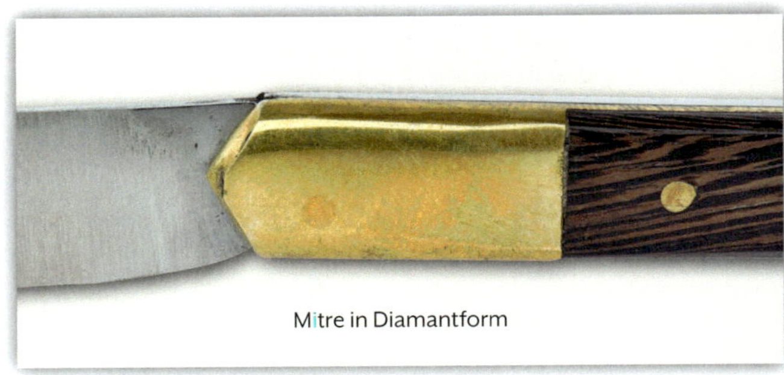
Mitre in Diamantform

Salbeiblattklinge

Türkische Klinge

Yataganklinge

Metzgerklinge oder Rückenspitz

Stylet-Klinge

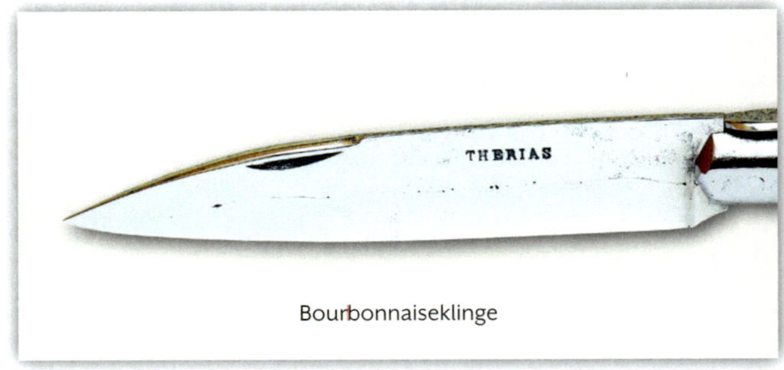
Bourbonnaiseklinge

Einfache Virole

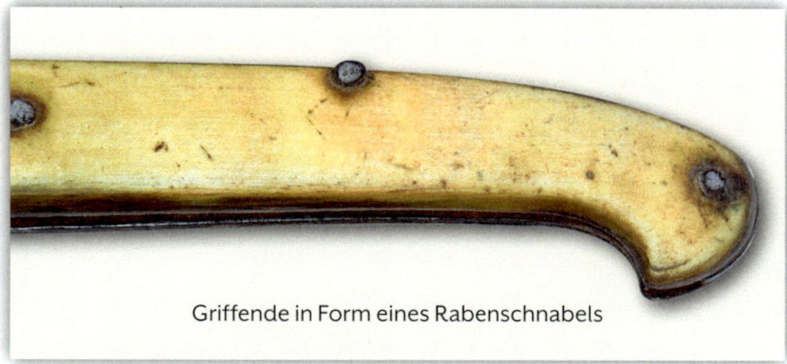
Griffende in Form eines Rabenschnabels

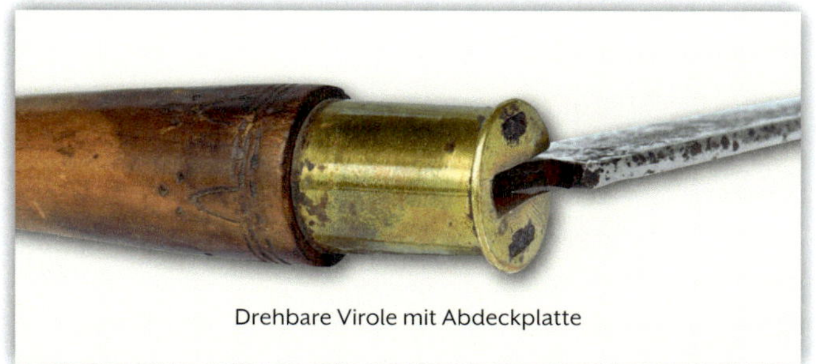
Drehbare Virole mit Abdeckplatte

Klinge für den Aderlass

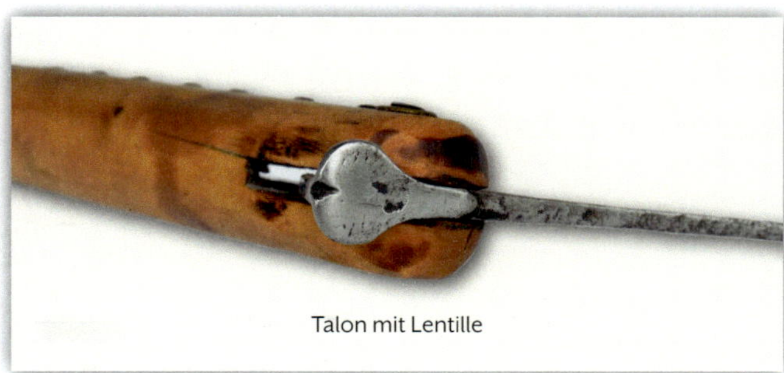
Talon mit Lentille

Dorn

Klingenstopp mit zwei Stiften

Ahle

Das Messer und sein Umfeld

Wie entsteht ein Messer? Eine Frage, die schwierig zu beantworten ist. Vereinfachend kann man sagen, es befriedigt einen Grundbedarf oder ein Bedürfnis. Aber Hintergründe und Absichten im Einzelnen oder die Bedürfnisse im Speziellen zu definieren, gleicht einem Ariadnefaden, der sich nicht immer zu den Ursprüngen zurückverfolgen lässt.

Man kann die These aufstellen, dass sich die Klingenform aus einer bestimmten Nutzung, zum Beispiel einer Ernährungsgewohnheit oder einer landwirtschaftlichen Praxis, ergibt, die seine Form erforderlich macht. Aber das wäre ein Fehler. Vergleicht man nämlich gleiche Gewohnheiten in verschiedenen Regionen, stellt man bei den Messermachern unterschiedliche Lösungen fest. Bei der im Südwesten Frankreichs verbreiteten „türkischen Klinge" zum Beispiel lässt sich nur feststellen, dass es sie gibt, aber sie kann nicht funktional begründet werden.

Eine Form kann weiterbestehen, auch wenn sie nicht mehr erforderlich ist. Einfach nur aus

Gewohnheit. Für die Mitglieder einer Gruppe wird sie dann – wie eine lokale Tracht – zu einem kulturell identitätsstiftenden Element, mit dem man sich als Gemeinschaft begreifen und identifizieren kann. Die Menschen verschiedener Regionen erkannten sich unter anderem an ihren Messern wieder, die sie bei sich trugen. Sie waren Symbol einer Zugehörigkeit, ein Code. Also müssen wir uns auf die Feststellung beschränken, dass es Familien regionaler Messer gibt, und halten die Namen fest, die die Bewohner ihren lokalen oder regionalen Messern gaben.

Manche Messer erhielten schon im 17. Jahrhundert ihre Namen:

- das Capucin, ein Schäfermesser aus den Pyrenäen, dessen Name von der Griffform abgeleitet ist,
- das Capujadou, abgeleitet von der lokalen römischen Umgangssprache, erhielt ihn wegen seiner Funktion des „Rakelns", des Bearbeitens von Ästen für die Korbflechterei,
- das Charlois von der Stadt Charolles, wo es beheimatet war,
- das Rouennais ebenfalls von einer Stadt, auch wenn sich seine Herstellung später an andere Orte im Westen der Normandie verlagerte und es dann auch Normand genannt wurde,
- das Berger (Schäfer) und andere, mehr im Osten angesiedelte Messer, die ihren Namen von ihrer Verwendung erhielten,
- das Laguiole trug den Namen seiner Geburtsstadt, wobei einige Bewohner eher die Namen des Herstellers bevorzugten: ein Calmels etwa oder ein Pagès (beides Messerschmiede in Laguiole im Aubrac).

Jedes Messer wurde irgendwann einmal von einem Messerschmied erstmalig hergestellt, der damit die Urheberschaft übernahm und es dann

Das Dorf Tartas (Landes) beherbergte mehrere Messerschmieden, die Messer für die Schäfer der Gegend schmiedeten.

Jede Region mit Schafzucht fand eine eigene Lösung, um ihr lokales Messer an die Bedürfnisse der Schäfer anzupassen.

für seine Kundschaft produzierte. Wenn er es auf den regionalen Märkten verkaufte oder wenn es bei seinen Kollegen in den Nachbardörfern nachgeschärft oder repariert wurde, dann erhielten auch sie Kenntnis von seinem Modell, das dann nachgebaut und weiterverbreitet wurde. Auf diese Art und Weise entstanden viele lokale Gegenstände. Manchmal meint man, einen erstmaligen Hersteller benennen zu können, weil das Messer seinen Namen trägt, wie zum Beispiel das Bonnet. In der Erinnerung der Bevölkerung wird die Urheberschaft dieses Messers aus dem Tarn dem örtlichen Messerschmied, der Familie Bonnet, zugeschrieben. Aber ebenso gut hätte es irgendein Schmied sein können, der die meisten davon herstellte. Zum regionalen Messer als Typus wurde es erst durch seine Verbreitung von einem Dorf zum anderen und schließlich in der ganzen Region.

Den regionalen Messern fehlt grundsätzlich die nach heutigen Maßstäben erforderliche markenrechtliche, intellektuelle Urheberschaft. Sie konnten von jedermann hergestellt werden, der damit die Nachfrage seiner Kundschaft bedienen wollte. Weil niemand dagegen Widerspruch einlegte, erklären sich daher die umfangreiche Produktion und der Fortbestand der Modelle. Ein Gegenbeispiel für diese Regel gibt es aber auch, nämlich das Opinel, das sich von einem Messer mit allgemein gebräuchlicher Form zu einem durch geistiges Eigentum geschützten Modell entwickelte, welches die eingetragene Marke mit der Form des Messers verbindet. Von den Savoyarden werden Messer dieser Art jedoch als Teil ihres kollektiven Kulturerbes angesehen.

Im Gespräch mit Handelsreisenden und Hausierern erfuhren die Dorfschmiede von den Möglichkeiten und den damit verbundenen Gewinnchancen, ihr Messermodell, dem sie meist noch nicht einmal einen Namen gegeben hatten, nicht selbst, sondern von Schmieden oder kleinen Manufakturen in Thiers anfertigen zu lassen. Weil man in Thiers Messer auch in kleinen Mengen „auf die eigene Marke" und zu günstigen Preisen herstellen konnte, hatte auch niemand einen Nachteil, denn die Qualität blieb gleich.

Auf diese Weise konnte ein Messerschmied mehr verkaufen, als er selbst herstellen konnte. Er gewann dadurch Zeit, konnte einen weiteren Markt in einem anderen Dorf besuchen und mehr Zeit für Dienstleistungen aufwenden, beispielsweise die Messer seiner Kunden reparieren, schleifen und polieren. Kurz gesagt, er konnte sein Einkommen verbessern. Das war so einfach, dass es am Ende dazu führte, dass viele Messerschmiede nach und nach ihr Know-how verloren, zu reinen Verkäufern wurden und am Ende sogar verschwanden.

Die kriegerischen Auseinandersetzungen während der Revolution von 1786 und des Ersten Empire führten zum Streit mit den europäischen Nachbarstaaten, den Hauptabnehmern der Produkte aus Thiers, der Hauptstadt der französischen Messerproduktion. Der Export schwand auf nur noch symbolische Größenordnungen. Thiers exportierte zum Ende des 18. Jahrhunderts nur noch zwei Drittel seiner Produktion in die Nachbarländer und überseeische Gebiete, wobei, ohne Bezug auf die jeweilige Region, überall die gleichen Modelle verkauft wurden. Die Zahl der Beschäftigten im Messergewerbe sank zwischen 1789 und 1810 von 5000 auf 3000. In der gesamten Branche, die auch Rasiermesser und Scheren umfasste, sank die Zahl von 11.430 auf 7091.

Um die Verluste auf den bis dahin erfolgreichen Exportmärkten auszugleichen, wandte sich Thiers verstärkt dem bisher vernachlässigten Binnenmarkt zu. In den Jahren zwischen 1830 und 1860, zu einer Zeit, als die Herstellung regionaler Messer in Thiers bereits fest etabliert war, liefen die thiernoiser Hersteller buchstäblich jedem Auftrag zu Produktion und Vertrieb eines lokalen oder regionalen Messers hinterher. Die Zeit danach, zwischen 1860 und 1920, wurde dadurch zur goldenen Ära der in Thiers hergestellten regionalen Messer, was paradoxerweise den Niedergang zahlreicher kleiner Messerschmieden in den Dörfern Frankreichs mit sich brachte, dort, wo die regionalen Messer ihren eigentlichen Ursprung hatten.

Wenn Schmiede und Einwohner einem lokalen Messer zuvor noch keinen eigenen Namen gegeben hatten, dann gaben die Fabrikanten in Thiers ihm einen, der zu seinem Verkaufsgebiet passte. Es waren also die Messerhersteller, die die Namen vieler regionaler Modelle in ihren Katalogen und Preislisten festlegten, man könnte sagen festschrieben, und zur Norm machten.

Bauernmärkte waren Orte des Austauschs. Innerhalb ihres Einzugsgebiets förderten sie die Entstehung einer gemeinsamen Messerform.

Der Messerschmied im Dorf

Die Esse der Messerschmiede und Schleiferei Douris in Villefranche-de-Rouergue (Aveyron).

Eine dörfliche Messerschmiede konnte durchaus aus nur einem einzigen Raum bestehen, der für die Familie, die Eltern und Kinder, gleichzeitig Wohn- und Arbeitsraum war. Wurden einzelne Messermodelle erfolgreich, heuerten die Werkstätten zusätzliche Arbeitskräfte von außerhalb an. So geschehen in Laguiole im Aubrac, in Mirande im Gers oder in Montpellier. Solange in Laguiole nur zwei oder drei Arbeiter oder Lehrlinge aus benachbarten Dörfern arbeiteten, logierten sie im Haus des Arbeitgebers, bei ihrem Patron. Wuchs die Produktion weiter, waren fünf Arbeiter und der Patron mit seinen Söhnen beschäftigt, konnte man sie im Haus nicht mehr unterbringen. Bei Opinel in Saint-Jean-de-Maurienne in den Savoyen kamen die Arbeiter zu Fuß aus den Weilern und Dörfern in den Bergen in die Werkstatt am Ufer des Arvan. Die Belegschaft umfasste einschließlich des Patrons, der mit seinen Arbeitern übrigens in der Schmiede arbeitete, bis zu elf Personen.

In manchen Dörfern, in denen die Produktion den lokalen Bedarf überstieg, vergrößerten sich nicht die vorhandenen Werkstätten, sondern gründeten sich weitere kleine Ein-Mann-Betriebe. Das war zum Beispiel der Fall in Montpezat-sous-Bauzon in den Cevennen, wo in der Blütezeit 24 Werkstätten existierten, in denen jeweils nur der Patron als eigener Chef arbeitete.

Die Herstellung eines Taschenmessers erfolgt in mehreren, gänzlich unterschiedlichen Arbeitsgängen: Das Schmieden der Klinge und des Ressorts, die *Forge*. Der Grundschliff der Klinge nach dem Schmieden, die *Émouture*. Die thermische Behandlung der Stähle durch Härten und Anlassen, die *Trempe*. Die Herstellung der Platinen und der Griffe, die *Découpe*. Die Zusammenstellung der benötigten Messerteile, die *Assemblage*, und zuletzt der eigentliche Zusammenbau, die *Montage*.

Grundsätzlich war es möglich, alle Arbeitsschritte für die Herstellung eines Messers in einem einzigen, kleinen, beschränkten Raum durchzuführen, in dem gleichzeitig die Familie lebte, arbeitete, aß und schlief. Wenn auch auf Kosten des Familienlebens. Ein typisches Beispiel ist das Haus eines Messerschmieds in Nogent in der Haute-Marne, der alle Arbeitsschritte selbst bewerkstelligte. Vom Schmieden bis zur Montage nahm er dafür keinerlei fremde Hilfe in Anspruch. Der Wohnraum besaß eine mit kleinen Scheiben verglaste Fensteröffnung, vor der die Werkbank stand, um das Tageslicht möglichst lange ausnutzen zu können. Die Feuerstelle zur Beheizung des Wohnraums verfügte über einen eigenen Bereich mit Esse, die zum Schmieden der Klingen benötigt wurde. Der mit einem Seil bediente Blasebalg für die Glut der Esse nahm die gesamte Rückwand ein. Auch die Polier- und Schleifbank brauchte Platz. Sie saß auf einem kleinen Sandsteintrog, auf der der *Coutelier* schliff oder polierte. Für den jeweiligen Zweck montierte er entweder eine Sandsteinscheibe zum Schleifen, oder zum Polieren eine mit Büffellederstücken benagelte Holzscheibe mit Schmirgelpaste. Um die großen Scheiben in Schwung zu bringen, drehte die Frau des Messermachers, eines der Kinder oder der Großvater die seitlich angebrachte, platzraubende Kurbel der Schleifbank.

In einigen Regionen mit ausgeprägtem Schmiedehandwerk gab es Dörfer oder Gruppen kleiner Weiler, in deren Nähe ein Fluss genug Wasserkraft lieferte, sodass ein Messerschmied seine Klingen zu einem Schleifer bringen konnte, der meist für mehrere Messerschmiede arbeitete. Auf diese Weise gewann er mehr Zeit für die anderen Arbeitsgänge in seiner Schmiede. Als Beispiel sind zu nennen Cahors am Lot, Le Fresne-Poret oder Saint-Jean-des-Bois.

Der Messerschmied Douris in Aurillac in seiner Werkstatt (die Familie war in Thiers, im Aveyron und im Cantal ansässig).

Die Herstellung der Klingen erfolgte von Hand mit dem Schmiedehammer auf dem Coutellerie-Amboss. Der Messerschmied erhitzte den Stahlbarren in der Esse, bis die Farbe der Glut ihm anzeigte, dass die richtige Temperatur zum Ausschmieden erreicht und der Stahl mit dem Hammer formbar war. Die richtigen Temperaturen zum Schmieden und Härten, auch jene, die keinesfalls überschritten werden durften, damit das Metall seine Eigenschaften nicht verlor, beschrieb man mit kirschrot, strohgelb und weiß-funkelnd.

Hatte eine Klinge in einem Zyklus aus mehrfachem Erhitzen und Ausschmieden ihre endgültige Form angenommen, wurde sie mit einem kräftigen Hammerschlag auf der *Tranche*, einem speziellen, auf dem Amboss steckenden Werkzeug, von dem restlichen Stahlbarren abgetrennt.

In den meisten dörflichen Messerschmieden arbeiteten nur der Patron und seine Familienangehörigen.

Die Messerschmiede Hébert in Vitré im Departement Ille-et-Vilaine (Bretagne), um 1910.

Anschließend erfuhr sie eine thermische Behandlung, die ihr die erforderliche Härte, Widerstandsfähigkeit und Elastizität verlieh. Dazu wurde sie in der Holzkohleglut der Esse erneut erhitzt, mit der Schmiedezange gegriffen und in einen mit kaltem Wasser gefüllten Bottich getaucht. Schmiede nennen diesen Vorgang *la Trempe*, „Härten", bei dem sich die Struktur des Stahls verändert. Er wird hart, gleichzeitig aber auch zerbrechlich. Aus diesem Grund vollzog der Coutelier eine *Recuit de détente*, eine teilweise Rücknahme der Härte bei geringerer Hitze, indem er die Klinge mit dem Rücken in eine sanfte Glut gab, die sie dann elastischer und weniger zerbrechlich machte.

Waren nach dem Schmieden Klingenstärke und äußere Form der Klinge erreicht, war sie aber noch nicht fertig, denn sie war bisher nur ein Stück Stahl, das noch nicht schnitt. Um das zu erreichen, musste an den Seiten der Klinge zur Schneide hin entsprechend Material abgetragen werden. Dieser Erstschliff erfolgte mit Druck auf die nasse, sich drehende Sandsteinscheibe. Am Ende zeigten sich auf der Klinge Riefeln, die in den folgenden Polierschritten beseitigt werden mussten. Für diesen Arbeitsgang benutzte der Schmied eine auf ihrer Lauffläche mit Büffellederlamellen benagelte Holzscheibe, die mit einer Mischung aus Talg und Schmirgel bestrichen wurde. In Thiers hieß diese Polierpaste *la Crotte* (Hundeschiss). Beschränkte man die Politur auf ein Minimum, erreichte man die *Poli de campagne*, eine erste Polierstufe, die den Bauern völlig ausreichte, weil eine feinere Politur ihnen keinen weiteren Gebrauchsnutzen brachte. Verfeinerte man die Größe des Schmirgelkorns in weiteren Polierschritten, konnte als letzter Grad die *Polimiroir* (Spiegelpolitur) erzielt werden, die den teuren Messern vorbehalten war, weil sie viel Zeit und Geschick erforderte.

Die Griffe für die regionalen Messer der Bauern fertigte man aus den vor Ort verfügbaren Materialien, vor allem Rinderknochen, sowie Horn von Rindern, Schafen und Ziegen. Vereinzelt, weil selten und exklusiv, verwendete man Hirschhorn, wie beispielsweise in Rumilly in den Savoyen. Für die Horngriffe der teuren Messer verwendete man die *Pointe de corne* (die massive Spitze des Horns), für die billigeren Messer den röhrenartigen unteren Abschnitt. Dieses untere Horn wurde erhitzt und in einer Hohlform in die gewünschte Form gepresst. *Cachage* nannte man dieses Verfahren, was von dem dialektalen *cachar* kommt, das in romanischen Sprachen „pressen" bezeichnet. Messer, deren Griffe ohne

Werkstatt in einem einzigen Raum, in dem alle Etappen der Messerherstellung stattfanden, wie in Laguiole oder Espalion (Aveyron).

An Markttagen ließen die Bauern von Guémené-sur-Scorff (Morbihan, Bretagne) ihre Messer schleifen und reparieren (Ende des 19. Jahrhunderts).

Mitres (Metallbacken an den Griffenden) ganz aus einem Stück Knochen oder Horn gefertigt wurden, trugen die Bezeichnung *Plein manche* (voller Griff).

Wollte ein Schmied die Griffenden seiner Messer verstärken und vor Beschädigungen beim Aufschlagen oder Herunterfallen schützen, was im bäuerlichen Gebrauch schnell passieren konnte, dann versah er die Griffenden mit Metallbacken, den Mitres. Dabei hatte er die Wahl zwischen der Mitre-Platine aus Eisen, bei der Platinen und Backen in einem Stück auf dem Amboss geschmiedet wurden. Hierfür verwendete er den *Tas* für die Backen, ein spezielles kleines Gesenk, das er auf dem Amboss montierte, sowie die *Bosse,* eine Rundung oder Höcker auf dem Amboss, um den flachen Rest der Platine auszuschmieden. Oder, in einem anderen, seltener verwendeten Verfahren, fertigte er die Backen aus Messing nach dem Wachsausschmelzverfahren.

Die letzte Etappe der Messerherstellung war die Montage, der Zusammenbau aller Einzelteile, bestehend aus Klinge, Ressort, Platinen und Griffschalen, sowie gegebenenfalls dem Einbau weiterer möglicher Teile, die viele Bauern an ihrem Messer wünschten: Säge, Ahle, Korkenzieher oder Hufmesser. Da die Einzelteile von Hand und nach Augenmaß angefertigt wurden, war erhebliche Anpassungsarbeit mit Feilen erforderlich, damit den Einzelteilen des Messers ein harmonisches Zusammenspiel ermöglicht wurde. Diesen Vorgang der Abstimmung vor der endgültigen Montage nannte der Coutelier *Réglage*.

Conscience (Gewissen) genannter Bohrer und Bohrspitzen zum manuellen Bohren der Messerteile (19. Jahrhundert).

Conscience, Raspeln zur Hornbearbeitung, Monteurhammer und Hammer zum Richten der Klingen (19. Jahrhundert).

BYRRH

Die Messerschmiede Portal am Place de la Volaille in Monclar-de-Quercy (Tarn-et-Garonne).

Weitergabe des Fachwissens

Die Werkstätten in Thiers nahmen zahlreiche Auszubildende aus allen Gegenden Frankreichs auf.

Bei der Durchsicht von Standesamtsurkunden der Messerschmiede im 19. Jahrhundert fällt auf, dass drei Viertel derer, die nicht von einem Vater abstammten, der selbst Messerschmied war, zumindest einen Vater mit einem handwerklichen Beruf (Weber, Hufschmied, Böttcher, Kunsttischler, Schlosser, Schmied, Tischler) hatten und selbständig war. Die anderen waren zumeist Söhne eigenständiger Bauern.

Aufgabe der Eltern war es, ihrem Kind auf dem Weg von der frühen Phase zum Heranwachsenden einen Weg für seine Zukunft aufzuzeigen. Übte der Vater einen selbständigen Beruf aus, konnte er den Jungen als Lehrling in seine Familienwerkstatt aufnehmen. Natürlich unter der Voraussetzung, das Handwerk gefiel dem Sohn, zwischen Vater und Sohn herrschte ein spannungsfreies Verhältnis und vor allem, bei dem Knaben handelte es sich um den ältesten Sohn. Die Kunden im Dorf des Couteliers waren ja nicht beliebig vermehrbar und die Tatsache, eine weitere Person ernähren, den Platz in der Werkstatt und ein zusätzliches Einkommen bezahlen zu müssen, stellte eine finanzielle Belastung dar. Hatte der Jugendliche bei seinem Vater oder einem anderen Meister seine Lehre als Messerschmied durchlaufen, konnte er die Nachfolge antreten, was manchmal sehr spät der Fall sein konnte. Gab es in der Familie aber mehrere Kinder, war der Weg vorgezeichnet: die Tür war

nach Außen geöffnet. Um in einem Beruf sein eigenes Schicksal selbst zu gestalten, bot es sich an, als Wandergeselle auf eine *Tour de France* zu gehen, wozu man einer *Compagnonnage*, einer Gesellenbruderschaft, beitreten musste.

Im Ancien Régime, einer vorrevolutionären, durch Ständewesen geprägten Zeit, war die Berufsausbildung durch die Statuten der Zünfte geregelt, sowohl was die Aufnahme in die Lehre, die Art der Beschäftigung während der Ausbildung, die Dauer der Lehrzeit als auch den Modus einer möglichen Gesellen- oder Meisterprüfung betraf. Diese Regeln galten aber ausschließlich in Städten, deren Bedeutung diese durch herrschaftliche Autorität eingesetzten Zunftregeln rechtfertigten. In der Campagne, also außerhalb der Städte, war die Berufsausübung frei. Ein Erlass von Louis XV legte fest, dass sich ein Handwerker außerhalb der Städte mit fest etablierten Standeszünften dann *Maître-Artisan* (Handwerksmeister) nennen konnte, wenn er seinen Beruf eine gewisse Zeit ausgeübt oder eine Lehre in seiner Familie oder bei einem Meister absolviert hatte. Die Ausübung des Berufs Coutelier (Messerschmied) war also zumindest außerhalb der Städte sehr liberal.

Die Compagnonnages, die Gesellenbruderschaften, besaßen großen Einfluss. Sie entstanden im Mittelalter im Umfeld der Baustellen der großen Kathedralen und wurden von zwei konkurrierenden Organisationen dominiert: Den „Kindern des Maître Jacques" und den „Kindern des Père Soubise". Diese regelten sowohl das Arbeitsangebot wie auch die Entlohnung. Zur Wanderschaft der Couteliers existieren vor dem Ende des 15. Jahrhunderts keine schriftlichen Quellen. Gerichtsurkunden von Dijon von 1464 berichten lediglich von den Taten zweier Coutelier-Gesellen, die zugaben, bei einer *la Mère* (Mutter) genannten Frau abgestiegen zu sein, wo Intrigen gegen gegnerische Wandergesellen geschmiedet wurden. 1475 wurden zwei Coutelier-Gesellen verurteilt, zum Abschied eines ihrer Mitgesellen einen lärmenden Umzug mit einem Schellentrommler veranstaltet zu haben. 1506 verordnete das Parlament von Paris ein Verbot von heimlich abgehaltenen Handwerkertreffen, weil in den Augen einer „Bruderschaft des Heiligen Sakraments" (Organisation der Frommen) Aufnahmerituale der Coutelier-Gesellen das Messopfer parodieren würden. Im Oktober 1684 wurden in der Sorbonne „all die gottlosen Schändlichkeiten" verurteilt, „denen Zügellosigkeiten und scheußliche Predigten folgten und denen sich zugelassene Gesellen auszusetzen hatten".

Die Abschaffung der Zünfte durch Turgot im Jahr 1776 und die Revolution danach schufen in Frankreich einen Raum ohne präzise Regeln für die Handwerksausbildung. 1791 verbot das Gesetz von Chapelier Zusammenschlüsse von Wandergesellen und jegliche Form von Zusammenschlüssen der Arbeiter, was jedoch niemanden daran hinderte, die Arbeiter-Organisation im Verborgenen zu betreiben, das Lohnniveau abzustimmen und die Unterbringung bei den Coutelier-Meistern zu organisieren. Die von Napoleon III wieder eingeführte Vereinigungsfreiheit brachte die Wandergesellschaften letztlich zurück in die Öffentlichkeit.

Wollte ein junger Mann zur Wanderschaft aufbrechen, musste er zunächst eine Berufsaus-

Oben links:
Ein Wandergeselle auf der Tour de France bei der Ankunft in einer Stadt.

Oben Mitte und rechts:
Die Ausbildung erfolgte bei einem Meister, danach ging es möglicherweise wieder auf Wanderschaft.

Unten:
Relief zu Ehren des Heiligen Eloi und der Compagnons des Maître Jacques, Thiers (18. Jahrhundert).

bildung bei einem ersten Lehrmeister durchlaufen und von ihm danach seine Beurlaubung erhalten. Das heißt, in seinem Gesellen-Wanderbuch musste vermerkt sein, dass er seinem Lehrherrn weder Geld noch Arbeitszeit schuldete. Dieses sogenannte *Livret d'ouvrier* stellte im 19. Jahrhundert eine Art Pass dar, der es dem Betreffenden ermöglichte, von Stadt zu Stadt zu wandern und den Arbeitgeber zu wechseln.

Hatte er diese Hürde genommen, musste er eine Bewährungszeit absolvieren, bevor er der Vereinigung der Wandergesellen als Vollmitglied beitreten konnte. Dort beurteilte man die Aufrichtigkeit der Bewerber, ihre handwerklichen Fähigkeiten und überprüfte ihre Pflichten gegenüber ihren ehemaligen Ausbildern. Man war bestrebt, vor allem zuverlässige Mitglieder auszuwählen, die auf der Wanderschaft dann neuen Lehrherren empfohlen werden konnten. Ein junger Wandergeselle begann als Anwärter und konnte, nachdem er vor drei Brüdern aus dem Messerhandwerk Zeugnis seiner Fertigkeiten abgelegt hatte, zum vollwertigen Wandergesellen aufsteigen. Dieser Aufstieg, *Montée en chambre* genannt, erfolgte in einem abgelegenen Zimmer der Herbergsmutter, wo die geheimen Zeremonien stattfanden, in deren Verlauf der zukünftige Wandergeselle auch die Regeln der Bruderschaft, deren Geheimzeichen und kodierte Erkennungswörter lernte. Mit verbundenen Augen unternahm er eine fiktive Reise, in deren Verlauf ihm bewusst gemacht wurde, welche Gefahr er lief, wenn er die Geheimnisse der Bruderschaft verraten würde. Wenn dann die Augenbinde entfernt wurde, betrat er im übertragenen Sinne den „Tempel" und war von nun an ein Weggeselle, ein *Compagnon*.

Compagnon der Messerzunft auf Tour, „Premier en ville".

Wenn ein frisch aufgenommener Compagnon sich auf die Tour de France aufmachte, gab er seinen bürgerlichen Namen auf und erhielt einen neuen, um seine Anonymität zu gewährleisten. Wer hätte einen *Ami des Compagnons* (Freund der Gesellen), *Bourguignon l'Ami du Devoir* (Burgunder Freund der Wanderspflicht), *Lyonnais le Bien Décidé* (Entschlossener Lyonaiser), *Du Puy la Prudence* (Bedachtsamer aus le Puy), *Toulousain va sans Crainte* (Toulouser geh ohne Furcht), *Alsacien l'Ami du Travail* (Elsässer Freund der Arbeit) oder *Lyonnais la Clef des Cœurs* (Lyonaiser Schlüssel der Herzen) identifizieren können?

Diese Pseudonyme erlaubten den Compagnons, ihre wahre Identität auch gegenüber ihren aktuellen Meistern zu verbergen. Der Geselle wanderte zu Fuß, nur mit seinem Wanderstab, dem Gesellenpass, in dem seine Aufenthalte dokumentiert wurden, und seinem Bündel mit persönlichen Sachen. Während der Tour vermied man abgelegene Gebiete und bevorzugte die großen Kommunikationsachsen entlang der Täler und Flüsse.

Meist reiste man von Paris ausgehend im Uhrzeigersinn Richtung Sens, Auxerre, Dijon, Chalon-sur-Saône, Mâcon, Lyon, Vienne, Valence, Avignon, Marseille, Toulon, Nîmes, Aix, Montpellier, Béziers, Carcassonne, Toulouse, Agen, Bordeaux, Saintes, Rochefort, La Rochelle und entlang der Loire zurück nach Paris. Unterwegs erkannte man seinesgleichen und rief ihnen zu „Welche Gegend, welche Clique?". Gehörte der andere der falschen, nämlich einer anderen Bruderschaft an, konnte es durchaus zu Schlägereien kommen. Auf jeder Reiseetappe fand der Compagnon Unterkunft bei einer Mère, einer Herbergswirtin, die ihm Unterkunft gewährte. In dem von der Mère zur Verfügung gestellten Raum tauschten sich die Compagnons heimlich aus und führten ihre Rituale durch. Der Aufenthalt in einer Werkstatt konnte zwischen 14 Tagen und acht Monaten dauern, bevor man von der Vereinigung in eine andere Stadt geschickt wurde. Der Auszug aus der Stadt wurde von der Bruderschaft dann oft als Festzug gestaltet und von einem rituellen Solidaritätsgruß der Bruderschaft, der *Guilbrette*, begleitet.

An einem neuen Ort angekommen, gab es einen genau geregelten Ablauf. Zuerst meldete sich der Compagnon bei der Mère. Diese wandte sich an den *Capitaine* der Compagnons, der seinerseits einen *Rôleur* beauftragte, der den Compagnon bei seinem neuen *Maître-Coutelier* vorstellte. Weil der Compagnon sich seine Werkstatt nicht selbst aussuchen konnte, waren Aufenthaltsdauer und Lohn zwischen der Organisation der Wandergesellen und dem Meister im Voraus ausgehandelt worden und Gegenstand einer Zahlung an die Kasse der Compagnonnage.

Was nicht selten vorkam, war, dass man eine Hochzeit anbahnte, wenn der Maître-Coutelier keinen Sohn, sondern eine Tochter als Erbin hatte. Eine Hochzeit sicherte dann den Fortbestand der Werkstatt und die Zukunft der Tochter. In einem solchen Fall beendete der Compagnon seine Wanderschaft, verließ die Gesellschaft und wurde dadurch zum *Compagnon remercié,* einem verdienten, ehemaligen Compagnon.

Die Gesellenvereinigung selbst war bemüht, das ganze Geschehen und den Ablauf im Griff zu behalten, damit ihre eigenen Mitglieder bei Anstellungen bevorzugt wurden. Sie scheute auch nicht davor zurück, eine Werkstatt mit Gewalt stürmen zu lassen und dort dem Meister und Gesellen einer konkurrierenden Vereinigung hart zuzusetzen. Die Mitglieder einer Gesellschaft waren sogar dazu verpflichtet, ihre Mitgesellen tatkräftig zu unterstützen. Besonders im Baugewerbe kam es öfter zu blutigen Schlägereien.

Der wandernde Messerschmiedgeselle „Vendôme sans Cérémonie", der 1838 in Lyon eintraf. Sammlung Édeline, Centre de la Mémoire des Compagnons du Devoir (Erinnerungszentrum der „Wanderbrüderschaft").

Nach einer Versammlung im Jahr 1807 verließen die Compagnons der Messerschmiede zusammen mit drei weiteren Metallberufen die Vereinigung, in der sie 1703 zusammengefasst worden waren, und gründeten die *Société des Quatre-Corps* (Gesellschaft der vier Körperschaften). Das ermöglichte ihnen engere Beziehungen untereinander, eine gemeinsame Mère in einer Stadt und vor allem Abstand zu den blutigen Konflikten unter den Gesellenverbänden des Baugewerbes. Diese neue Organisation der Wandergesellen der Tour de France hatte ihren Sitz in Lyon, wo auch ihre Archive geführt wurden.

Vor 1850 durften bereits zwölfjährige Kinder arbeiten und eine Lehre als Coutelier beginnen. Zu den Pflichten des Meisters zählte lediglich, sich gegenüber dem Lehrling als guter Familienvater zu verhalten und ihn nur zu Arbeiten einzuteilen, die seine Kräfte nicht überstiegen. In der Regel war der Lehrling bei seinem Meister untergebracht, der sich dann auch um die Erziehung kümmerte. Wenn ein Lehrling Lesen, Schreiben und Rechnen noch nicht ausreichend beherrschte oder den Katechismusunterricht besuchte, musste ihm der Meister dafür bis zu zwei Wochenstunden frei geben. Ab 1874 wurde die Schulpflicht bis zum Alter von zwölf Jahren eingeführt und Kinder durften nicht mehr als zwölf Stunden am Tag arbeiten. Die ersten Handelsschulen entstanden 1892.

Am Ende des 19. Jahrhunderts entsprach die Praxis der wandernden Coutelier-Gesellen nicht mehr den Realitäten der neuen, gewandelten Arbeitspraxis, denn Klingen wurden nicht mehr geschmiedet, sondern gestanzt. Sukzessive erreichte die Mechanisierung alle Bereiche der Messerherstellung. Die kleinen Werkstätten, in denen noch alles von Hand hergestellt wurde, verschwanden nach und nach und mit ihnen verlor die Messer-Compagnonnage ihren Nutzen. Auch sie verschwand in der ersten Hälfte des 20. Jahrhunderts. 1911 wurde der Facharbeiterbrief eingeführt, 1936 die Schulpflicht bis zum Alter von 14 Jahren. 1933 entstand in Thiers die *École Nationale de Coutellerie* (Nationale Schule für Schneidwaren).

Cortège. Der festliche Auszug eines Wandergesellen, der die Stadt verlässt, um „auf den Feldern zu kämpfen".

Messer für andere herstellen

Im Haushalt eines Monteur de couteaux à domicile (Messermonteur in Heimarbeit) wurde jede Hand gebraucht.

Die Notwendigkeit, Messer und andere Schneidwerkzeuge vor Ort herzustellen, wo sie gebraucht wurden, ließ frühzeitig lokale Messerschmieden entstehen. Dabei übten die ersten Couteliers oft gleichzeitig mehrere Berufe aus: als Winzer und Messerschmied, als Schuster und Messerschmied und so weiter. Wenn der Verkauf vor Ort nicht ausreichte, musste man sein Einkommen durch eine meist kleinbäuerliche Tätigkeit aufbessern. Manchmal geschah auch das Gegenteil: Wenn das Einkommen eines Bauern nicht ausreichte, suchte er eine zusätzliche Einkommensquelle. Diese Situation war im ersten Drittel des 19. Jahrhunderts nicht selten. Ich konnte dies im Elsass, in der Auvergne, in der Bretagne und in den Alpen feststellen. Umgekehrt war es bei monoproduktiven Standorten, das heißt in Städten oder Arbeitsmarktregionen, deren Gewerbezweige aus nur ein bis drei spezialisierten Wirtschaftszweigen bestanden. Dort konnte das Zusammenspiel verschiedener Phänomene zur Entstehung einer eigenen Schneidwarenherstellung führen.

SAINT-ÉTIENNE

Saint-Étienne und sein Einzugsgebiet bezogen ihr Einkommen aus der Bandweberei, der Waffenproduktion und der Metallverarbeitung, darunter der Messerherstellung. Die Stadt lag unweit der Erzvorkommen im Dauphiné und verfügte im 18. Jahrhundert noch über Wälder, deren Bäume zur Holzkohleproduktion für die Schmieden genutzt wurden. Allerdings versiegte diese Ressource im zweiten Drittel des 18. Jahrhunderts. Die Steinbrüche der Gegend boten offenliegenden, kohlestoffhaltigen Sandstein, der zur Herstellung von Schleifsteinen für den Klingenschliff verwendet wurde. Die Bergbäche um Saint-Étienne lieferten die hydraulische Energie: bei schlechtem Wetter reichlich, im Sommer spärlich. Die Energie nutzte man zum Antrieb der Hämmer beim Ausschmieden von Eisen und Stahl sowie dem Antrieb von Schleifsteinen. Außerdem gab es in der bäuerlichen Bevölkerung eine große Zahl von Arbeitskräften, die aufgrund ihrer zu kleinen Höfe ein zusätzliches Einkommen suchten. Es handelte sich somit um einen idealen Ort zur Ansiedelung metallverarbeitender Betriebe.

Der Handelsstand in Saint-Étienne besaß quasi ein Monopol sowohl beim Einkauf der Rohstoffe als auch beim Verkauf der fertigen Produkte. Nur wenige Messerschmiede verfügten über das Potential, sich neben ihrem eigentlichen Beruf in das Abenteuer Handel zu stürzen. Denn um Kaufmann zu werden, musste man den Umgang mit Geschäftsbüchern erlernt haben, mit Wechseln umgehen und internationale Geschäfte an den verschiedenen Finanzplätzen abwickeln können. Vor allem musste man über weitreichende Kontakte zu Kunden verfügen, die die Ware kaufen und vor allem in der Lage waren, sie auch zu bezahlen. Dieses Netzwerk von Handelspartnern stellte den eigentlichen Wert eines Unternehmens dar. Andererseits, ein Maître-Coutelier hatte durchaus die Möglichkeit, in den Status eines Coutelier-Händlers aufzusteigen, indem er die Tochter eines Händlers heiratete und – als Kirsche auf der Torte – gegebenenfalls noch den käuflichen Titel eines Lehnsherrn erwarb.

Die Händler von Saint-Étienne passten sich kommerziell gesehen an. Sie versuchten nicht, Produkte zu vermarkten, die vor Ort entwickelt worden waren, sondern suchten nach Produkten, für die es andernorts bereits eine Nachfrage gab. So waren sie ab dem 17. Jahrhundert die ersten, die ihre Herstellungskapazitäten vor Ort nutzten, um Kopien von Messern aus anderen Regionen herzustellen. Mit anderen Worten: In Saint-Étienne fertigte man die ersten Kopien von andernorts entstandenen regionalen Messern. Und zwar in Mengen, die man in den Ursprungsregionen nicht herstellen konnte.

Das Capucin, ein Schäfermesser aus den Pyrenäen, wurde seit dem 17. Jahrhundert in Saint-Étienne hergestellt und in großen Mengen in alle französischen Regionen verkauft. Das Montpellier, aus der Gegend um Montpellier und Pézenas, wurde im 18. Jahrhundert in Saint-Étienne produziert und in Stückzahlen von hunderttausenden in Spanien und Übersee verkauft, wo es sogar als Tauschmittel im Dreieckshandel diente. Das Montpellier-Stéphanois, ein Bauern-, aber auch ein Seemannsmesser, fand so seinen Weg in die Taschen vieler Schiffsbesatzungen.

In Saint-Étienne zielte man darauf ab, Messer einfach und ohne hohen Einsatz von Arbeitskraft herzustellen, was die Preise verteuert hätte. Was die jährlich produzierten Stückzahlen betrifft, war Saint-Étienne vom 17. bis zum Beginn des 19. Jahrhunderts der größte Messerhersteller in Frankreich. Umgekehrt hatten die Messer aber nur einen geringen pekuniären Wert, sodass dieser von dem jährlichen Gesamtumsatz der Messerproduktion in Thiers übertroffen wurde.

Die Werkstatt Guerre in Langres (Haute-Marne) um 1910.

Bereits lange vor Einführung der Mechanisierung hatten die Messerschmiede in Saint-Étienne äußerst innovative Produktionsmethoden entwickelt. Sie stellten Messer mit Griffen aus heiß gepresstem Holz her, die keine Nachbearbeitung mehr benötigten. Auch für Klingenschmiede hatten sie Werkzeuge entwickelt, die es möglich machten, die Anzahl der Schmiedeschläge pro Klinge zu reduzieren und Klingenspitze und Talon jeweils mit einem einzigen Hammerschlag zu schmieden. Diese Einsparungen zusammengenommen machten es ihnen möglich, Messer zu einem unschlagbar niedrigen Preis anzubieten. Und das trotz der fehlenden Mechanisierung. Bereits vor Ende des 17. Jahrhunderts hatte Saint-Étienne auch die drehbare Virole zur Arretierung der Klinge eingeführt, lange vor den Savoyards in der Maurienne oder den Périgourdins in Nontron.

Vor dem 19. Jahrhundert produzierten die Couteliers in Saint-Étienne auch Kopien von Genouillats, Messer aus Génolhac in den Cevennen, sowie Nontrons aus dem Périgord. Um ihre Kunden, Einkäufer aus Frankreich, Spanien, Italien, der Schweiz und der Levante zu treffen, besuchten die Händler aus Saint-Étienne die großen Messen von Beaucaire und Bordeaux. Dort mieteten sie in einer der Alleen des Jahrmarkts ein Haus oder ein Zelt. Ihre Muster präsentierten sie auf großen Papptafeln, auf denen ihre Messer samt Artikelnummern und Etiketten befestigt waren. Diese Aufsteller wurden als Karten bezeichnet, auf Tischen oder Böcken aufgestellt und besaßen die zu den Musterkoffern passenden Größen, in denen die Handelsreisenden sie transportierten konnten. Händler konnten sich dann auf Rechnung komplette Musterkarten zuschicken lassen. Bestellungen mussten ein Jahr im Voraus aufgegeben werden, weil die Herstellung, handwerklich und saisonal bedingt, diesen Vorlauf benötigte. Gedruckte Kataloge oder Preislisten gab es nicht. Es dauerte bis in die letzten Jahre des 19. Jahrhunderts, bis es in Saint-Étienne gedruckte Kataloge gab.

Zum Ende des 19. Jahrhunderts endete das Abenteuer der Messer aus Saint-Étienne, nicht zuletzt, weil die Hersteller die Bedrohung durch die maschinelle Produktion an anderen Standorten unterschätzt hatten. Auch die Arbeiter in der Messerherstellung flohen zu anderen, einträglicheren Tätigkeiten, und die Kunden bevorzugten mittlerweile Taschenmesser mit Ressorts, die dank der Hersteller in Thiers erschwinglich geworden waren.

Für die Ouvrier-couteliers in Nogent war der Wohnraum gleichzeitig Werkstatt.

DIE COUTELLERIE DER HAUTE-MARNE

Mehrere Faktoren ermöglichten Langres den Aufstieg zu einem Zentrum der Schneidwarenherstellung: die nahegelegenen, eigenen Eisenvorkommen, die relativ geringe Entfernung zu deutschem Stahl, die Hochöfen in Châtel in der Côte-d'Or, wo hochwertiger Stahl produziert wurde, die nahegelegenen Sandsteinbrüche zur Herstellung von Schleifsteinen und schließlich ein Netz von Dörfern um Langres, wo Arbeitskräfte für die Coutellerie zur Verfügung standen. Allerdings verfügte die Stadt über keinerlei hydraulische Energie, sodass die Ver- und Bearbeitung der Rohstoffe durch Muskelkraft erfolgen musste. Die Zunftstatuten der Messermacher definierten ein hohes Anforderungsprofil, was die Verarbeitungsqualität auf hohem Niveau hielt. Die den Markt dominierenden Händler und Grossisten waren zwar einerseits äußerst anspruchsvoll, entlohnten die Arbeiten jedoch andererseits schlecht. Ihren guten Ruf verdankte die Stadt der Tätigkeit führender Couteliers wie beispielsweise der Familie Beligné, die in drei aufeinanderfolgenden Generationen den Titel *Coutelier du Roi* (Messerschmied des Königs) trug.

Diese Maîtres-Couteliers gaben sich aber nicht allein mit ihrer eigenen Produktion zufrieden, sie betätigten sich auch als Händler und verkauften über ihre Netzwerke örtlich hergestellte Schneidwaren weit über die Grenzen von Langres hinaus. Die ärmsten der Arbeiter und Maîtres-Couteliers flohen vor den schlechten Bedingungen und der Knebelung durch die Zunft aus Langres und ließen sich 25 Kilometer entfernt in Nogent nieder. In der Folge entwickelte sich Langres ab dem zweiten Drittel des 19. Jahrhunderts zu einer Stadt des Handels mit vorwiegend in Nogent hergestellten Schneidwaren. In der Gegend um Nogent entstanden mehrere Dörfer mit Schneidwarenproduktion, von denen einige spezielle Schwerpunkte entwickelten, so zum Beispiel das Dorf Biesles, in dem vor allem Klappmesser hergestellt wurden.

Im Jahr 1889 beschäftigte die Messer- und Scherenindustrie im Becken von Nogent 4100 Arbeiter. Die Herstellung von Berufs- und Küchenmessern wurde ab den 1850er-Jahren mechanisiert und beschäftigte vor allem in Manufakturen 450 Arbeiter. In der Herstellung von Taschenmessern arbeiteten 950 Messerschmiede, meist in Heimarbeit. Insgesamt blieb die Messerherstellung in Nogent eine manuelle, handwerkliche Tätigkeit, was am Ende der Grund für ihren Niedergang war.

Nogent war besonders für feine Schneidwaren bekannt, deren teure, für eine bürgerliche Kundschaft bestimmte Messer zum größten Teil Taschenmesser ausmachten. Die Produktion billiger Messer für die Bauern und weniger wohlhabenden Schichten in der Region war unbedeutend. Sie beschränkte sich auf die sogenannten Nogentais-Messer, die Breuvannes (ein lokales Messer) und die Herstellung von Hirtenmessern, die den in Lothringen entstandenen Modellen nachempfunden waren. In den handgezeichneten und handkolorierten Katalogen des 19. Jahr-

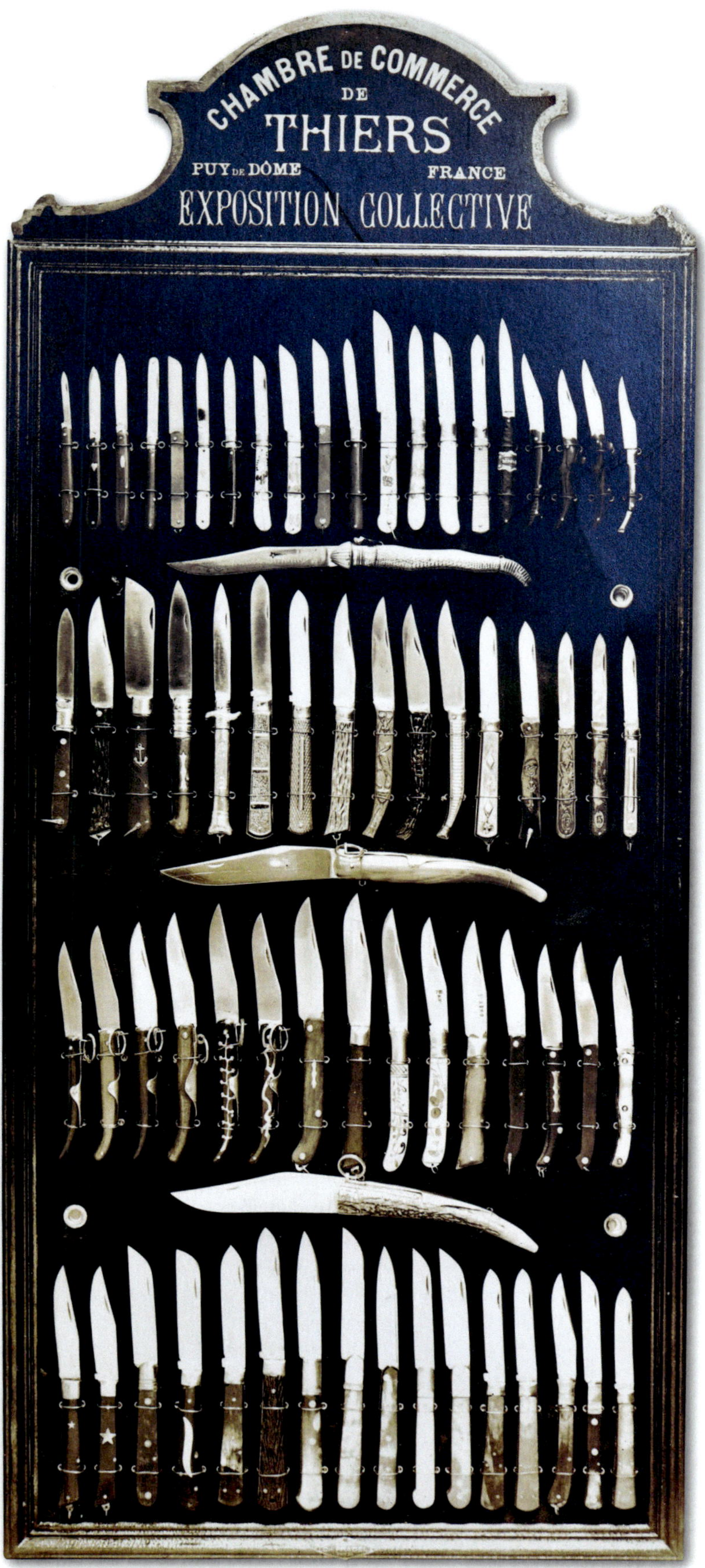

Fabrikanten aus Thiers zeigen ihr Können auf einer Gemeinschaftsausstellung, um 1900.

Klingenschmiede in Thiers (Puy-de-Dôme).

hunderts finden sich weitere Bauernmesser, die aber kein großes Kontingent darstellten. Die paradoxeste Situation entstand, als die Messer aus Nogent ihrerseits von Herstellern in Thiers kopiert wurden.

Die Herstellung von Rouennais beschäftigte mehrere Messermacher, auch Laguioles wurden von drei oder vier darauf spezialisierten Couteliers in Heimarbeit angefertigt. Diese Laguioles waren luxuriöse, handgefertigte Einzelstücke in mittlerer und großer Größe mit *Cran d'arrêt* (mit oder ohne Ring) und Griffen aus Elfenbein. Die in Heimarbeit tätigen Couteliers hatten selbst keinen direkten Kontakt zu den Händlern, die ihre Messer letztlich erhielten. Ihre Aufträge bekamen sie von Zwischenhändlern, die Kontakt mit den Fachgeschäften hatten, oder von Handelsvertretern, die die verschiedenen Provinzen Frankreichs bereisten. Die Messer wurden dann mit der Marke des bestellenden Fachgeschäfts versehen oder trugen auf der Klinge eine diskrete Marke des Zwischenhändlers, manchmal in einem Oval oder in einer Raute.

THIERS IN DER AUVERGNE

Thiers, als befestigte Stadt auf einem Felsvorsprung erbaut und von der Durolle, einem reißenden Bergbach, umschlossen, besaß alle Voraussetzungen, um eine erfolgreiche Messerstadt zu werden. Die Durolle führte selbst in schlechten Jahreszeiten ergiebige Wassermengen und lieferte ausreichend Energie zum Antrieb von Schleif- und Poliersteinen sowie aller Arten von mechanischen Maschinen. In mittlerer Entfernung gab es Sandsteinbrüche und unter den Bauern in den umliegenden Bergdörfern ein großes Potential von Arbeitskräften.

Gegen 1875 machten mittelfeine Messer und Taschenmesser etwa die Hälfte der Produktion von Thiers aus, und man war fest davon überzeugt, auch künftig über ausreichend preiswerte Arbeitskräfte mit entsprechendem Know-how verfügen zu können. Im Jahr 1880 bot die Messerproduktion Arbeit für 16.000 Menschen, die in Heimarbeit, Fabriken und Schleifereien für 400 bis 600 kleinere und größere Fabrikanten arbeiteten.

Für die Messerherstellung in Heimarbeit hatte man in Thiers einen eigenen Begriff erfunden: *Travail en miettes*, Krümelarbeit. Die Patrons ließen ihre Zulieferer nämlich nur jeweils einen ganz spezifischen Teil der Arbeit ausführen. Diese am Taylorismus orientierte Arbeitsorganisation, bei der jeder Heimarbeiter nur einen Teil des Messers fertigte, war die Trumpfkarte bei der Herstellung von Messern zu niedrigsten Gestehungskosten. Dadurch war man in der Produktion flexibel und konnte sich schnell an die Nachfrage anpassen. Damit schaffte es Thiers, den französischen Binnenmarkt zu erobern und alle Gegenden mit ihren regionalen Messern zu beliefern – alles in Zeiten, als jeder sein Messer in der Tasche trug.

Der Patron kaufte das Material, verteilte die Arbeit und machte die Abschlussarbeiten. Die eigentlichen Arbeitsgänge zur Herstellung der Taschenmesser führten Heimarbeiter in Handarbeit aus. Ein Patron konnte auf bis zu 100 Heimarbeiter zurückgreifen, ohne selbst eine eigene Produktionsstätte zu besitzen. Er benötigte lediglich einige Finisseurs für die Abschlussarbeiten, ein Lager und Packer. Die Stärke der thiernoiser Messerproduktion bestand darin, auf reichlich vorhandene, billige Arbeitskräfte zurückgreifen zu können, denn die Bauern in den nahen Bergen lebten von der Landwirtschaft ihrer Höfe. Zwar mit geringen Einkommen, aber nahezu autark. Für kleine Extras, zum Beispiel Tabak, sorgte in der schlechten Jahreszeit dann das zusätzliche Einkommen der Messerschmiede auf ihren Höfen, und was die Höhe der Einkünfte betraf, waren die Bauern nicht sehr anspruchsvoll. Die Patrons in Thiers profitierten auf diese Weise von unschlagbar niedrigen Preisen und missbrauchten diesen Umstand lange Zeit, weil sie für die Heimarbeiter die einzigen Arbeitgeber waren.

Jeder dieser Heimarbeiter erledigte nur eine einzige Etappe auf dem Weg zum fertigen Messer: Schmieden, Bearbeitung der Griffe oder Montage. Selbst Schmiede hatten ihre Spezialisierungen: das Schmieden von Klingen, von Ressorts oder Platinen mit Mitres, die sie auf ihren Gehöften im dunklen Teil der Scheune herstellten. Manche Schmiede stellten sogar nur bestimmte Typen von Klingen her: Montpellier-, Capucin- oder Yatagan-Klingen. Die Routine der sich den ganzen Tag über wiederholenden Handgriffe führte zu einer enormen Arbeitsgeschwindigkeit von bis zu 1 1/2 Gros (1 Gros = 12 Dutzend = 144 Stück) am Tag. Sie arbeiteten für mehrere Patrons.

Montags und donnerstags holten die *Limeurs*, auch sie waren Heimarbeiter, die Klingen ab, entfernten die Grate, bearbeiteten die Rohklingen mit ihren Feilen auf Endmaße und brachten sie anschließend zu Fuß oder auf einer Karre zur Weiterverarbeitung zurück zum Patron. Dort holte wiederum ein Kommissionär die Klingen ab und brachte sie zum Härten. Anschließend kehrten sie wieder zum Patron zurück und wurden zum Schleifer gebracht. Auf diesem letzten Wegstück zum *Rouet* (Schleifmühle) führte meist ein steiler Pfad hinab in die Schlucht der Durolle, weshalb man sie in Kiepen verlud, die der Schleifer dann auf seinem Rücken zur Schleifmühle trug.

Schleifer waren nicht Bauern wie andere Heimarbeiter, sondern arbeiteten selbständig. Da sie selten selbst Besitzer einer Schleifmühle waren, mieteten sie sich einen der Arbeitsplätze. Dort legten sie sich zusammen mit ihrem Hund, der ihnen in der Kälte und Nässe den Rücken

Die Werkbank des Monteurs stand in Thiers direkt am Fenster.

Die Welt der Rouets (Schleifmühlen) im Vallée de la Durolle in Thiers. Männer, Frauen, Kinder und, nicht zu vergessen, der kleine Hund, der sein Herrchen wärmt.

wärmte, auf eine Planke über den Schleifstein. Zum Polieren mieteten sie sich außerdem einen weiteren halben Arbeitsplatz im ersten Stock, wo ihre Frauen an einer mit Büffelleder benagelten Holzscheibe arbeiteten. Waren die Klingen geschliffen und poliert, gingen sie zurück zum Patron.

Der Patron kaufte Horn, Holz oder Knochen als Griffmaterial. Horn schickte er in die Gehöfte in der Umgebung zu den *Câcheurs*, wo es zurechtgesägt und über Holzkohleglut erhitzt wurde, bis es geschmeidig war. Anschließend presste man es in die Form der künftigen Griffe, was in der Fachsprache *Cachage* genannt wurde. Die *Façonneurs* wiederum stellten Holzgriffe her, ebenfalls ein eigener Beruf mit einem eigenen Namen. Sie pressten nicht, sondern schliffen.

Waren alle Teile eines künftigen Messers wieder beim Patron, teilte sie der Vorarbeiter in Lose zu je einem Dutzend, bestehend aus Klingen, Ressorts, Platinen, gegebenenfalls Korkenziehern und Ahlen. Die Gesamtheit der Teile eines Messers heißt *Fourniture*. Auf einer Karre brachte man sie anschließend zu den Monteuren, wiederum in die Berge, und sammelte auf dem Rückweg die am Wegesrand deponierten fertigen Messer ein, von denen Patron und Vorarbeiter genau wussten, von wem welches Messermodell stammte.

Jeder Monteur hatte seine Spezialität. Die Montage erfolgte im einzigen Wohnraum des Bauernhofes vor einem breiten Fenster mit kleinen, quadratischen Scheiben, um das Tageslicht

so lange wie möglich ausnutzen zu können. War viel zu tun, konnten Arbeitstage 12 bis 14 Stunden dauern. Nachts spendete dem Monteur dann eine Öllampe mit Reflektor Licht. Die ganze Familie half mit, auch Kinder. Sie erledigten die einfachsten Tätigkeiten. Mit 14 Jahren verließen sie die Schule, um ihren Vätern zu helfen. Manche Monteure mussten mit ihren Messern über Bergpfade bis zu zehn Kilometer nach Thiers hinabsteigen, um ihre Arbeit abliefern zu können, was im Winter bei Schnee und Eis in dem steilen Gelände sehr beschwerlich und gefährlich sein konnte. Erst dann, wenn die Taschenmesser fertig montiert und beim Patron angekommen waren, waren sie fertig für den Verkauf.

Solange Messer rein von Hand angefertigt wurden, war es möglich, eine große Vielfalt verschiedener Modelle herzustellen, denn für sie benötigte man keine speziellen Werkzeuge, in die man zuvor hätte investieren müssen. Es reichte, dem Coutelier ein Modell vorzulegen, der es dann entsprechend der Vorgaben des Auftraggebers anfertigte. Ein bei einem Graveur hergestellter Prägestempel diente dann dazu, die Marke des jeweiligen Auftraggebers in dessen Klingen einzuprägen. Man nannte das *travailler*

Bestellung von Capucins, Toulousains und Agenais eines Grossisten aus Toulouse bei Sabatier in Thiers, 1886. Slg. MCT.

Nach ihrer Fertigstellung gingen die Messer wieder hinunter zum Fabrikanten in Thiers.

Der Fabrikant war für die Herstellung von Taschenmessern Auftraggeber und Endstation. Für die Fertigung beschäftigte er Heimarbeiter in der Umgebung.

à la marque et au modèle du client (auf Marke und Modell des Kunden herstellen). In Thiers nahm man sogar kleine Bestellungen an, Serien von nur ein bis zwei Dutzend Stück, denn man wusste, dass ein zufriedener Kunde beim nächsten Mal mehr bestellen würde.

Der zunehmende Einsatz von Maschinen in der Serienherstellung von Küchen-, Tafel- und Berufsmessern erforderte ab Ende des 19. Jahrhunderts erhebliche Investitionen für Gesenke und Werkzeuge, was wiederum den großen Unternehmen vorbehalten war, die über eine entsprechende Finanzdecke verfügten. Die Taschenmesserherstellung blieb das Privileg kleinerer Unternehmen mit um die zehn Beschäftigten. Noch bis in die 1930er-Jahre hinein fertigte man dort einen Großteil von Hand und in Heimarbeit. Erst 40 Jahre nach Nontron, ab den 1890er-Jahren, führte man in Thiers maschinelle Produktionsmethoden ein, sodass die sogenannte Fourniture, die Bestandteile der Taschenmesser, jetzt seriell hergestellt werden konnte.

Unternehmer, die in die Mechanisierung investiert und den Vertrieb über lokale Großhändler oder Endverkäufer organisiert hatten, nannte man *Fabricants*. Meist besaßen sie aber nicht die finanzielle Basis, um eine größere Zahl von Monteuren zu beschäftigen, große Rohstoffvorräte anzulegen und schon gar nicht Handelsreisende in sämtliche Regionen Frankreichs zu schicken. Besonders vor dem Ausbau des französischen Eisenbahnnetzes. In der Regel deckten die Hersteller regionaler Taschenmesser also nur einen Teil des Staatsgebiets ab, und so entsprach die Palette ihrer regionalen Messer der Nachfrage in diesen Gebieten.

Als gutes, passendes Beispiel kann Sauzède-Angély angeführt werden. Er produzierte Messer für das Massif Central und hatte 1890 lediglich zwei Kunden in der Bretagne. Als Zulieferer produzierte er zusätzlich Rumilly für 32 DUMAS, einen anderen Hersteller in Thiers, hatte selbst aber keinen einzigen Kunden in den Savoyen. Ein weiterer Hersteller in Thiers, Fradal, produzierte Messer für die Normandie und den Norden Frankreichs und begann mit der Herstellung von Laguioles, als er Sauzède-Angély aufkaufte. Dadurch erweiterte er seinen Kundenkreis, ohne seinen kleinen Betrieb vergrößern zu müssen, denn er vergab den Großteil der Arbeiten an Subunternehmer. Schmiedearbeiten und Zuschnitt erfolgten durch eine Gesenkschmiede, die die Werkzeuge von Fradal besaß, die Montage über-

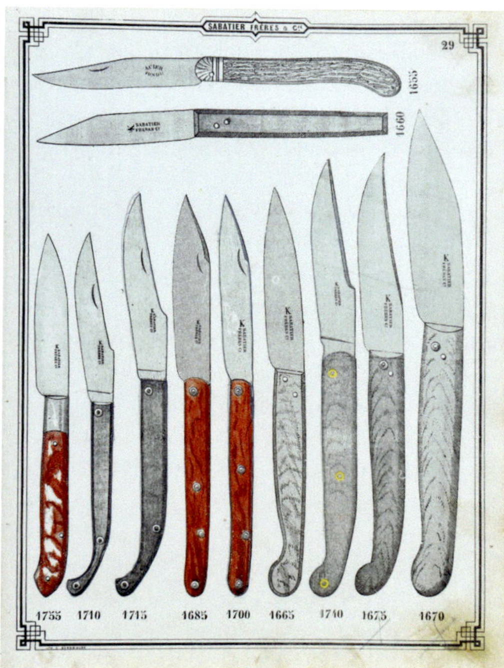

Katalog von Sabatier in Bellevue (Thiers), um 1865.

Die ersten seilbetriebenen Gesenke ermöglichten das Schmieden und Richten kleiner Teile.

nahmen Heimarbeiter. 108 Girodias war, bevor er von France-Exportation gekauft wurde, im Südwesten aktiv. Ebenso Gabriel Rousselon und Gimel. All das hinderte diese Hersteller nicht, gleichzeitig auch in anderen Bereichen wie Küchen- und Berufsmessern aktiv zu sein, die über ein Netz von verprovisionierten Fabrikvertretern, zum Beispiel Sabatier Frères, in mehrere Länder exportiert wurden. Letzterer bearbeitete kleinere Aufträge für sogenannte „Regionale Taschenmesser“ von lokalen Messermachern ebenso wie größere Bestellungen von Großhändlern aus den Regionen Frankreichs. Sabatier, dessen Kerngeschäft Kochmesser waren, die international seinen guten Ruf begründeten, stellte seine letzten Taschenmesser in den 1920er-Jahren her.

Handelsvertreter reisten vor Einführung der Eisenbahn per Pferdekutsche, zusammen mit ihren enorm großen *Marmottes* (Murmeltier) genannten Musterkoffern. Die Koffer enthielten Karten, auf denen die Herstellermuster befestigt waren. Damit besuchten sie den Schneid- und

Die Durolle lieferte die hydraulische Energie für die Messerfabriken von Thiers (Stich Ende des 19. Jahrhunderts).

Eisenwarenhandel und nahmen Bestellungen auf, die dann später ausgeliefert wurden. Hausierer, meist aus der Auvergne und den Bergen um Thiers, kauften ganze Messerballen, die sie dann auf dem Land direkt verkauften. Manche reisten ebenfalls per Postkutsche und mieteten sich in einem Gasthof ein, wo sie ihren Warenbestand beim Herbergsvater unterstellten. Anschließend zogen sie zu Fuß durch das Land und versuchten, selbst bei dem kleinsten Gehöft noch ihre Bauernmesser zu verkaufen. Andere Hausierer reisten zu Pferd und mit Warenballen beladenen Packeseln. Generell waren alle Hausierer bei den Händlern vor Ort unbeliebt, weil sie ihnen etwas von deren Umsatz wegnahmen. Wenn sie versuchten, einen Stand auf dem Mark zu ergattern, kam es in der Folge häufig zu Streitereien.

Thiers hatte vor den turbulenten Zeiten, die Frankreich von der Revolution bis zum Ersten Kaiserreich durchlebte, zwei Drittel seiner Produktion ins Ausland exportiert und dort viele Kunden verloren. In Folge dieser langen und unglücklichen Episode waren viele Heimarbeitsplätze vernichtet worden, sodass sich die Heimarbeiter geradezu auf diesen neuen Geschäftszweig stürzten, der sie als Hausierer auf die Straßen und Wege Frankreichs führte.

Die Bandbreite der in den verschiedenen Messerstädten hergestellten regionalen Messer schrumpfte in mehreren Phasen. In der ersten, den 1830er-Jahren, wuchsen noch Modellvielfalt und Volumen. Die Fabrikanten nahmen alle Bestellungen an, was ihnen leichtfiel, weil alles in Handarbeit hergestellt wurde. In der nächsten Phase, ab den 1850er-Jahren, begann man, einzelne Bestandteile der Messer, vor allem Platinen und andere Kleinteile, mit Hilfe von anfangs noch mit Schwunghebeln betriebenen Handstanzen herzustellen, die aber zwangsläufig spezielle Werkzeuge für jedes Messermodell benötigten. Manche Hersteller begannen also, Bestellungen abzulehnen, wenn sie zu klein waren. Um 1890 übertrug man die Herstellung der Metallteile für die Fourniture weitgehend komplett an spezialisierte Stanzer außer Haus, die die Arbeiten mit den ihnen von den jeweiligen Auftraggebern überlassenen Werkzeugen ausführten. Da die Fabrikanten gezwungen waren, in teure Werkzeuge zu investieren, mussten sie sich für Messermodelle entscheiden, die sich so gut verkauften, dass sie die Investitionen rechtfertigten. Einige regionale Messer verschwanden in der Versenkung oder ganz vom Markt oder wurden durch andere Messer ersetzt, wie zum Beispiel das Muret von der Garonne. Andere wurden dadurch gerettet, dass ihr Verkauf auf andere Regionen ausgeweitet wurde, wie zum Beispiel das Agenais. Die Herstellung von Hand wurde zwar in einigen kleinen Werkstätten weitergeführt, aber deren Zahl sank im Laufe der Jahre immer weiter.

In den 1960er-Jahren waren die seit 50 Jahren verwendeten Werkzeuge schließlich so abgenutzt, dass die Fourniture nicht mehr den von den Monteuren geforderten Toleranzen entsprach. Um überhaupt mit der Montage eines Messers beginnen zu können, mussten sie immer mehr Zeit mit Anpassungs- und Feilarbeiten verbringen. Gleichzeitig zögerten die Fabrikanten, in neue Werkzeuge für regionale Messer zu investieren, weil mit dem Schwinden der traditionellen Bauernklasse auch ihre Hauptkundschaft für die regionalen Taschenmesser schwand. Der Markt der „Regionalen" befand sich also auf dem absteigenden Ast. Die Fabrikanten, einst Anbieter einer großen Palette von Taschenmessern, stellten deren Produktion ein und konzentrierten sich auf ihr Kerngeschäft, die Berufs- und Küchenmesser, wie beispielsweise 32 DUMAS.

Fabrikanten, die trotz allem weiterhin regionale Messer produzieren wollten, waren gezwungen, in neue Werkzeuge zu investieren. Die meisten entschieden sich deshalb, die Vielfalt der Modelle zu reduzieren. Das hieß weniger verschiedene Grifflängen, weniger Zusatzteile an den Messern, eine geringere Auswahl an Griffmaterialien und den Verzicht auf manche Details, die den Charme der Messer ausmachten. So verzichtete man auf von Hand gefeilte, kurze Ricassos am Talon zugunsten leichter herzustellender langer Talons, einfache oder doppelte Fasen auf den Klingenrücken, Fehlschärfen et cetera. Einige regionale Messer existierten so zwar weiter, jedoch um den Preis des Verlusts charakteristischer Details, eines Teils ihrer Seele, die zu erhalten nur durch zusätzliche Handarbeit möglich wäre.

Nachfolgende Doppelseite: Katalog von Sabatier Frères, einem Hersteller in Thiers, der im Südwesten Frankreichs stark vertreten war, um 1865.

Marmotte, Musterkoffer der Marke Parapluie à l'Épreuve, um 1880.

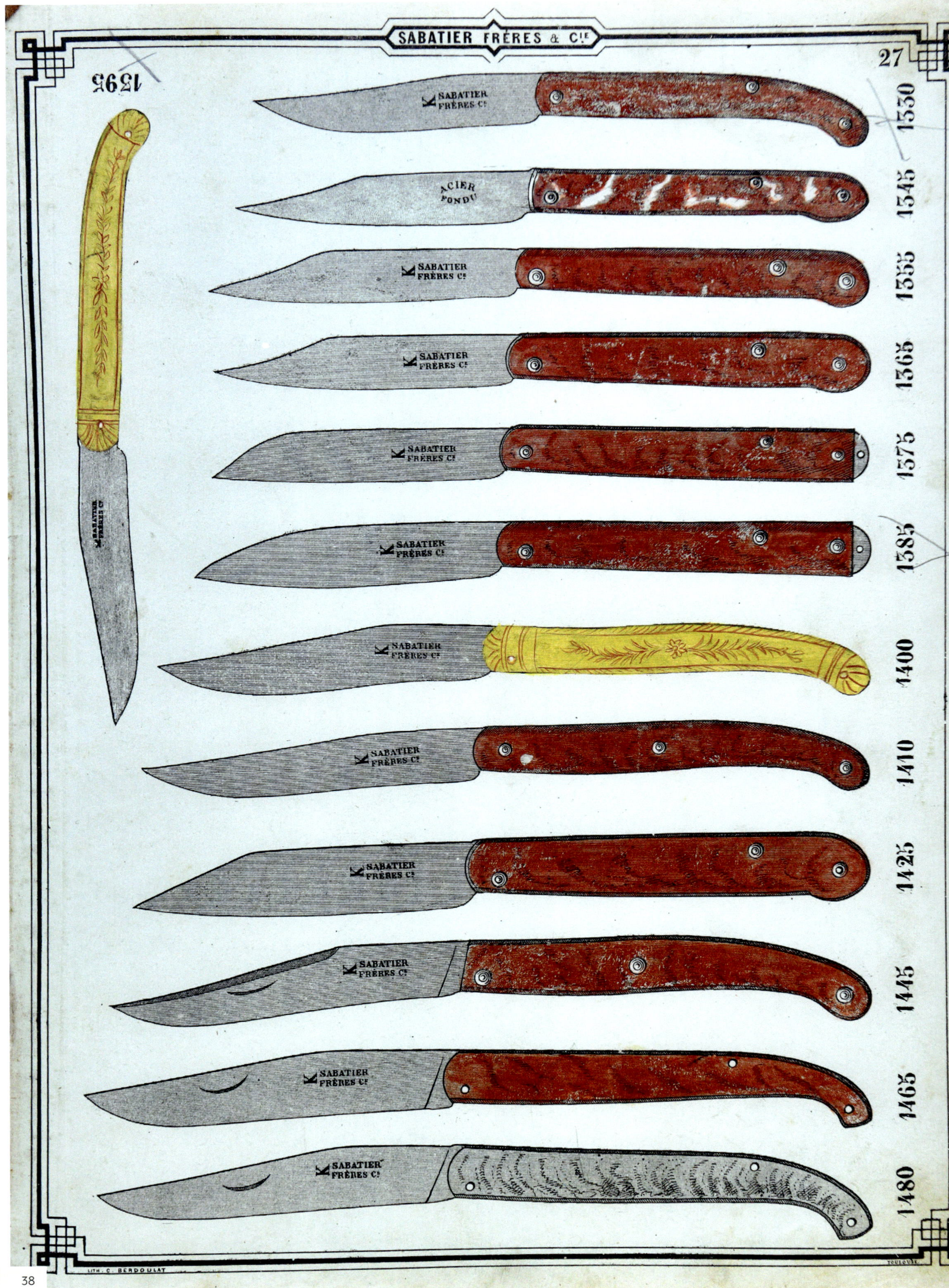

SABATIER FRÈRES & Cie
27
1330
1345
1355
1365
1375
1385
1395
1400
1410
1425
1445
1465
1480
ACIER FONDU
SABATIER FRÈRES Cie
LITH. C. BERDOULAT
TOULOUSE

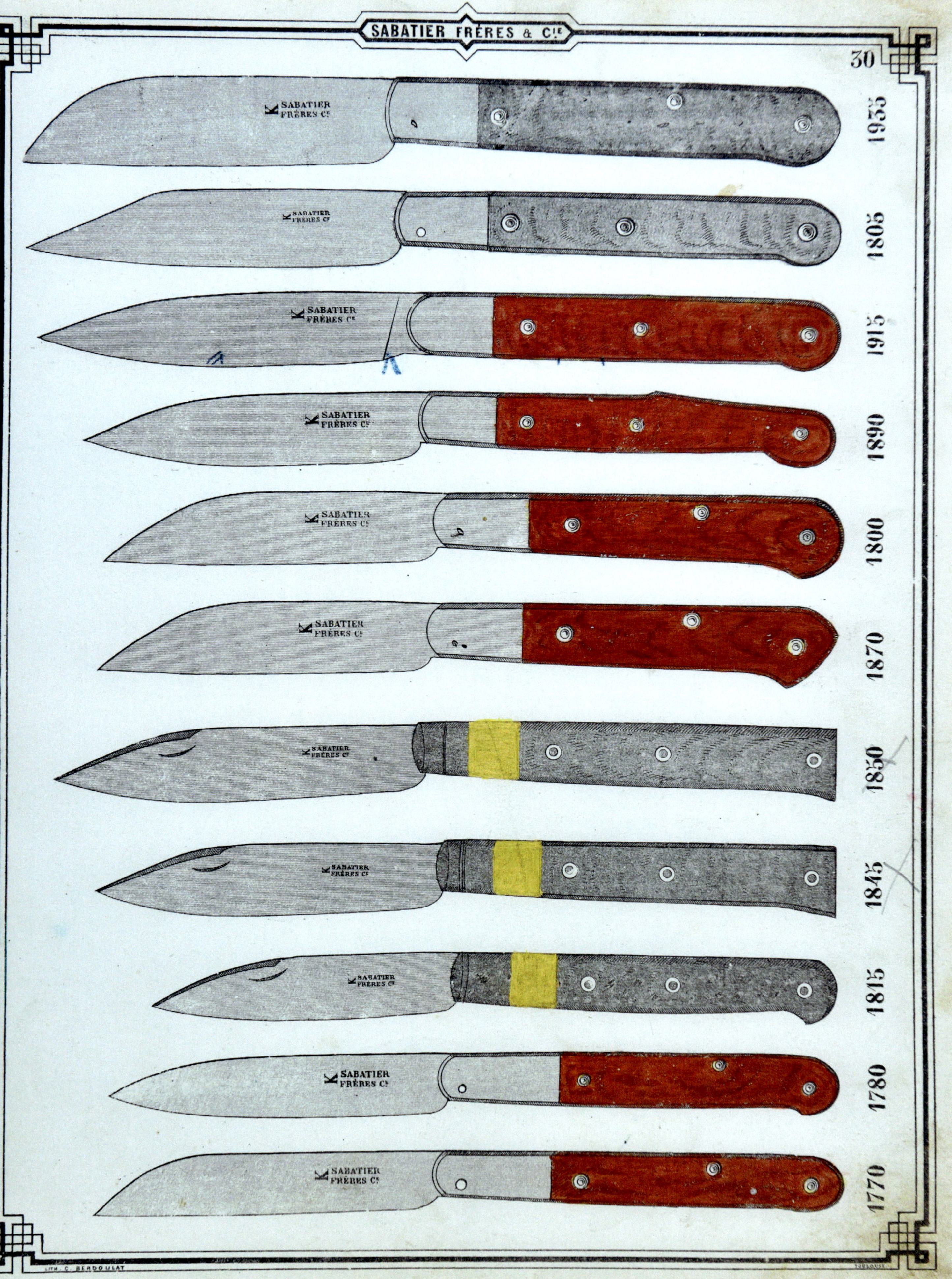
SABATIER FRÈRES & Cie
30
1935
1805
1915
1890
1800
1870
1850
1845
1815
1780
1770

Die Messer im Massif Central

DONJON UND BOURBONNAIS

Als ehemaliges Herrschaftsgebiet der Herzöge von Burgund verlieh das Herzogtum Bourbon seinen Namen einer ganzen Dynastie, die Frankreich lange Zeit regierte. Das Departement Allier umfasst die Ländereien dieser einst königlichen Provinz. Außenstehende ordnen es der Auvergne zu, werden von Einheimischen aber schnell korrigiert: „Nein, wir sind Bourbonnais (Bourbonen)." Im 19. Jahrhundert fand man in den Taschen seiner Bewohner entweder das Bourbonnais oder das Donjon.

In den Basses Marches, im Osten der Region, liegt der Marktflecken Donjon mit einer seinerzeit äußerst aktiven Messerherstellung. Im Jahr 1837 gab es hier fünf Ateliers mit jungen Couteliers, die das Messer handwerklich herstellten. Zudem belegt die jugendliche Altersstruktur, dass der Verkauf dieser Messer an die bäuerliche Bevölkerung gute Zukunftsperspektiven versprach. In den örtlichen Registern findet man die Ateliers von Hypolite Rougeron, 22 Jahre, dessen Bruder Philippe, 20 Jahre, Jean-Marie Jacquet, 38 Jahre, Pierre Crouzat, 22 Jahre, Jacques Jean, 27 Jahre, und Louis Debout, 20 Jahre.

Das Donjon ist an seiner charakteristischen Klinge mit tief nach unten zeigender Spitze leicht zu erkennen. Man nennt sie in Frankreich *Pied de mouton*, auf Deutsch Schaffußklinge. Der Messergriff endete in einer schönen Rundung. Jedoch änderte sich die Situation zum Ende des 19. Jahrhunderts: Die Messerherstellung wurde auf ein Minimum reduziert, weil die Couteliers in Thiers dieses Messer zu Preisen auf den Markt brachten, die eine lokale Produktion unmöglich machten. Insgesamt wurde dieses Messer nie in großen Mengen hergestellt, auch in Thiers nicht, denn sein Verkaufsgebiet begrenzte sich auf das Departement Allier.

Bauern aus dem Bourbonnais.

Unten: Das Donjon, Véritable Journaix, Thiers (20. Jahrhundert).

Ganz unten: Das Bourbonnais, Villebrequin, Thiers (Ende des 19. Jahrhunderts).

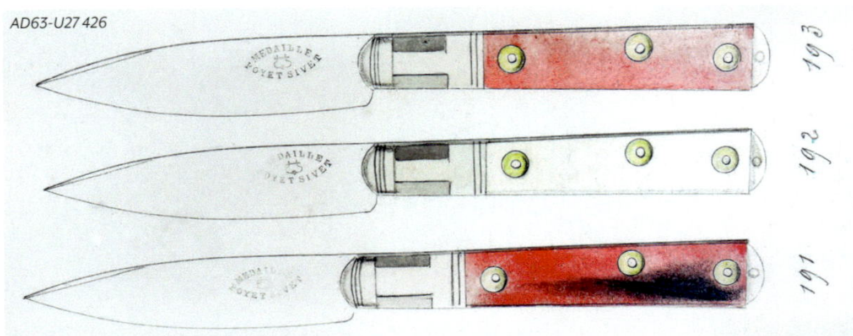

Bourbonnais-Messer, handgezeichneter und handbemalter Katalog Poyet-Sivet (Thiers), um 1870.

Bourbonnais im handgemalten Katalog von 32 DUMAS (Thiers), 1896.

BOURBONNAIS ZUM VERKAUF IN DER NORMANDIE

Das Bourbonnais, das andere lokale Messer, besitzt eine Klinge, die in der Fachsprache der Couteliers als Bourbonnaise-Klinge oder à la bourbonnaise bezeichnet wird. Sein Griff war flach, aus Horn, und eine lange, bauchig abgeschrägte Mitre bildete den Abschluss zur Klinge. Seine Herstellung in Thiers bereits Anfang des 19. Jahrhunderts konnte ich in den Archiven der Buchhaltung von Chassaigne und Guillemot nachweisen, der 1816 solche Messer nach Rouen verschickte. Im letzten Viertel des 19. Jahrhunderts nahm die Produktion in Thiers immer mehr zu. Die mit Feder gezeichneten und handkolorierten Abbildungen fand ich in den Katalogen von Poyet-Sivet und Rousselon Frères.

Moulins, Hauptstadt des Bourbonnais, war für feine Schneidwaren bekannt. Ein Strom wohlhabender Reisender, auf dem Weg zu ihrem Badeaufenthalt im Süden, hatte diese Entwicklung gefördert, denn die von Paris aus Richtung Lyon und Süden fahrenden Postkutschen machten in Moulins Station. Im Jahr 1713 klagte der Chevalier von Quincy: „Während unseres Aufenthalts wurden wir von Messer- und Scherenhändlerinnen belästigt.“ 1787, beim Besitzerwechsel der *Auberge de la Belle Image*, erwähnte

Bauern aus dem Bourbonnais auf dem Schweinemarkt (19. Jahrhundert).

dieser ausdrücklich in seiner Werbung: „Die Personen, die mir die Ehre erweisen, bei mir abzusteigen, werden nicht von Messerverkäuferinnen belästigt werden.“ 1790 berichtete der berühmte Liebhaber Giacomo Casanova von der Durchreise in Moulins. „Wir fanden uns belagert von 18 bis 20 Frauen, kleine Messer- und Scherenhändlerinnen.“ 1835 seufzte François Vaysse de Villiers: „Man muss zunächst die Messer- und Scherenhändlerinnen loswerden, deren Gedränge der Reisende erst durchqueren muss, um zu seiner Unterkunft zu gelangen. Sie verfolgen ihn bis dorthin und dringen mit ihm dort ein.“ Mit Einführung der Eisenbahn verschwanden die Postkutschen und mit ihnen die Kundschaft, die in den Herbergen der Stadt abstieg.

Bei meiner Durchsicht der Register der Messerschmiede, der Kopfsteuer, der Größe und des zu zahlenden 20stels der Industriesteuer sowie der Namensregister der Volkszählung konnte ich die Zahl der Messerschmiede während der Blütezeit und den langsamen Rückgang der

Issoire des Coutelier Contou, Issoire (19. Jahrhundert).

Aktivitäten im Messerhandwerk abschätzen: 1696 fand ich 51 Messerschmiedemeister, 1793 noch 18, und im Jahr 1848 waren es nur noch acht Messerschmiede. Der Niedergang war nahe.

AUVERGNE

Issoire und sein Messer

Im Jahr 1834 beschreibt Eusèbe Girault de Saint-Fargeau in seinem *Pittoresken Führer für Reisende in Frankreich* seine Ankunft in Issoire: „Coudes, wo sich die Poststation befindet, ist ein Dorf, das in einer malerischen Lage am Fuße eines Hügels errichtet wurde, der vom Allier umspült wird, den man flussaufwärts bis zu einer Anhöhe begleitet, von wo aus man über einen unmerklichen Abhang in die schöne und fruchtbare Ebene von Issoire hinabsteigt, das angenehm in Mitten eines Beckens aus Bergen und dem Zusammenfluss der Couze und des Alliers liegt. Es ist gut gebaut, sauber und gut belüftet. Im Zentrum liegt ein weiter Platz, wo die Märkte stattfinden."

Vor Ort gab es Kupferkesselfabriken und zahlreiche Ölmühlen, in denen Walnüsse zu wertvollen Ölen und Walnussschalen zu Farbstoff verarbeitet wurden. An den Hängen südlich von Issoire gab es Weinbau. Während des Ancien Régime (zwischen 1589 und der Revolution) war die Messerproduktion in Issoire ein Jahrhundert lang verschwunden. Bei Durchsicht der kommunalen Register konnte ich nach dem 17. Jahrhundert keinen Coutelier finden: 1666 heiratete dort der Waffenschmied und Coutelier Jean Martin, 1685 klagte der Coutelier Courty wegen Verleumdungen. Danach schwiegen die Akten. Der Grund lag wohl in dem erbitterten Kampf der Monarchie gegen den Protestantismus, in dessen auvergnatischem Zentrum Issoire stand. Viele Handwerker verließen die Stadt. Das Gewerbesteuerregister im Ersten Empire (1804–1815) erwähnt nur einen Eisenwarenhändler. Der erste Beleg einer Rückkehr von Messerschmieden datiert von 1824, wo der Name Joseph (André) Contou, 24 Jahre alt, als Coutelier in Issoire erwähnt wird, zu dem sich 1832 Antoine Julien als Zweiter gesellte.

In der Folgezeit überschlugen sich die Ereignisse. 1846 gab es in Issoire bereits sechs Messerhersteller: Im Quartier du Pont das von Joseph Contou, 50 Jahre alt; im Quartier de la Place das von Jean Toutel, 35 Jahre alt; im Quartier du

Ponteil das von Antoine Julien, 41 Jahre, und das von Martin Boutonnet, 36 Jahre, geboren in Rodez im Aveyron, der von seinem Sohn Auguste, 18 Jahre alt, unterstützt wurde. Im Quartier du Palais das von André Contou, 48 Jahre alt, mit seinen Söhnen Jean, 15 Jahre, und Joseph, 14, als Lehrlingen, und schließlich das von Joseph Rabby, 48 Jahre alt, im Quartier de la Berbiziale.

Jean Contou machte durch die Qualität seiner Messer auf sich aufmerksam, als er 1875 eine Bronzemedaille errang. 1891 wendete sich das Blatt, denn in Thiers begann man ebenfalls mit der Produktion. Die Familien Julien, Toutel und Boutonnet führten ihr Geschäft zwar weiter fort, bezogen ihre Produkte aber jetzt aus Thiers. Julien-Four ließ Issoires auf seine Marke bei Annet

Marke des Coutelier Julien in Issoire, um 1905.

Einteiliges Issoire von Contou in Issoire (Mitte 19. Jahrhundert).

Dreiteiliges Issoire mit Dorn und Korkenzieher, Thérias (Thiers), um 1905.

Seltenes Issoire mit zwei halben parallelen Ressorts, Thiers (Anfang des 20. Jahrhunderts).

Thérias aus Membrun in den Thiernoiser Bergen anfertigen. Nach dem Tod von Jean Contou, der sich als Büchsenmacher und Messerschmied betätigt hatte, wurde ein notarielles Inventar seiner Werkstatt erstellt. Man zählte in seiner Werkstatt zwölf neuwertige Schleifsteine, eine Holzbank mit einer darauf montierten Drehbank, eine Transmission, die über Riemen von einem Gasmotor angetrieben wurde, sowie einen Steinschneider. In der angeschlossenen Schmiede befanden sich eine transportable Schmiede, ein Amboss, zwei Hämmer und vier Zangen.

In Thiers wurden Issoires zu Beginn des 20. Jahrhunderts hergestellt von Poyet-Sivet, Annet Thérias in Membrun, Besset-Jarrige, Brossard-Daché, Bechon-Gorce und in geringerem Maße Sauzède-Angély und Duvert Frères. Das Issoire wird durch eine lange, spitz zulaufende Klinge charakterisiert. Das Ressort *À cran forcé* besitzt eine *Mouche*, deren Form an einen Wal erinnert. Auch an der charakteristischen Form seiner Mitre war das Issoire zu erkennen. Die vordere Mitre war auf beiden Seiten wie ein Diamant angeschrägt, daher der Name *Tête de diamant*. Issoires waren normalerweise einteilig, konnten aber durch einen gefrästen Korkenzieher und eine lange Ahle ergänzt werden. Mit einer Ahle nannte man es *Marchand de vin* (Weinhändler), weil es erlaubte, einen Weinschlauch oder Fassspund zu öffnen. Den lokalen Weinbau hatte man trotz der Katastrophe mit der Reblaus also nicht vergessen. Außerhalb seines Gebiets fand das Issoire jedoch keinen großen Absatz. Bei der Analyse der Buchhaltung und Verkaufsregister mehrerer Hersteller in Thiers fand ich Verkäufe nach Riom und Clermont-Ferrand im Departement Puy-de-Dôme, nach Gannat im Departement Allier, nach Massiac im Departement Cantal und in einige Messerschmieden im Departement Haute-Loire, darunter auch in Le Puy-en-Velay.

Haute-Loire: Brioude und Yssingeaux

Das Brioude war eigentlich ein Phantom, denn es tauchte ausschließlich in den handschriftlichen Unterlagen von Annet Thérias auf. Wahrscheinlich war es eine Einzelbestellung, die von anderen, weiter verbreiteten Messern ersetzt wurde. Seine Beschreibung war einfach: ein Messer mit Bourbonnaise-Klinge, runder Mitre und einem Griff aus schwarzem Horn. Bei dem Coutelier Mathieu in Paulhaguet, nahe von Brioude, habe ich ein solches Messer entdeckt, das dieser Definition entsprechen könnte. Es handelte sich um ein Messer mit besagter Bourbonnaise-Klinge, dessen voller Horngriff vorne und hinten abgerundet war. Zusätzlich verfügte es über eine Piétin-Klinge, mit der man die Hufe von Schafen beschnitt. Dieser Teil der Haute-Loire beherbergte in der Tat zahlreiche Schafherden. Die Werkstatt von Étienne Mathieu in Paulhaguet existierte nur eine Generation zwischen 1865 und 1887. Der Sohn änderte die Werkstatt in ein Eisenwarengeschäft und vertrieb dort Messer und alle möglichen Werkzeuge für das Landleben.

Halb Issoire und halb Yssingeaux, Messer mit 3 Mitres, Marke Mauras in Ardes.

Dreiteiliges Issoire mit Korkenzieher, hergestellt in Thiers für Julien, um 1905.

Zweiteiliges Issoire mit Korkenzieher, um 1840 (Issoire).

Der Poinçon (Dorn) an einem Issoire für Weinhändler.

Berger von Étienne Mathieu, das der Definition von Brioude entsprechen könnte, um 1880.

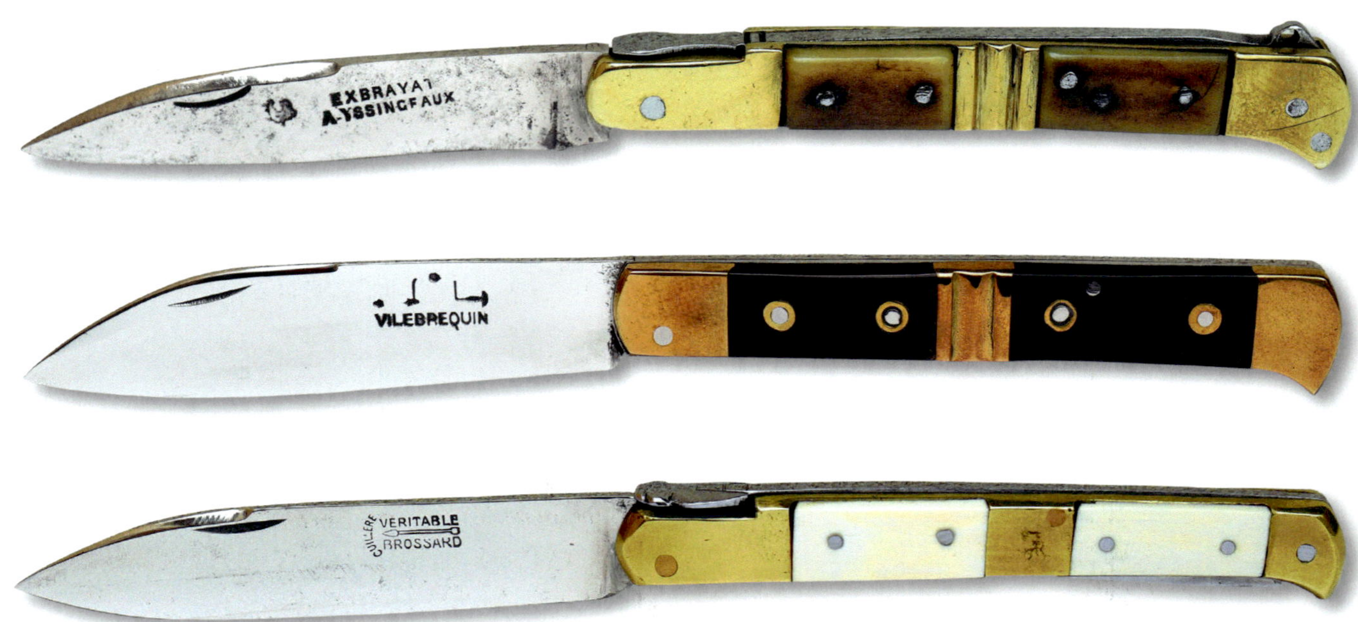

Drei Yssingeaux plats (flache Yssingeaux) mit 3 Mitres, gemarkt Exbrayat in Yssingeaux (Haute-Loire), Vilebrequin (Thiers) und Brossard (Thiers).

Yssingeaux plat mit langer Mitre, Zweiteiler mit Dorn (Thiers).

Yssingeaux ist, wie die Legende berichtet, die Stadt mit den fünf Hähnen. Die *Jaux* (Hähne in der Lokalsprache) schmücken das Wappen und gaben der Stadt den Namen. In dem gemäßigten Klima der Region wurden die Böden mit Hacke und Spaten bearbeitet. Linsen waren eine Spezialität. Wirtschaftlich bedeutsam und zusätzliche Einkommen der Region waren die Maultierzucht, die in Spanien einen gesicherten Absatzmarkt fand, spezielle Schafmärkte und die Zucht lokaler Schafrassen. Diese waren von großer regionaler Bedeutung.

Selbst in den kleinsten Haushalten wurden Spitzen geklöppelt, die von den Händlern direkt von den Frauen gekauft wurden. Einige kleine Werkstätten beschäftigten sich mit der *Organsinage,* dem Flechten von Seidenfäden auf Spulen, oder der Herstellung von *Blondes* (gemusterten Seidenstoffen), und überall auf dem Land brachte die Bandweberei in Heimarbeit ein kleines Einkommen. Auch der *Fourme d'Yssingeaux*, ein Blauschimmelkäse, erreichte überregionale Bekanntheit.

Vor Ende des 18. Jahrhunderts konnte ich in Yssingeaux keine Couteliers ausfindig machen, außer Schmieden, die wohl *Couteaux droits* (feststehende Messer) schmiedeten, die Abel Hugo 1835 erwähnte: „Diese Bergbevölkerung war immer bewaffnet mit einem Stylet und einer Art kleinem Dolch, Coutelière genannt, die bei dem kleinsten Streit zur Hand waren."

Durchstöbert habe ich die Archive von Yssingeaux und alle möglichen Register des Departement von Puy-en-Velay, in denen ein Coutelier hätte auftauchen können: Größen- und Kopfsteuer von 1729 und 1736, Gewerbesteuerverzeichnis von 1791, Industrieregister von 1733,

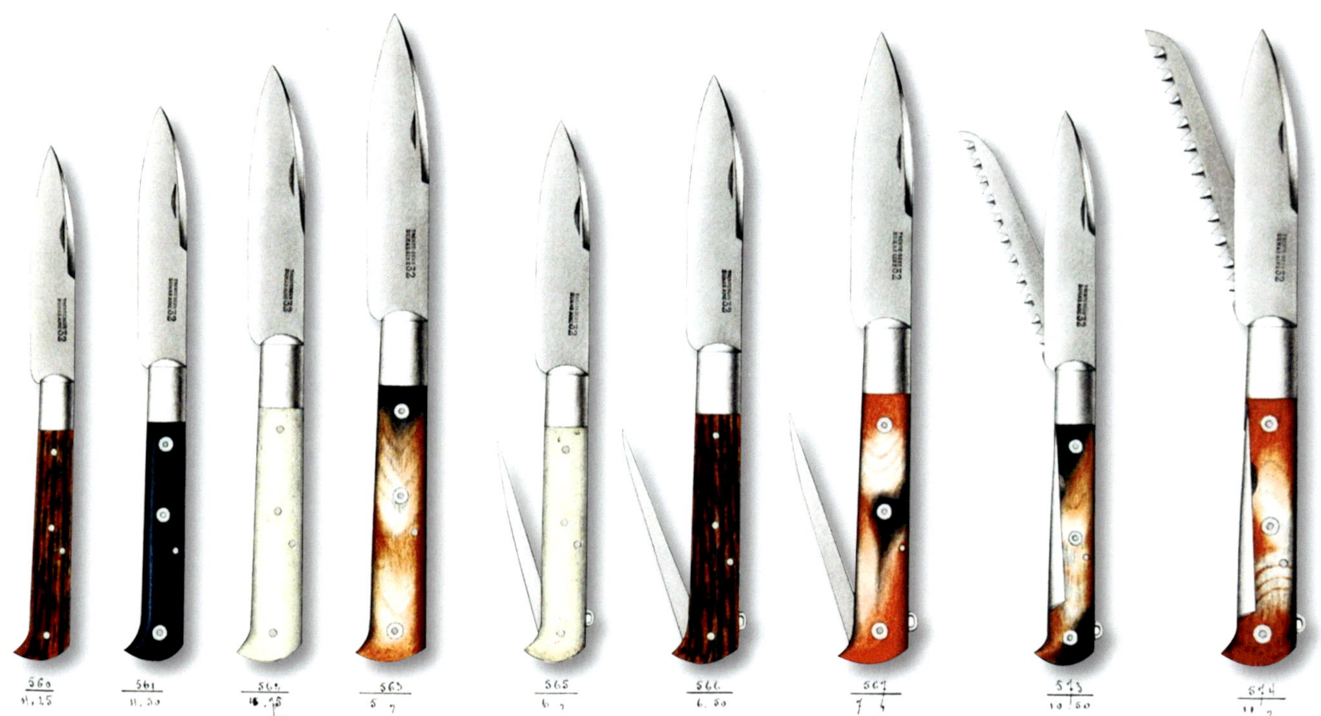

Yssingeaux im handgemalten Katalog von 32 DUMAS (Thiers), 1896.

1734, 1746 und 1755. Alle ohne Ergebnis. Die erste Urkunde, die einen Coutelier erwähnt, stammt von 1810, es ist die Todesurkunde von Bartélémy Mandon, 30 Jahre. In einer späteren Urkunde von 1840 werden vier Couteliers aus Yssingeaux als Zeugen erwähnt: Louis Dupuy, 58 Jahre, Vidal Morard, 46 Jahre, Pierre Roméas, 30 Jahre, und Théophile Courtial, 26 Jahre. Aus der namentlichen Volkszählung von 1846 konnte ich die komplette Mitgliederzahl der Couteliers ermitteln: Pierre Roméas, 37 Jahre, Hypolite Dombrines, 30 Jahre, Jacques Bachou, 40 Jahre, mit seinem Sohn Jean als Arbeiter, Hypolite Mallet, 45 Jahre, Jérôme Henri Dombrines, 40 Jahre, und Louis Dupuy, 45 Jahre. 1881 gab es nur noch das Geschäft der Familie Roméas mit Auguste, 45 Jahre, und Victor, 32 Jahre. 1886 führte allein Victor diesen Beruf fort. Die Messerproduktion in Yssingeaux war damit beendet, die Messer wurden nunmehr in Thiers hergestellt.

In den Händen der Thiernoiser Fabrikanten veränderte sich die Form des Yssingeaux so sehr,

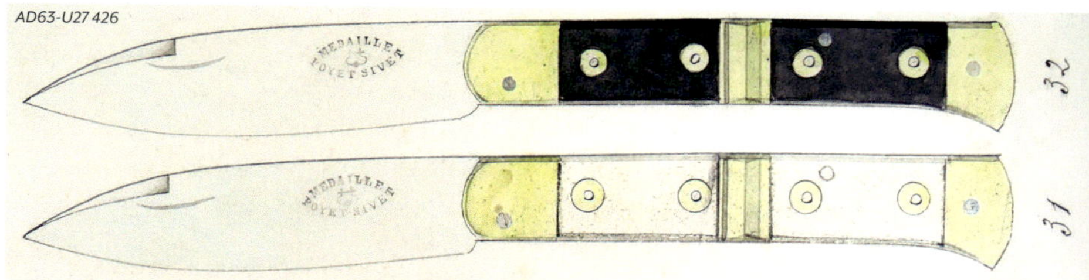

Yssingeaux plats mit zwei Mitres, handgemalter Katalog Poyet-Sivet (Thiers) um 1870.

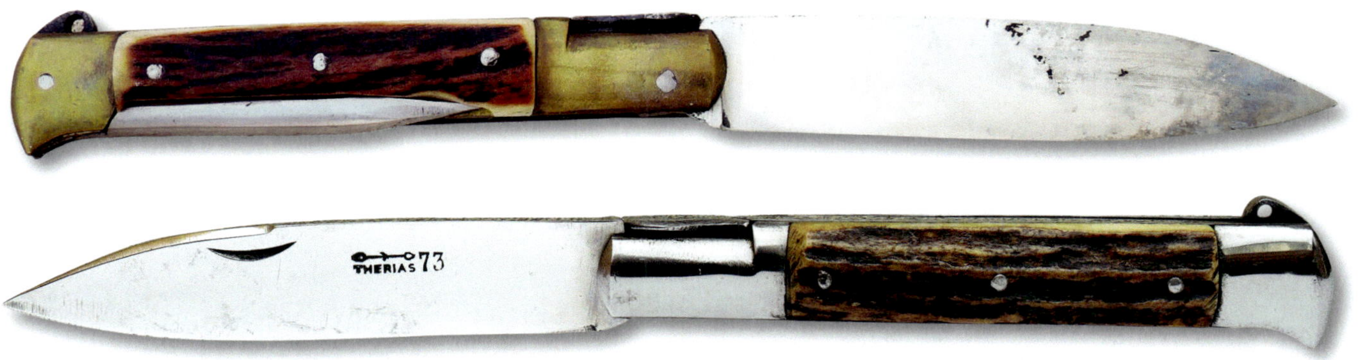

Rundes Yssingeaux mit Dorn für die Weinhändler, 73 Thérias, Thiers (1. Hälfte des 20. Jahrhunderts).

Altes Aurillac mit figurativer Marke, Griff gepresstes Horn (Ende des 18. Jahrhunderts).

dass man es am Ende mit einem Issoire verwechseln konnte. Man rundete seine Form ab und ergänzte es mit zwei gestanzten Mitres. Da das Yssingeaux gut in der Hand lag und der Kundschaft gefiel, wurde es ein beliebter Begleiter in den Hosentaschen. Durch die Messergrossisten in Thiers und deren Handlungsreisende entwickelte es sich zum Bestseller, drang weit über seinen ursprünglichen Herkunftsbereich hinaus in neue Gebiete vor und wurde im Aveyron in Rodez, im Cantal in Aurillac, Murat und Massiac, im Allier in Vichy und im Lot verkauft. Zu Beginn des 20. Jahrhunderts tauchte das Yssingeaux in den Katalogen zahlreicher Fabrikanten in Thiers auf: Besset-Jarrige, Sauzède-Angély, Annet Thérias, 74 Saint-Joanis, Fourbet-Tarrérias, Bechon-Gorce, 32 DUMAS, Brossard-Daché, SGCO, Sabatier-K und weitere.

Cantal: das Aurillac

Im Jahr 1756 zählte man innerhalb der Befestigungsmauern von Aurillac 6258 Einwohner. Diese widmeten sich der handwerklichen Herstellung von *Sabots* (Holzschuhe der bäuerlichen Bevölkerung), Hüten, Türschlössern und Blechwaren. An Couteliers konnte ich für das Jahr 1744 und das letzte Viertel des Jahrhunderts Jean Baptiste Cousy, genannt Partien, dessen Vater Partien Ayné sowie Pierre Arnaton in der Dorfchronik ermitteln.

Die Stadt Aurillac beherbergte zahlreiche Märkte, zu denen die Kundschaft von weither anreiste, sowie eine lebendige Schmiedeszene. Zum Ende des 18. Jahrhunderts zeichnete sich eine deutliche Zunahme der Schmiedewerkstätten ab. Als die Revolution 1789 ausbrach, zählte man in der Stadt fünf Werkstätten, in denen Messer und Werkzeuge für die Holzpantoffelproduktion hergestellt wurden: Jean Alexandre Lazet, Louis Aigues-Parses und Pierre Chauchard, genannt Chapsal, der als Wandergeselle aus Rodez im Aveyron gekommen war.

Zwischen 1789 und 1836 stieg die Zahl auf 18 Couteliers: Personne, Laribe, Vigier, Lapeyre, Baile, Meyniel, Daumergue, Rouy, Balmise, Coste, Puech, Gamay, Chapsal, Riom, Berthou, Cocural, Duparc und Bac. In Anbetracht der Stadtgröße eine beachtliche Zahl. In der Rue des Forgerons (Schmiedegasse) ertönten Hammerschläge aus zahlreichen metallverarbeitenden Werkstätten, darunter drei Messerschmiede und acht andere Handschmieden. Alle profitierten von den überregional bedeutenden Viehmärkten, auf denen die Bauern ihre Messer kauften oder von den lokalen Couteliers schärfen ließen.

Im Laufe der Zeit entstanden in Aurillac sogar regelrechte Dynastien von Messerschmieden, wie die Lazet (sechs Couteliers von 1750 bis 1871), die Chapsal (von 1770 bis 1853) und die Vigier (sechs Couteliers von 1815 bis 1908).

Die nach ihrer Geburtsstadt Aurillac genannten Messer gab es bereits im 18. Jahrhundert, aber sie unterschieden sich deutlich von der heute üblichen Form. Sie besaßen Klingen vom Typ Stylet mit einer nach unten abfallenden Spitze. Heutzutage fertigt man sie mit Bourbonnaise-Klingen mit nach vorne zeigender Spitze.

Ihr Griff war flach, aber sein Schwung in Form einer halbierten Violine, der ein Aurillac bis heute charakterisiert, gab es schon seinerzeit. Der Griff besaß drei mit volkstümlichen Motiven verzierte Mitres, die üblicherweise in der Werkstatt des Schmieds in einem Tiegel geschmolzen und dann in Wachsformen gegossen wurden. Der Griff aus Rinderknochen wurde mit einer Pointillage verziert. Genannt wurde dieses Messer Aurillac plat (flaches Aurillac). Auch wenn dieses Messer 100 Jahre zuvor in Aurillac entstanden war, begannen die Fabrikanten in Thiers erst gegen 1865 mit seiner Produktion:

Aurillac plat (flaches Aurillac) gemarkt Vigier in Aurillac (1. Hälfte des 19. Jahrhunderts). Eine guillochierte Messingzunge ist auf den Rücken des Ressorts gelötet. Mitres im Stil der Volkskunst dekoriert.

Aurillac, 74 Saint-Joanis-Mondière, Thiers (Mitte des 20. Jahrhunderts).

Poyet-Sivet, dann Ricornet. Bis in die 1920er-Jahre war es en vogue.

Im 18. Jahrhundert gab es neben diesem Modell noch eine zweite Version mit abgerundetem, vollem Griff (ohne Mitres) aus gepresstem Horn. Diese Version kündigte das heute übliche Aurillac an, auch wenn es noch eine Stylet-Klinge wie das Aurillac plat besaß. Gegen Ende des 19. Jahrhunderts, um 1890, findet man in Thiers erste Spuren einer Produktion dieses Aurillac classique, wie man es heute kennt. Bestellungen habe ich in den Unterlagen von Sauzède-Angély im Jahr 1896 gefunden, sowie die eines anderen Modells, *façon Mauriac*, was vielleicht eine andere Bezeichnung für das Aurillac plat ist.

Thiers rationalisierte die Produktion, verwendete runde Mitres, die es bei dem ursprünglichen Modell nicht gab, und veränderte die Silhouette durch den Einsatz von Bourbonnaise-Klingen. Das Aurillac war das Messer der Viehzüchter im Cantal, die als *Bougnat* (Kohlenmann) nach Paris zogen und das Messer in ihren Hosentaschen in die Hauptstadt brachten. Zu Beginn des 20. Jahrhunderts wurden Aurillacs bei zahlreichen Fabrikanten in Thiers hergestellt: Brossard-Daché, Parapluie, Poyet-Sivet, Sauzède-Angély, 74 Saint-Joanis, Besset-Jarrige und noch viele andere. In der Rue des Frères in Aurillac gibt es ein Geschäft mit langer Coutelier-Geschichte: die Coutellerie Destannes. Einst geführt von dem Coutelier Camille Louis Barthélémy Troupel,

Die Familie des Messerschmieds Destannes in Aurillac vor ihrem Geschäft, um 1910.

AD63-U27 426

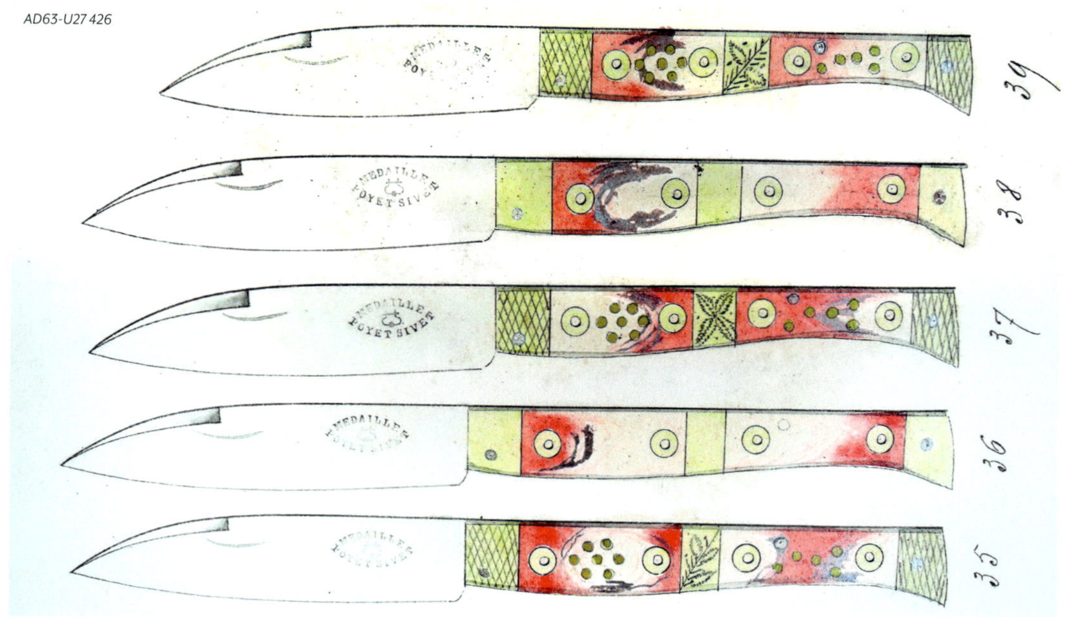

Aurillac plats im handgemalten Katalog von Poyet-Sivet (Thiers) um 1870.

Das Dorf Laguiole (Ende des 19. Jahrhunderts).

1816 in Brioude geboren, übergab er sein Geschäft an Guillaume Vigier der Ältere, genannt Charles, geboren im Aveyron, Sohn eines Couteliers aus dem Cantal, wohnhaft in Carladès. Der verkaufte sein Geschäft 1908 an Jean Destannes und seit dieser Zeit befindet sich die Coutellerie in den Händen der Familie. Nach Jean folgte Camille. Heute kümmert sich Gérard Destannes um die Aurillac-Messer seiner Kundschaft.

Aubrac: Capujadou und Laguiole

Verlässt man die Senke von Aurillac und durchquert die Châtaigneraie, gelangt man über Carladès – bis zur Revolution ein Lehnsgut des Prinzen von Griamaldi – in das Aubrac, einer Ansammlung von Hochplateaus mit rauem Klima, in dem der Nordwind im Winter riesige Schneeverwehungen auftürmen konnte, die viele Dörfer von der Außenwelt abschnitten. Religiöse Mönchsorden, vor allem die Templer und die Chevaliers der Domerie d'Aubrac, waren Eigentümer des größten Teils der Flächen. Sie rodeten die einst dichten Bergwälder und schufen damit ein weites Netz von Weideflächen, auf denen die Rinder und Schafe ihrer Besitzungen in den Tälern des Aveyron und dem Causse Comtal auf die Almen getrieben werden konnten, wo sie den Sommer verbrachten. Auf diese Weise verwandelten die Mönche die einst sogenannte „weite Wüste von Einsamkeit", deren Wälder von Wölfen besiedelt waren und in der Straßenräuber den Reisenden auflauerten, in eine profitbringende Landschaft.

In den hochgelegenen, weiten Sommerweiden lagen zahlreiche Hütten, sogenannte *Burons*, die zur Unterbringung der *Buronniers* dienten, den Almbesatzungen, die die Herden von Mai bis Oktober hüteten und dort den hochgeschätzten Laguiole-Käse herstellten. Die Almwirtschaft stellte das Haupteinkommen eines großen Teils der männlichen Bevölkerung des Aubrac dar, denn die Mehrheit der Bauern lebte in ärmlichen Verhältnissen auf viel zu kleinen Parzellen und mit zu wenig Vieh, das ihnen kaum die Einkünfte zum Überleben lieferte. Ursache der zu kleinen Höfe war der Umstand, dass die großen Weideflächen nach der Revolution an nur einige wenige Geschäftemacher verkauft worden waren.

Capujadou mit Holzscheide, Aubrac (19. Jahrhundert).

Laguiole-Droit von Glaize (Laguiole), um 1860.

Capujadou des Messerschmieds Moulin (Laguiole), der sich als erster im Dorf niedergelassen hatte (Erste Hälfte des 19. Jahrhunderts).

Waren im Herbst die Burons für die nächste Saison hergerichtet, machten sich die Buronniers deshalb auf den Weg nach Paris hinauf, um dort Arbeit über den Winter zu suchen. Andere zogen in Gruppen als Arbeiter in die Sägewerke nach Katalonien. Erst zu Beginn des Frühlings kamen sie zurück ins Aubrac und hatten dann ein wenig Ruhe mit der Familie, bevor die Sommerweide wieder begann.

Chroniken und Almanache erwähnen seit dem 18. Jahrhundert die Verwendung eines *Couteau droit* (feststehendes Messer) bei den Bauern des Aubrac. Dieses Messer, das *Capujadou* (auch *Capuchadou*), besaß eine hölzerne Scheide und wurde im Stiefel oder in einer Falte des langen Flanellgürtels getragen. Der runde Griff aus Mehlbeere war am Übergang zur Klinge mit einer Zwinge verstärkt. Die Klinge selbst war stark und spitz. Sein Name stammt von dem romanischen Verb *capusar*, was „ein Stück Holz schaben" bedeutet. Das Etui enthielt manchmal einen Ausschnitt, der es den Bauern ermöglichte, während der Wache händeschonend die Kastanienzweige zum Korbflechten von Blättern zu befreien, mit deren Herstellung man wiederum das Einkommen aufbesserte. Die Hirten benutzten ein Capuchadou auch, wenn Kühe zu viel feuchtes Gras gefressen hatten und danach drohten, an den durch Gase aufgeblähten Mägen zu ersticken. Man durchstach dann den Pansen, führte einen Strohhalm ein und konnte so das Leben der Kuh retten. Das Capuchadou war auch eine Waffe gegen Wölfe und diente beim *Despartim* (kleine Brotzeit auf dem Feld) dazu, Brot und Speck zu schneiden.

Die Justizchronik berichtet auch von Schnittwunden durch Capuchadous bei Messerstechereien im Zusammenhang mit Umtrünken am Ende von Viehmärkten. Ihren Ursprung hatten Streitereien oft, wenn ein Lehrjunge, der einst zum Hüten der Kühe angestellt war, auf seinen ehemaligen *Cantalès*, den Chef der Truppe, traf. Diese Jungen waren in der nicht immer zarten Welt der Erwachsenen häufig grausam behandelt worden, und wenn Groll und Verbitterung geblieben waren, kam es beim Aufeinandertreffen zu Auseinandersetzungen, die sich zwar meist auf Schläge mit dem *Drelhier* (Hütestock zum Treiben der Kühe) beschränkten, aber manchmal glitt auch ein Capuchadou aus seinem Etui.

Zu Beginn des 19. Jahrhunderts gab es in Laguiole noch keine echten Messerschmiede. Capuchadous und andere Schneidwerkzeuge für die Bauern des Aubrac wurden von darauf spezialisierten *Taillandiers* (Werkzeugmachern), von Dorfschmieden oder selbst auf dem Bauernhof geschmiedet. Erst 1827/1828 gründete Antoine Casimir Moulin eine erste Werkstatt und Schmiede im Dorf. Ihm folgte wenig später,

Melken der Kühe auf der Sommerweide (Ende des 19. Jahrhunderts).

Buronniers auf der Sommerweide im Aubrac.

Laguiole primitif, Cayron in Entraygues (Aveyron), um 1860.

Léon Glaize, genannt Glaizou, der letzte Messerschmied aus der Rue du Valat in Laguiole (Aveyron), in seiner Werkstatt.

1829, der sehr junge Coutelier Pierre-Jean Calmels, Sohn eines Schreiners. Nach und nach nahm die Zahl der Messerschmiede im Dorf zu. 1870 waren 13 Personen in der Messerproduktion beschäftigt. 1890, zum Höhepunkt der Messerproduktion in Laguiole, zählte man vier Coutelleries: Calmels, Pagès, Glaize und Mas, in denen insgesamt 30 Personen beschäftigt waren, Besitzer, Arbeiter, Lehrlinge eingerechnet. Die Werkstätten lagen alle in der Rue du Valat im Zentrum des Dorfes, nahe beieinander. Sie belebten das Dorf und der Klang der Schmiedehämmer verlieh ihm den Rhythmus.

Auch in den umliegenden Dörfern und Städten wurden Laguioles hergestellt. So in Espalion, Entraygues, Sévérac-le-Château, Mende, Saint-Urcize, Laissac, Rodez und Mur de Barrez. Der Erste Weltkrieg von 1914 bis 1918 versetzte der Messerherstellung einen ersten schweren Schlag, von dem sie sich danach nicht mehr erholte. Nur Calmels behielt in den 1920er-Jahren einen Arbeiter. Auch als Nachwirkung auf die Landflucht infolge der Katastrophe mit der Reblaus ging der Messerverkauf im Aubrac insgesamt zurück. 1950 schloss Léon Glaize die letzte Handschmiede und hing seine Schmiedeschürze an den Nagel. In der Rue du Valat erklang kein Amboss mehr. Im selben Jahr schloss die Witwe Pagès ihr Geschäft und der Coutelier Henri Cure in der Rue Blanchou seine Werkstatt. Nur ein Coutelier, Pierre Calmels (1913–1992), stellte von Zeit zu Zeit noch einige Hochzeitsmesser her. Ein Blatt in der Geschichte hatte sich gewendet.

Klingen wurden in Laguiole im hinteren Teil der Werkstatt geschmiedet. Die Messermontage erfolgte am Schaufenster, um das Tageslicht aus-

Couteaux à lentille (mit Linse), geschmiedet im Nord-Aveyron. Oben aus Laguiole (19. Jahrhundert), unten Rekonstruktion durch Pascal Morin auf der Grundlage eines alten Modells von Thibaud in Sévérac.

Laguiole von Thibaud in Sévérac (Aveyron), um 1860.

zunutzen. Im Zentrum befand sich ein großes, von Hunden abwechselnd angetriebenes Laufrad, das über Transmissionsriemen mit dem Schleifstein verbunden war, der über einem Holztrog stand. Zum Schleifen saß der Coutelier rittlings auf dessen Bank. Mit Einführung der Elektrizität am Ende des 19. Jahrhunderts wurden Hunde für den Antrieb nicht mehr benötigt. Deshalb konnte man die Werkstätten an den Tagen der Viehmärkte in Verkaufsräume umwandeln, die, obwohl ursprünglich nicht dafür vorgesehen, nach dem Wegfall der Laufräder ausreichend Platz boten, um die Kundschaft aus Bauern und Viehzüchtern bedienen zu können. Das Laguiole war zu dieser Zeit noch ein reines Bauernmesser.

Die ersten klappbaren Laguioles unterschieden sich deutlich von den heutigen Modellen. Sie besaßen kein Ressort, hatten einen Holzgriff und eine Klinge mit *Lentille* (Linse), um sie geöffnet zu positionieren. Das erste klappbare Messer mit Ressort, das in Laguiole hergestellt wurde, war das Laguiole-Droit. Seinen Griff fertigte man aus dem Horn oder Knochen der Aubracrinder. Die Klinge hatte Stylet-Form und das Ressort war mit einer *Mouche à cran d'arrêt* versehen, die man mit zwei Fingern hochziehen musste, um die Klinge zu schließen. Der Griff endete in einem *Bec de corbin*. Gegen 1840 ersetzte eine Ahle an diesem Messer das Capuchadou, mit der man ebenso gut ein Loch in das lederne Geschirr der Gespanne bohren oder auch einen Kuhpansen anstechen konnte. Hergestellt wurde es aber noch bis zum Ende des 19. Jahrhunderts, und bis in die 1920er-Jahre zum Schlachten von Geflügel, zum Korbflechten und zum Zuschneiden der Hirtenstöcke verwendet.

Das Laguiole tauchte zwischen 1850 und 1860 erstmals auf. Als Erfinder gilt Jean-Pierre Calmels, wenn man dem lokalen Gedächtnis glauben darf. Es hatte und hat bis heute eine Yatagan-Klinge. Diese ersten Laguioles verfügten wie bereits die Laguiole-Droit über eine Mouche und ein Ressort à cran d'arrêt. Für die Hände der Bauern produzierte man sie als Werkzeug mit glattem Ressort, unverziert. Allenfalls fand sich ein kleines, mit einfachen Feilstrichen hergestelltes Andreaskreuz als Glücksbringer.

Eine Patche (Handschlag) gilt in Laguiole mehr als ein Vertrag.

Viele Menschen aus dem Aubrac kamen als Saisonarbeiter nach Paris und ließen sich nieder. Das war die Zeit der berühmten Bougnats, ihrem Holz- und Kohlehandel und ihren Cafés. Als dann der Holz- und Kohlehandel durch Veränderung der Heizgewohnheiten seinen Niedergang erlebte, wandelten die Bougnats ihre Geschäfte in bodenständige Cafés um. Sparsam

Ein Café-Bois-Charbon in Paris. Viele wurden von den Bougnats aus dem Aubrac betrieben.

Handgemalter Katalog Poyet-Sivet, darunter die ersten Laguioles, die in Thiers hergestellt wurden, um 1870.

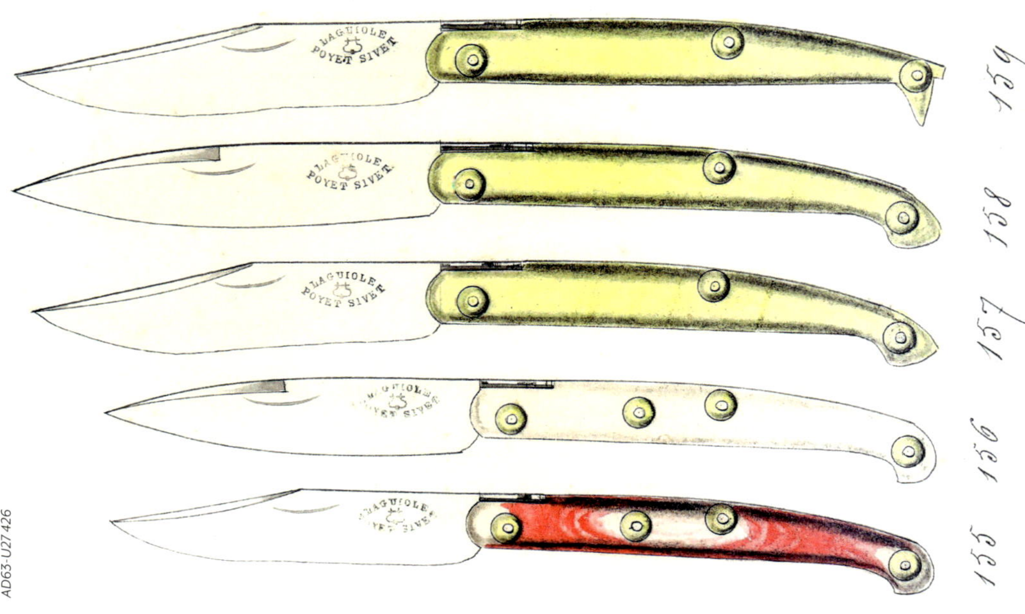

N°445.. Couteau laguiole ordinaire en manche écaillé, buffle, os, se fait avec ou sans poinçon voir N°365, les vrais laguioles N°1038.

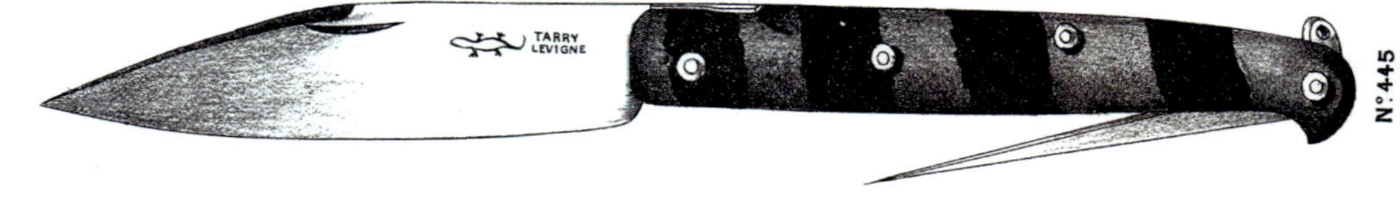

N° 18.. Corne rouge voir les N°s 32 et 34

Laguiole-Droit, im Katalog von Tarry-Levigne (Thiers), um 1880.

und arbeitsam wie sie waren, dazu mit Unterstützung ihrer Familien und Lieferanten, erwarben sie zunehmend größere Lokale, woraus sich nach und nach die „Bistrokratie" der Aveyronnaiser in Paris entwickelte. Dort trafen sich die *Amicales*, Freundschaftskreise aus den verschiedenen Dörfern des Aubrac, die als Botschafter für die Laguiole-Messer eine bedeutende Rolle in Paris zu spielen begannen.

Mit der Eröffnung der Eisenbahnen erkannten die Messerschmiede in Laguiole das Potential, sich und ihre Messer durch die Teilnahme an Wettbewerben im Rahmen großer Messen und Ausstellungen bekannt zu machen. Sie errangen dort zahlreiche Auszeichnungen und begründeten damit die Reputation der Laguiole-Messer in der Belle Époque. Die Wettbewerbsmesser waren aufwendig dekorierte Elfenbeinmodelle und damit weit entfernt von den Laguioles für die Bougnats und die Bauern und Buronniers des Aubrac.

Überrollt vom Erfolg ihrer Messer, liefen die Werkstätten in Laguiole auf Hochtouren und konnten der wachsenden, jetzt auch urbanen Kundschaft nicht mehr nachkommen. Sie beauftragten deshalb Fabrikanten in Thiers, ihnen Messer nach ihrem Modell und mit ihrer Marke auf der Klinge herzustellen. Damit wurden die Laguioles zu bürgerlichen Messern und, wie das Opinel, als typisch französische Messer berühmt.

Um 1880 begannen die Couteliers damit, ihre Messer für die wohlhabendere Kundschaft mit

Seltenes Laguiole mit in das Horn eingelassenem halbem Ressort, Mouche mit floralem Dekor, Glaize (Laguiole), um 1880.

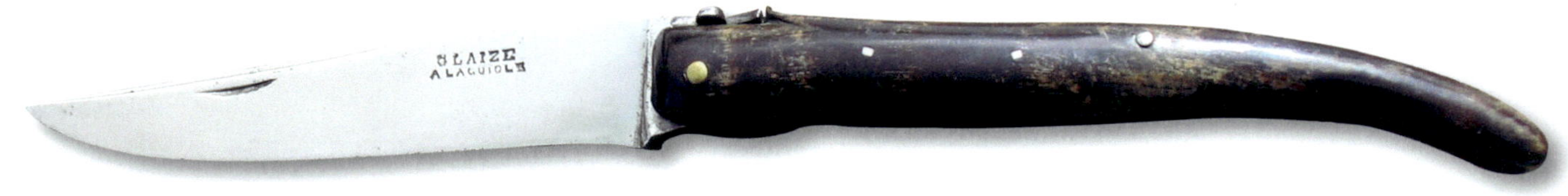

Guillochagen und floralen Motiven zu dekorieren, aber erst kurz vor dem Ersten Weltkrieg erschien auf dem Ressort das Motiv der Biene als Verzierung der Mouche, die dann zum Symbol der Laguioles werden sollte. Das Wort Mouche existierte bereits im 18. Jahrhundert als fester Begriff in der Fachsprache der Messerschmiede. Man bezeichnete damit die beiden flach geschmiedeten, flügelartigen Verbreiterungen am Anfang des Ressorts, mit der man das Ressort anheben konnte, um die Verriegelung der Klinge zu lösen. Mit Einführung des Cran forcé verlor die Mouche zwar ihren Verwendungszeck, wurde aber als Dekorelement beibehalten. Ebenfalls gegen 1880 begann man damit, Laguioles mit Korkenziehern zu versehen.

Zwei große Laguiole mit Blumendekor von Jules Calmels (Laguiole). Links Ende des 19. Jahrhunderts, rechts um 1900.

Katalog von Bechon-Gorce (Thiers), mit Laguiole-Droit und Laguiole Yatagan, um 1895.

Vier Laguioles ohne Dekor, von oben nach unten Thibaud (Sévérac), Lunel, Pagès und Glaize, die letzten drei aus Laguiole, um 1900.

Re-Edition eines dreiteiligen Laguiole mit Dorn, Korkenzieher und floraler Mouche, Maison Calmels (Laguiole).

Ab Ende des 19. Jahrhunderts nahm die Produktion von Laguioles in Thiers beständig zu, und nach Ende des Ersten Weltkriegs kam die Hauptproduktion insgesamt aus Thiers. Schon 1868 präsentierte Poyet-Sivet in seinem Katalog Laguiole-Messer. Zu Beginn des 20. Jahrhunderts waren dann Besset-Jarrige, Sauzède-Angély und Annet Thérias die wichtigsten Produzenten.

1984, nach einer langen Zeitspanne, in der die Produktion von Laguioles in Laguiole nur noch mit dem Namen Pierre Calmels verbunden war, beschlossen die Ratsmitglieder des Aubrac, eine Studie in Auftrag zu geben mit dem Ziel, die Messerproduktion in Laguiole wiederzubeleben. Dieser Beschluss erwies sich als weitblickend und erfolgreich, denn heute sind in Laguiole und seiner näheren Umgebung wie Espalion und Montézic wieder 200 Menschen mit der Messerproduktion beschäftigt. Auch Thiers ist weiterhin ein wichtiger Produktionsstandort.

Aveyron: das Liadou

Das Rodez ist ein weithin unbekanntes Messer. Die Stadt Rodez, mit Sitz der Präfektur des Aveyron, verfügte während des Ancien Régime über vier Maître-Couteliers. Zwei der Werkstätten befanden sich in der sogenannten *Cité* von Rodez unter der Herrschaft des Bischofs, die beiden anderen unter gräflicher Herrschaft. Die Zahl der Couteliers blieb im 19. Jahrhundert gleich. Sie produzierten ein kleines Messer mit geradem Griff und einer Klinge, deren Spitze in einer

Großes Laguiole de mariage (Hochzeitslaguiole), guillochierte Biene, Pierre Calmels (Laguiole), ca. 1960.

Ein Rodez des Messerschmieds Ayrinhac, Rodez (zweite Hälfte des 19. Jahrhunderts).

Liadou à lentille des Messerschmieds Gouzy in Rodez (Ende des 19. Jahrhunderts).

Kurve stark nach unten gerichtet war. Das Ressort war mit einer charakteristischen, rautenförmigen Mouche versehen. Die Produktion dieses Messers war nie von Bedeutung und beschränkte sich auf wenige Werkstätten: Jacques Victor Ayrinhac, gegen 1850, Albert Prosper Gaffier, gegen 1870, und Eugène Alexis Douziech, gegen 1880. Auf dem Briefkopf der Coutellerie Douziech, die dann zur Eisenwarenhandlung *À l'Union des Arts* wurde, tauchte noch 1890 *spécialité de coutellerie genre laguiole et rodez* auf.

Das Städtchen Marcillac liegt im Vallon de Marcillac, einem Tal westlich von Rodez im Aveyron. Der Messergriff war kräftig und solide, sodass das Messer gut und fest in der Hand lag.

Die ersten Liadou besaßen kein Ressort, weshalb ihre Klingen am Talon über eine Lentille in T-Form verfügten, die bei geöffnetem Messer auf dem Griff lag. Sie waren auch später, als das Messer mit einem kräftigen Ressort ausgestattet wurde, mit leicht nach unten zeigender Spitze salbeiblattförmig, vielseitig und relativ kräftig. Im Alltag diente das einteilige Messer der Bevölkerung der Nahrungszubereitung, beim *Casse-croûte* (Imbiss) in der Küche oder bei Tisch.

Die Winzer benutzten es für den Rebschnitt und für einen speziellen Knoten, mit dem sie die Triebe ihrer Mansois, einer uralten endemischen Rebsorte, im Weinberg banden.

Der größte Nachteil von Messern mit Lentille besteht darin, dass sie sich öffnen können, was beim Griff in die Hosentasche oder beim Herausziehen des Messers zu Verletzungen führen konnte. Man fand Lentilles bei den frühen, von Gouzy in Rodez geschmiedeten Liadou, der sie sowohl mit und ohne Ressort anfertigte. Als er seine Produktion einstellte, blieb im Vallon die Nachfrage nach Winzermessern bestehen. Der

Weinlese im Vallon de Marcillac, Aveyron (Ende des 19. Jahrhunderts).

Schneidwarenhändler Lauraire ließ sich Liadou nach seinem Modell und mit seiner Marke versehen in Thiers herstellen. In den handschriftlichen Papieren des Fabrikanten aus dem Jahr 1928 fand ich einige Lieferungen an Lauraire et Fils in Rodez unter der Bezeichnung *façon vigne* (Winzerform).

Ein Liadou der Marke Lauraire in Rodez, hergestellt in Thiers, um 1920.

Die Messer im Südwesten

PÉRIGORD

In der Stadt Bergerac waren früher zahlreiche Fabriken ansässig, in denen über 300 Arbeiter Wollmützen, begehrte Strümpfe und spezielle Stoffe wie Serges und Cadis herstellten, die in die umliegenden Regionen verkauft und bis in den Norden Frankreichs exportiert wurden. Außerdem lebte die Stadt von der Fayence- und Papierherstellung und ihrer Böttcherei. Gießereien, Schmieden und Hammerwerke kamen in der Umgebung hinzu. Bergerac handelte auch mit Trüffeln, Rotwein und dem berühmten, likörartigen Weißwein der Region. Im Hafen legten Lastkähne zum Verschiffen der lokalen Produkte an.

Der Autor Christian Lemasson benutzt ein französisches Wortspiel und schlägt den Bogen zur Tabakproduktion der Region mit ihren speziellen Messern, denn *faire un tabac* bedeutet auf Deutsch „einen Riesenerfolg haben" (Anm. d. Übersetzers). Zu Beginn des Jahrhunderts konzentrierte sich die Tabakproduktion noch auf das Sarladais im Nord-Périgord, erst nach 1857 hielt sie in der Region von Bergerac Einzug.

Für die Tabakbauern fertigten die Couteliers in Bergerac Messer, deren Griffe mit erhabenen Rosetten versehen waren, wobei jeder Coutelier eine etwas andere Messerform bevorzugte. Samuel Favié, Coutelier aus Périgueux, geboren in Montpazier in der Dordogne, ordnete im letzten Viertel des 19. Jahrhunderts die Rosetten seiner Messer für die Tabakbauern auf einem Messertyp mit schlankem Griff an, der in einem Bec de corbin endete. In einem Brief vom 30. September 1874 bestellte ein Coutelier in Bergerac bei Sabatier Frères in Bellevue bei Thiers 72 Messer des wohl gebräuchlichsten Typs in dieser Gegend und schickte eine Zeichnung mit. Er betonte, dass die Messer mit seiner Marke angefertigt werden sollten und dass der Griff neun und nicht acht profilierte Rosetten haben müsse.

Schreiben von 1874 aus Bergerac (Dordogne) an Sabatier Frères (Thiers), in dem um die Herstellung von Messern für die Tabakernte gebeten wird. Slg. MCT.

Das Nontron

Die Bewohner des Périgord hegen eine tiefe Verbundenheit zu dem Messer ihrer Vorväter, dem Nontron. Glaubt man den Prospekten für Touristen, handelt es sich bei dem Nontron um das älteste Messer Frankreichs. Allerdings übersieht man dabei die hoch angesehenen Messer des 17. Jahrhunderts, aus einer Zeit, in der die Coutellerie von Nontron kaum den Windeln entwachsen

Messer für die Tabakbauern von Favié im Périgord (Dordogne), um 1850.

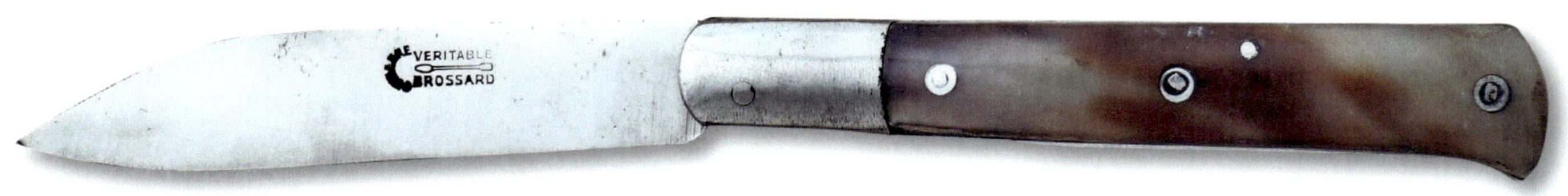

Ein Messer, das von Brossard-Daché in Thiers in der Dordogne vermarktet wurde (Anfang des 20. Jahrhunderts).

Kleine Nontrons der Marken Dupret (oben) und Bernard (mittig und unten).

war. Man übersieht zudem, dass in Saint-Étienne bereits im 17. Jahrhundert Messer mit gedrechseltem Holzgriff und Virole hergestellt wurden, was bedeutet, dass man weder in Nontron noch in den Savoyen einen Anteil an der Erfindung der drehbaren Virole hatte.

Das Nontron ist ein klappbares Taschenmesser mit einem auf einer Drehbank gedrechselten Griff aus Buchsbaumholz. Es besitzt kein Ressort, dafür eine Virole wie das Opinel, die es im Gebrauch geöffnet hält. Für sie reduziert man den Durchmesser am Kopf des Griffs, wo später die ruhende Virole angebracht wird. Bei ihr handelt es sich um eine Eisenhülse, die gleichzeitig den Griffkopf sichert und verhindert, dass das Holz reißt oder splittert. Auch der Niet der Klingenachse wird durch die Virale eingesetzt. Manche Nontrons haben nur diese eine, ruhende Virole. Bei anderen Modellen kommt eine zweite, drehbare Virole hinzu, die konzentrisch über die ruhende geschoben wird. Normalerweise ist sie aus Messing und wird, um zu verhindern, dass sie sich verschiebt, mit einem Cachet, einer Deckplatte mit etwas größerem Durchmesser, verschlossen. Das Cachet ist zum Öffnen und Schließen der Klinge geschlitzt. Durch eine halbe Drehung der Virole kann dann der Benutzer des Messers die Klinge in der geöffneten Position blockieren und anschließend das Nontron mit einer halben Drehung rückwärts wieder schließen, damit es in die Tasche seines Besitzers zurückkehren kann. Die Griffe sind üblicherweise mit Pyrogravuren verziert, die mit einem Brandeisen in den Buchsgriff gebrannt werden. In Nontron wird dieses Dekor in Form eines halben Spitzbogens, der von drei Punkten überlagert wird, als Mouche bezeichnet. Allerdings hat dieser Begriff nichts mit jener Mouche zu tun, die wir von den Laguioles kennen.

Zwei Périgords suchen Trüffel.

Die Recherche im Pfarrregister ergab für die Zeit vor Mitte des 17. Jahrhunderts keinen Nachweis für einen Maître-Coutelier in Nontron. Bevor sich richtige Messerschmiede niederließen, versorgten hier damals wie andernorts normale Dorfschmiede ihre Kunden mit Messern. Der erste niedergelassene Maître-Coutelier in Nontron war der aus Paris stammende Guillaume Legrand. Seine Heiratsurkunde gibt uns wertvolle Hinweise, die es gestatten, die von örtlichen Nachrichtenblättern verbreiteten Torheiten über den Ursprung der Coutellerie in Nontron richtigzustellen.

Lassen wir dem Pfarrer von Nontron das Wort: „Am 13. des Monats Oktober des Jahres 1654 heiratete der Maître-Coutelier Guillaume Legrand aus der Pfarrei von Saint-Eustache, mit Zustimmung deren Pfarrer Labbé vom 20. August 1654, Marie Bellay aus dieser Stadt in Anwesenheit der Unterzeichner."

Ich konnte feststellen, dass Guillaume Legrand auf seiner Wandertour durch Frankreich in Nontron Station gemacht und dort geheiratet hatte. Die einfache Lektüre der Urkunde des Pfarrers belegt, dass Guillaume Legrand lange vor seiner Hochzeit in Nontron bereits in Paris als Maître-Coutelier zugelassen war. Überdies konnte Nontron keinem Gesellen der Wanderzunft der Messerschmiede einen Aufenthalt bieten, weil es zu diesem Zeitpunkt keinen niedergelassenen Maître-Coutelier in Nontron gab, der eine Gesellen-Ausbildung hätte anbieten können. Guillaume Legrand starb 1710.

Ankunft in Nontron (1. Hälfte des 19. Jahrhunderts).

Zwei Nontrons, das obere gemarkt mit Bernard (Nontron), das untere mit Petit (Nontron).

Großes Nontron mit Karpfenschwanz, unleserliche Marke.

Für die zweite Hälfte des 18. Jahrhunderts konnte ich einige Couteliers ausfindig machen, allerdings ohne genaue Berufsbezeichnung, ob Maître-Coutelier oder lediglich Coutelier: Jean Jardon (Maître-Coutelier), Romain Desmoulin, Jean Baille, Jean Desmoulin, die Brüder Jean und Mathieu Bernard (beide Maître-Coutelier), sowie Jean Barrière und Guillaume (Guillome) Bernard.

Ab Mitte des 18. Jahrhunderts verfügen wir über zuverlässige Daten zur Coutellerie in Nontron. In den Archiven des Departement Gironde konnte ich die Berichte der Unterabgeordneten von Nontron an den Provinzverwalter in Bordeaux einsehen. Eine Erhebung vom 22. Oktober 1750 erfasste dort alle in Nontron tätigen Handwerker. Es wurden fünf Schmiede, neun Schwertfeger, drei Schlosser, ein Taillandier und vier eisenbearbeitende Couteliers erfasst. Der Unterabgeordnete ergänzte, dass die Stadt weder im Zunft- noch Innungswesen organisiert war.

1788 erfasste der Inspekteur der Manufakturen und Fabriken in der Généralité (Verwaltungsbezirk im Ancien Régime) von Bordeaux in einer Notiz vom 1. September 39 Coutelleries in der Dordogne, davon fünf allein in der Stadt Nontron. 45 Coutelier-Arbeiter und Maîtres waren im Bereich des Périgord insgesamt angestellt, davon acht in Nontron.

Erst zum Ende des 18. Jahrhunderts sind genauere Angaben zu den verschiedenen Nontron-Modellen nachweisbar. In einem Dokument vom 15. Oktober 1793 des Conseil Général der Kommune, also zu Zeiten der Revolution, wurde die Entlohnung für Arbeiten festgelegt, die Messerschmiede bei ihren Maître-Couteliers ablieferten. Dieses Dokument ist auch deshalb interessant, weil es alle Messertypen auflistet, die Ende des 18. Jahrhunderts in den Nontronnaiser Werkstätten hergestellt wurden. Im Einzelnen: kleine, mittlere und große Buchsbaummesser, Buchsbaummesser façon de bayonnette (nach Art eines Bajonetts), mit drehbarer Virole und ganz kleine Taschenmesser.

Die Herstellung kleiner Buchsbaummesser lässt sich also bereits für das Ende des 18. Jahrhunderts nachweisen, auch die Herstellung von Messern mit drehbarer Virole ist belegt. Was die Buchsbaummesser „nach Art eines Bajonetts" mit drehbarer Zwinge betrifft, ist eine Erklärung erforderlich.

Die Erfindung von Messern mit Bajonett und Hülse wird den Schmieden von Bayonne im Baskenland zugeschrieben. Diese Messer waren in ihren Ursprüngen im 17. Jahrhundert feststehende Messer für Bärenjäger, deren schlanke Form die Befestigung auf dem Lauf eines Jagdgewehres oder einer Eskopette (antike Handfeuerwaffe) er-

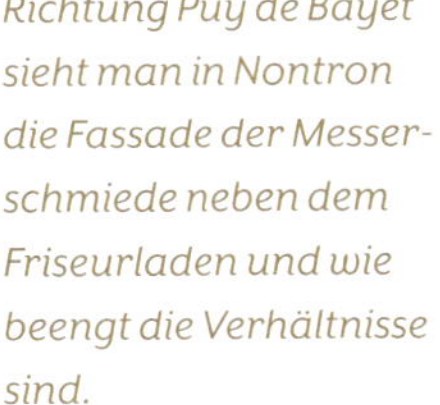

Richtung Puy de Bayet sieht man in Nontron die Fassade der Messerschmiede neben dem Friseurladen und wie beengt die Verhältnisse sind.

laubte, quasi als letzte Verteidigungsmöglichkeit, wenn der Schuss den Bären nicht erlegt hatte.

Es ist anzunehmen, dass die ersten Nontrons nach Art von Bayonne feststehende Messer waren, denn es ist kaum vorstellbar, dass ein faltbares Messer aus Buchsbaumholz, dazu mit drehbarer Virole, so stabil war, dass es einem gefährlichen Tier hätte die Stirn bieten können. Die Form des Messers wurde aber beibehalten, lediglich seine ursprüngliche Verwendung geriet in Vergessenheit. In einem Dokument wird erwähnt, dass in Nontron am Ende des Jahrhunderts auch große und mittelgroße Messer mit Ressort und Horngriffen hergestellt wurden.

Während des Konsulats (eine Phase zwischen 1799 und 1804) listete ein in den Akten der

NONTRONS IN DER WALNUSS

Der Coutelier André Petit in Nontron behauptete in einem Brief vom 11. März 1889 an Camille Pagé, dass sein Großvater (der seine Tätigkeit 1814 aufgenommen hatte) die ersten Miniatur-Messer hergestellt habe, die in eine Walnussschale passten. Aber das war falsch. Mini-Messer in einer Nussschale sind bereits seit Ende des 18. Jahrhunderts belegt, und zwar in einem Schreiben vom 1. Januar 1800 an den Rechtsanwalt und Seneschallrichter Jean-Baptiste Charles Michel de Mazerat, wohnhaft im Schloss von Nontron. Sein Korrespondent aus Limoges bittet ihn darin, ihm die kleinen Messer in der Nussschale für Geschenke zu schicken.

Miniatur-Nontron in einer Walnuss. Die Schachtel trägt die Marke Petit, 20 Médailles Hors Concours.

Großes Messer mit Karpfenschwanz der Marke Petit à Nontron.

Präfektur aufbewahrter Bericht die Aktivitäten der Couteliers im Périgord für das Jahr 1801 auf. Demnach gab es Werkstätten in Beaumont-du-Périgord, Beaussac, Issigeac und Sainte-Aulaye, die jeweils nur einen einzigen Arbeiter beschäftigten. In La Roche-Chalais gab es drei, in Montignac eine Werkstatt mit drei Arbeitern und in Riberac zwei Werkstätten mit zwei Arbeitern. Nontron und Eymet fielen durch ihre umfangreichere Messerherstellung auf. In Nontron gab es fünf Messerschmieden, die acht Arbeiter beschäftigten. In Eymet, im Arrondissement Bergerac am Ufer des Dropt, hatte sich die Messerherstellung im 18. Jahrhundert trotz des protestantischen Glaubens der Messerschmiedemeister weiter vergrößert. In den Registern konnte ich feststellen: Marboutin, Berbineau, Coudert (geboren in Rodez im Departement Aveyron) und Roquemore. Die Zeitung *Le Conservateur* nannte 1797 zwei weitere protestantische Messerschmiede aus Eymet, die einen gewissen Bekanntheitsgrad erlangt hatten: Bouri und Chazot. In Eymet wurden gröbere Schneidwaren hergestellt als in Nontron. In dem Bericht der Präfektur hieß es über Nontron: „Man stellt dort Messer her, die durch ihre Kleinheit und die Vollendung der Arbeit bemerkenswert sind, und die man als kuriose Gegenstände exportiert."

In Nontron spielten mehrere Messerschmiedfamilien eine Rolle, an die man sich noch heute erinnert. Zuerst ist hier die Familie Bernard zu nennen, die einen besonderen Platz einnahm. Zwischen der ersten Erwähnung im Jahr 1727, als der erste Messerschmied der Familie, Jean Bernard, seine Frau Catherine Vacheyron heiratete, und schließlich dem letzten, Pierre Bernard, der die Linie vollendete, als er am 22. September 1908 im Alter von 66 Jahren starb, gab es zahlreiche Familienmitglieder, die sich um die Messerschmiedekunst in Nontron verdient gemacht hatten. Im Laufe der Zeit folgten mehrere Zweige und Geschwister. Im 18. Jahrhundert waren es Jean, Bertrand, François, Mathieu und Guillaume. Danach folgten im 19. Jahrhundert ein zweiter Jean, Élie, Jean-Baptiste, genannt „Contissou", ein weiterer Élie, ein dritter Jean, genannt „Minaux", ein vierter Jean und schließlich Pierre Bernard.

Auch die Familie Petit muss genannt werden. Sie war es, die auf den Weltausstellungen in Paris von 1855, 1878 und 1900 ausstellte, wo André Petit Auszeichnungen und Medaillen gewann und so die Messer aus Nontron in Paris bekanntmachte. Auch auf Messen in wichtigen Städten im Südwesten Frankreichs stellte er aus. Die Linie dieser Familie hatte ihren Ursprung in den Geschwistern Bernard und Guillaume Petit, die beide Messerschmiede in Nontron waren. Bernard begann bereits im letzten Viertel des 18. Jahrhunderts, sein Bruder Guillaume stieß kurz vor der Revolution zu ihm. Der Sohn des jüngeren der beiden Brüder, Jean Petit, heiratete 1852, und hatte Jérôme Gaillard, Messerschmied (43 Jahre) und künftigen Onkel, zum Zeugen. Jeans Sohn, André Norbert Petit, gab bei seiner Heirat als Beruf Fabrikant an, was eine Änderung des sozialen Status bedeutete, da seine Vorfahren sich lediglich als Messerschmiede bezeichneten. Allerdings entwickelte sich sein Familienunternehmen weniger positiv, als unser Messerschmied es sich erhofft hatte.

Camille Pagé und André Petit hatten sich auf verschiedenen Weltausstellungen kennengelernt. Während seiner Recherchen zu seinem umfassenden enzyklopädischen Werk *La coutellerie des origines à nos jours*, das 1896 veröffentlicht wurde, befragte er Petit zur Situation in Nontron. André Petit antwortete am 22. Februar 1889:

Sehr geehrte Brüder Pagé,
als Antwort auf Ihren Brief möchte ich Ihnen die wenigen Informationen geben, um die Sie bitten, und Ihnen meine Dienste anbieten, falls Sie die Absicht haben sollten, etwas in dieser Richtung zu unternehmen.
Die Herstellung wurde von meinem Großvater in den Jahren 1814 und 1815 betrieben. Die Bedeutung der Herstellung ist gering, wie auch bei anderen, es läuft nicht gut, und wir beliefern alle unsere Kunden. Was die Arbeiter betrifft, so sind wir drei Patrons, ich allein habe zwei Arbeiter, von denen einer seit 37 Jahren arbeitet. Der andere wird Soldat, er ist aus der Klasse von 1858. Das ist es, was Arbeiter und Patrons betrifft, und es gibt genug Arbeit, die zu tun ist. Es ist ein verlorenes Handwerk und ich habe einen Sohn, der, so Gott will, nicht das Handwerk des Messerschmieds erlernen wird. Dies, meine Herren, ist das, was ich Ihnen in aller Aufrichtigkeit sagen kann, und ich stehe Ihnen zur Verfügung, wenn Sie etwas brauchen.
Gestatten Sie mir, meine Herren, meine Grüße.
André Petit

Nachdem er diesen ersten Brief abgeschickt hatte, musste André Petit bedauern, dass er zu offen über seine Schwierigkeiten gesprochen hatte.

Gegenüberliegende Seite: Brief von André Petit an Camille Pagé vom 11. März 1889. Slg. MCT.

Messieurs. Pagé frères

C'est mon grand père qui a été le 1er
a faire ce genre de Couteaux dit de Montron
C'est mon père qui a crée les petits
dans les noix / Noisettes et / Cerise
Et c'est moi qui suis arrivé a en
faire entrer / 110. dans un noyau
cerise (ordinaire comme grosseur).
Depuis mon grand père, les modèles
ont varié et on est arrivé a en perfectionner
le travail progressivement moi même et j'y ai
apporté un grand perfectionnement il
[...]a 9 ans. l'en fabricant un peint mécaniquement
ce qui fait que je produis plus a
3 ouvriers / qu'il y a 6 ans avec
8.

ACIER FONDU GARANTI
ACIER FONDU GARANTI
ACIER FONDU GARANTI
ACIER FONDU GARANTI
ACIER FONDU GARANTI
ACIER FONDU GARANTI
ACIER FONDU GARANTI
ACIER FONDU GARANTI
637
638
639
640
641
642
643
644

Die Veränderung des Tonfalls in den folgenden Briefen ist im Vergleich zum ersten Schreiben erstaunlich. Innerhalb eines Monats hatten sich die wirtschaftliche Lage und die Zukunftsaussichten der Messerschmiede in Nontron plötzlich verändert:

Nontron, den 11. März 1889
Meine Brüder Pagé,
es war mein Großvater, der als Erster diese Art Messer herstellte. Es war mein Vater, der die kleinen in den Nüssen geschaffen hat, und ich war es, der es geschafft hat, 110 davon in einen gewöhnlichen Kirschkern einzupassen.
Seit meinem Großvater wurden die Modelle verändert, und man konnte die Arbeit damit nach und nach perfektionieren. Ich selbst habe sie mechanisch ein wenig perfektioniert, so dass ich mit drei Arbeitern mehr produziere als vor sechs Jahren mit acht.
Was die Fälschungen betrifft, die wir zu erleiden hatten und die wir nicht hätten aufhalten können, so haben sich weder meine noch meine beiden Kollegen dadurch gestört gefühlt, als ernsthafte Konkurrenz, mitten in der Herstellung von Thiers, haben wir immer die gleichen Mengen hergestellt und geliefert, ohne etwas zu bemerken.
Ich schließe mit den Worten, und das ist bewiesen, dass die Kunden, die unsere Artikel haben wollten, sich durch nichts aufhalten ließen, und diejenigen, die die groben Messer von Thiers kauften, hätten niemals unsere Messer gekauft, daher die Unbemerktheit dieser Fälschung.
Gestatten Sie mir, meine Herren, meine Grüße.
André Petit

Um 1883 installierte André Petit einen Gasgenerator in seiner Werkstatt und konnte sich von den Arbeitskräften trennen, die seither die Polier- und Schleifarbeiten im Handbetrieb ausführten. Mit nur halb so vielen Arbeitern erreichte er ein höheres Ergebnis. Der Motor stand in einer Ecke der Werkstatt und übertrug die Kraft mit Umlenkrollen und Lederriemen an verschiedene mechanische Werkzeuge. An der Fassade, nahe am Tageslicht, befanden sich links die Werkbänke mit Schraubstöcken für die Messermontage sowie eine Polierstation mit einer sogenannten *Chêvre* (Ziege), einer Bank, auf der die Arbeiter rittlings saßen, dazu zwei Schleifbänke für die Klingen. In der Mitte der Werkstatt standen die Drechselbank zur Herstellung der Buchsbaumgriffe, die ebenfalls von einem Lederriemen angetrieben wurde, sowie Bohrwerkzeuge. Die Klingen wurden zu dieser Zeit noch von Hand geschmiedet. Jean-Baptiste war der Letzte in der Ära Petit, er starb 1935. Die Manufaktur war zuvor 1930 an Alphonse Chaperon verkauft worden.

Die Herstellung von Messern mit gedrechselten Buchsbaumgriffen im Stil von Nontron war nicht allein auf die Stadt Nontron beschränkt. In Thiviers im Périgord, wo die Coutellerie ebenfalls ein alter Wirtschaftszweig war, wurden auch Nontrons hergestellt. Der Almanach du Périgord nannte 1864 den Messerschmied Boutineau aus Thiviers, der „für die Qualität seiner sogenannten Nontron-Bestecke bekannt" war. Jean Dupret, der zuvor in Nontron als Messerschmied gearbeitet hatte, ließ sich Anfang der 1900er-Jahre als handwerklicher Messerschmied in La Rochefoucauld in der Charente nieder und fertigte Nontrons.

Die Messer aus Nontron hatten ab Mitte des 19. Jahrhunderts Konkurrenz aus Saint-Étienne bekommen, wo Martouret Kopien von Nontron-Messern herstellte, einige darunter mit handbemalten Griffen. Als hartnäckigster Kopierer erwies sich allerdings Thiers. Gleich mehrere Hersteller vertrieben dort ihre Nontrons in den Südwesten, außer in die Dordogne selbst, wo die Kunden das Original kauften. Zu nennen sind in Thiers Sabatier Frères, die bei dem Nontron-Spezialisten Chassaigne als Subunternehmer anfertigen ließen, sowie Cotebert und Bechon-Brunel.

Ich konnte in den Archiven von Sabatier Frères in Thiers eine Bestellung von Bucherer in Piräus für die griechische Armee während des Balkankriegs 1877 bis 1878 finden. Am 30. August 1877 bestellte er für die Ausrüstungen der griechischen Soldaten 3168 Nontron-Yatagans, am 26. Oktober 1877 erneut 3700 Stück und ein letztes Mal am 19. Dezember 1877 3744 Nontron-Yatagans für die griechische Armee.

1992 wollte die Familie Chaperon die letzte Messermanufaktur in Nontron, die ursprünglich der Familie Petit gehörte und ein Juwel des handwerklichen Erbes im Périgord war, verkaufen. Gérard Boissins aus Millau, der in Laguiole eine moderne Messermanufaktur gegründet hatte, war offen für die Idee, die Nontronnaiser Coutellerie zu retten und kaufte sie. Gérard Boissins hörte bei der Rettung des handwerklichen Erbes hier nicht auf, er brachte auch eine berühmte Handschuhfabrik in Millau wieder zum Leben und Erfolg.

Gegenüberliegende Seite: Handgemalter Katalog von Poyet-Sivet (Thiers), Kopien von Nontrons, um 1870.

Der Griff eines sehr großen Nontrons vom Typ baïonnette misst 33 Zentimeter. Die drei oberen Messer sind mit Bernard und Bernard Fils gekennzeichnet. Das Nontron Petit mit Karpfenschwanz, unten, misst geschlossen 14 Zentimeter.

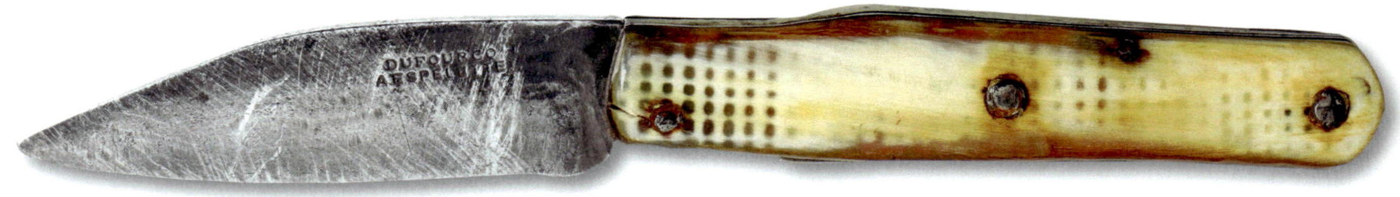

Baskisches Bauernmesser, gemarkt Dufourcq in Espelette, Baskenland (19. Jahrhundert).

PYRÉNÉES-ATLANTIQUES

Was unserem Reisenden Abel Hugo 1835 bei seiner Ankunft im Baskenland auffiel, war der Stolz der Basken, den er in ihren Augen und ihrer Haltung wahrnahm. Abel war aufgefallen, dass sie den Kopf erhoben hielten und sich vor Fremden selten als Erste verneigten. Auch die Begrüßung hatte einen Charakter von Gleichstellung: „Der Älteste im Hause ist der einzige, dem sie bereitwillig die Ehre erweisen. Sie widmen sich mit besonderer Vorliebe der Pflege ihrer Viehherden. Sie gehen immer mit einem Stock in der Hand, der ein unverzichtbarer Begleiter auf Reisen und bei Festen ist und bei passender Gelegenheit wissen sie, wie man ihn zu einer schrecklichen Waffe macht. Sie sind gastfreundlich. Betriebsamkeit und Wendigkeit der Basken sind berühmt. Man sagt leicht wie ein Baske, das ist eine Eigenschaft der Nation. Der baskische Bauer liebt leidenschaftlich Spiele und Feste: Tanz und Paume (Vorläufer des Tennis) sind seine Lieblingstätigkeiten, in denen er sich hervortut. Insbesondere zu lokalen Festen fühlt er sich hingezogen und nimmt gerne zwanzig Meilen auf sich, um bei einer Prozession oder einer Paume teilzunehmen."

Das Baskenland orientierte sich zum Meer, denn über Jahrhunderte waren die Häfen von Bayonne, Socoa und Saint-Jean-de-Luz von großer wirtschaftlicher Bedeutung. Ein Bericht der beratenden Handelskommission von Bayonne vom 16. November 1799, den ich im Stadtarchiv fand, beschreibt die Bayonner Wirtschaft am Ende des 18. Jahrhunderts: „Die Böden der Gemeinde Bayonne und des Païs du Labour sind bergig und unfruchtbar. Sie bringen nur ein Drittel des Getreides hervor, das die Einwohner konsumieren, den Rest müssen sie sich beschaffen. Ihre Einkünfte kamen ursprünglich aus dem lokalen Fischfang und der Seefahrt, wurden dann aber sukzessive durch den Walfang im Norden, den sie als erste ausübten, durch den Kabeljaufang auf der Insel Neufundland, die sie als erste bei der Verfolgung von Walen entdeckten, durch verschiedene Arten der Schifffahrt und vor allem durch den Handel erweitert. Zum Glück für dieses kleine Land entschädigte die Natur, die ihnen die Fruchtbarkeit des Bodens vorenthalten hatte, mit einem Ort, der geeignet war, Handel anzusiedeln, mit den Vorteilen, über

Der Hafen von Bayonne, Baskenland, zu Beginn des 19. Jahrhunderts.

dessen Hafen mit allen Häfen des Universums und über seine Flüsse mit einigen fruchtbaren Ländern in Verbindung zu treten. Bayonne hat eine weitere, besonders wertvolle Eigenschaft: Mit den Straßen, die nach Navarra und Aragonien führen, besitzt es eine bessere Anbindung an diese beiden Provinzen als die spanischen Häfen San Sebastian und Bilbao."

Bayonne besaß einen sehr aktiven Hafen für Fischerei und Fernhandel. Am Adour (Fluss durch Bayonne) gab es mehrere Werften, auf denen Segelschiffe für den Handel und die Fischerei sowie Korvetten und Fregatten der königlichen Marine gebaut wurden. Alles, was das Baskenland produzierte, wurde über Bayonne verschifft: Eisenanker, Tischwäsche, Leinen, Taschentücher, Öle aus dem Fischfang und Fässer mit getrocknetem Kabeljau. Auf dem Adour und mehreren kleineren Flüssen und Nebenflüssen gab es einen intensiven Schiffsverkehr mit kleinen Booten aus Saint-Sever, Bidache, Mont-de-Marsan, Dax und Peyrehorade, die Waren aus der Haute-Garonne, dem Gers und dem Lot anlieferten.

Um die Nachfrage der Marine und des Fernhandels zu befriedigen, hatte sich das Schmiedehandwerk in Bayonne sehr früh, dokumentiert bereits im 13. Jahrhundert, entwickelt. Man produzierte alle Arten von Eisen- und Stahlwaren, die zum großen Teil exportiert wurden: Eisenwaren für die Schifffahrt und Marine, kleine Schmiedearbeiten, Hieb- und Stichwaffen und Bestecke. Alle metallverarbeitenden Berufe wie Schwertfeger, Werkzeugmacher, Hersteller von Scheiben und Flaschenzügen, Waffenschmiede, Schlosser und Messerschmiede waren von den

Stadtvätern in einem Viertel namens Des Faures und in einer Zunft namens *Corporation des faures* zusammengefasst. Für sie hatte man Statuten erlassen, die unterschiedslos für alle galten. Da die frühesten, noch aus dem Mittelalter stammenden Statuten nicht mehr zeitgemäß waren, wurden sie 1602 reformiert.

Die meisten Artikel der Satzung von 1602 bezogen sich auf die Religion, gesellschaftliche Solidarität auch im Todesfall sowie die Verehrung des heiligen Eloi, des Schutzpatrons der Schmiede, der am Vorabend des 24. Juni gefeiert wurde. Erst in Artikel 35 wurden Maßnahmen gegen den Import von Metallgegenständen erwähnt, die über den Landweg eingeführt wurden. Nur Gegenstände, die über den Seeweg kamen, waren davon ausgenommen. Artikel 38 legte fest, dass nur Meister das Recht hatten, Arbeiten her- und fertigzustellen, während Arbeiter nur mitarbeiten durften. Die Maître-Couteliers durften nur eine Werkstatt führen, jedoch ohne zahlenmäßige Begrenzung der Schmiede innerhalb der Werkstatt. Die Zunft kontrollierte und besteuerte jeden Sack Schmiedekohle, der in die Stadt kam und für die Schmieden bestimmt war.

Den Couteliers waren diese Statuten aber zu restriktiv, sie beantragten im Jahr 1712, die Zunft zu verlassen und eine eigene gründen zu können. Der Stadtrat gab dem Antrag statt. Ein Erlass vom 17. April 1753 wies „alle Eisenhandwerker und alle, die sich ständig und mit großen Schlägen des Ambosses und des Hammers bedienten (an), sich in die Rue des Faures zurückzuziehen“. Tatsächlich hatten aber bereits vor 1740 viele Schmiede die Straße verlassen.

In der Stadt zählte ich nach Einsicht der Register des *Vingtième de l'industrie* (ein Zwanzigstel, eine Steuer für Handwerker) Ende des 18. Jahrhunderts noch fünf Messerwerkstätten: Baptiste Berlon und sein Gehilfe Nicolas Maurel, Martin Bordenave, die Witwe Lesbats, Clément Dupuy und Jean Casenave, und ihre Zahl ging weiter zurück. 1820 fand ich nur noch vier Messerschmiede, die das Patent zahlten.

Im Register der *Commission consultative* von 1799 wurden die Quellen der Rohstoffe benannt: „Das in diesen Fabriken verarbeitete Eisen wurde aus Spanien, Schweden und Russland bezogen, der Stahl aus Deutschland und die Steinkohle aus England. Die Fabriken, die durch den Krieg ihrer weit entfernten Absatzmärkte beraubt wurden, arbeiteten nur für den lokalen Bedarf.“

Jean Dufourcq, Messerschmied und Makila-Hersteller, mit seiner Frau vor der Werkstatt in Saint-Jean-de-Luz (Baskenland), um 1900.

Das Bajonett

Die Produktion der Messerschmiede von Bayonne ging vor allem an die baskische Hochseefischerei, den Kabeljau- und Walfang. Sie waren es aber auch, die das Bayonne-Messer entwickelten, einen breiten, scharfen Dolch mit konischem Griff, der auf den Lauf einer Muskete oder Arkebuse passte und in einer Lederscheide am Gürtel getragen wurde. Ursprünglich war es eine Waffe für Jäger von Bären und anderen gefährlichen, wilden Tieren, gedacht für den Notfall und damit ein ziviles Instrument. Andernorts nannte man es Baïonnette-bouchon.

1655 sagte Borel über den Dolch aus Bayonne: „In Bayonne werden die besten Dolche hergestellt, die man Bajonett nennt oder, ganz einfach, de Bayonne (aus Bayonne)." Dieses ursprünglich zivile Messer wurde unter Ludwig XIV in eine militärische Blankwaffe verwandelt, die das Schießen erlaubte, während gleichzeitig das Bajonett auf dem Lauf steckte.

1792, während der Kriege gegen die Feinde der Revolution, hatten baskische Patrioten, deren Markenzeichen ihre Baskenmützen waren, spontan zu den Waffen gegriffen und Freikompanien gebildet, um die Grenze zu Spanien zu verteidigen. Sie führten bunt zusammengewürfelte Waffen, zu denen auch das Messer von Bayonne gehörte.

Der Mythos des baskischen Yatagan-Messers entstand durch die Verwechslung mit einer Stichwaffe mit Yatagan-Klinge vom Typ Coutelas, deren Griff gewölbte Rosetten aufwies. Der Herzog von Orléans war von einer Mission aus England und Deutschland zurückgekehrt, wo er die Organisation leichter Truppen studierte. 1834 gründete er eine Freischärlerkompanie, die aus Männern bestand, die Baskenmützen trugen und mit Yatagan-Säbeln ausgerüstet waren, die

Bauernmesser des Messerschmieds Bordabehere in Saint-Palais (Baskenland), Ende des 19. Jahrhunderts.

am Ende ihrer Gewehre angebracht waren und sie so zu Bajonetten machten.

Labourd

Das französische Baskenland besteht aus drei Teilen: Soule, eine bergige, von Hirten bewohnte Region mit schroffen Tälern, Baja Navarra mit einer hügeligen Landschaft und Labourd, das von seinem Mittelgebirge aus auf den Ozean blickt. In Labourd rekrutierte man die Seeleute aus der bäuerlichen Bevölkerung. In Hasparren und einigen Nachbargemeinden gab es auf den Bauernhöfen viele kleine Werkstätten, in denen grobe Wollstoffe namens Capas, Coûtas und Marriques gewebt wurden. In dieser Region war ein Messer mit Ressort in eigenartiger Form heimisch: Sein Griff war kräftig und lag gut in der Hand, der Rücken des Ressorts war gewölbt und die Klinge bildete die Form einer Delphinnase. Wäre man in Saint-Étienne gewesen, hätte man es à la dauphine genannt. Diese Messer verfügten über im Griff untergebrachte Zusatzteile, wobei es sich um einen Schuhkratzer, eine la Flamme (für den Aderlass) oder beides handeln konnte.

Im Labourd gab es in der Küstenregion die Messerwerkstätten von Saint-Jean-de-Luz und in den Mittelgebirgen in Hasparren, Espelette und Saint-Palais. Hasparren zählte Mitte des 19. Jahrhunderts zwei Messerschmieden: die von Pierre Lalanne (zwischen 1840 und 1887), dessen Sohn Guillaume Ende des 19. Jahrhunderts Messerschmied in Bayonne wurde, und die von Jean Pierre Mathieu (zwischen 1855 und 1879). In Espelette gab es die Werkstatt von Pierre Dufourcq (zwischen 1842 und 1871). Er hatte zwei Söhne, Jean-Louis (ab 1860 tätig), der die Nachfolge seines Vaters antrat, und Jean, der bis 1907 als Messerschmied in Saint-Jean-de-Luz arbeitete. In Saint-Palais gab es die Werkstatt von Isaac Bordabehere (von 1850 bis 1898).

Gruppe baskischer Bauern mit ihren Makilas.

MAKILA

Die Messerschmiede Dufourcq in Espelette und Saint-Jean-de-Luz sowie Bordabehere in Saint-Palais stellten neben ihren Messern auch Makilas her. Eine Makila war ein Wanderstock mit Knauf und einem Griff aus Mispelholz, der im Griffbereich mit Ziegenhaut ummantelt war. Die Makila konnte in eine Verteidigungswaffe verwandelt werden, indem man unten die Férule abschraubte, wodurch eine scharfe Spitze zum Vorschein kam, die den Stock in einen Degen verwandelte. Die Férule ist eine lange, zylindrische Schutzhülse aus Messing und trug das Zeichen des Messerschmieds.

Die Form der Messer mit baskischem Ursprung findet sich bis an die Grenzen des Béarn bei Darrigade in Salies-de-Béarn. Es ist mit einer „Flamme“ für den Aderlass ausgestattet, um 1875.

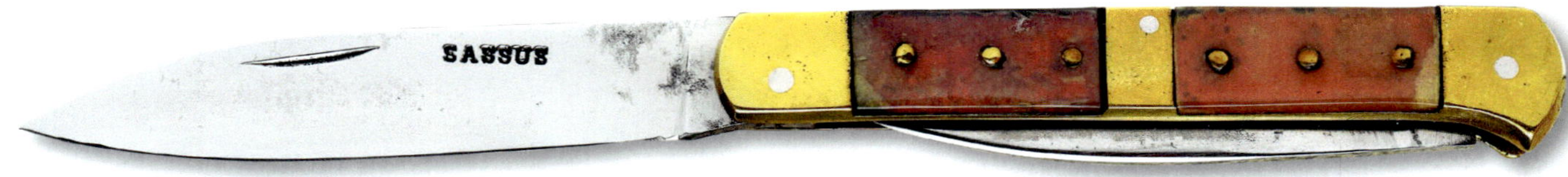

Hirtenmesser mit Piétin -Klinge und gewölbten Rosetten des Couteliers Clément Sassus in Oloron (Béarn), um 1880.

Oloron

Oloron (im 18. Jahrhundert Oléron genannt) und Sainte-Marie waren zwei unabhängige Marktstädte an den gegenüberliegenden Ufern des Gave d'Aspe, beide mit Ateliers für Schneidwaren. Im Jahr 1346 gab es in Oloron 20 Messerschmiede. In den Archiven der Revolutionsverwaltung in Pau habe ich einen handgeschriebenen Brief gefunden, adressiert „An den Bürgermeister und die Beigeordneten der Gemeinde Oloron am 1. Floréal des Jahres XI". Darin erklärte der Messerschmied Jacques Delmas, „dass er gezwungen ist, die Schmiede des Bürgers Lafitte, die er gemietet hat, zu verlassen, weil der Eigentümer beabsichtigt, sie selbst zu nutzen". Er hat Schwierigkeiten, einen geeigneten Raum für die Ausübung seines Berufs als Messerschmied zu finden, für den er eine Schmiede benötigt.

Er unterbreitet der Stadtverwaltung seinen Wunsch und seine Absicht, eine Werkstatt auf einem Gemeindegrundstück zu errichten, das ihm einen sauberen und geeigneten Raum bietet und gleichzeitig zum Vorteil der Stadt genutzt werden könnte. Sein Plan bestand darin, auf dem gemeinsamen Grundstück namens Biscondeau an einer Stelle, die weder das öffentliche noch das private Interesse beeinträchtigt, Gebäude aus Holz mit einer Länge von 24 pans (etwa siebeneinhalb Meter) und einer Breite von 16 pans (knapp fünf Meter) zu errichten. Außerdem würde er sich verpflichten, das besagte Gebäude wieder abzureißen, wenn die örtliche Verwaltung dies für notwendig erachtet. Die Genehmigung wurde dem Bittsteller gegen eine Gebühr von 20 Franc erteilt.

Alphonse Joanne beschrieb Oloron in seinem Buch *Itinéraire général de la France, Pyrénées* im Jahr 1862 wie folgt: „Oloron ist jetzt eine Industrie- und Handelsstadt. Sie besitzt Fabriken zur Herstellung von Tüchern, Gürteln und Baskenmützen aus Wolle, Wollspinnereien und -wäschereien, Gerbereien, Besteckfabriken und Mühlen, die insgesamt etwa 1000 Arbeiter beschäftigen, wenn die Industrie floriert. Man verkauft und kauft Wolle, Schafshäute, Schinken, Pferde und Vieh. Schließlich dient sie als Lager für Mastholz, das in den Pyrenäen geschlagen wird. Ihre Märkte sind sehr gut besucht."

Die Volkszählung von 1861, die ich in den Stadtarchiven von Oloron-Sainte-Marie eingesehen habe, bestätigt die relativ große Bedeutung der Messerschmieden. Zwar ist die Zahl der Beschäftigten im Verhältnis zur Größe der Stadt beachtlich, doch es wird keine Werkstatt mit mehr als vier Beschäftigten aufgeführt. Die bekanntesten Werkstätten waren die von Pique und Haudeville, die als einzige Lehrlinge oder mehrere Arbeiter hatten. Das Register gibt uns Auskunft über die Messerschmiede:

Jules Saint-Martin, 25 Jahre, Paul Carrère, 19 Jahre, Urbain Sassus, 50 Jahre, sein Sohn Clément, Lehrling im Alter von zwölf Jahren, Cyprien Sestacq, 24 Jahre, Justin Mondet, 19 Jahre, Jean Rey, 19 Jahre, Jean-Pierre Saintouri, 18 Jahre, Jean Baptiste-Raguette, 31 Jahre, Pierre Mirassou, 24 Jahre, Casimir Maisonnave, 18 Jahre, Louis Barrère, 30 Jahre, Soret, 28 Jahre, Jean Elichegaray, 50 Jahre, und sein Sohn Auguste, 18 Jahre, Pascal Cousté, 21 Jahre, Victor Pedelanne, 70 Jahre, Alphonse Carras, 22 Jahre, Joseph Marrot, 35 Jahre, Auguste Pique, 40 Jahre, und seine Lehrlinge Salvat Cousté, 18 Jahre, Jean-Baptiste Lafargue, 20 Jahre, und Victor Pique, 15 Jahre, Jean-Baptiste Armanet, 39 Jahre, Pierre Bourdalé, 48 Jahre, Martial Lafond, 39 Jahre, Francis Haudeville, 40 Jahre, und Crouseille, sein 32-jähriger Arbeiter, Pierre Capdepou, 19 Jahre, Dominique Serres, 32 Jahre, Pascal Gil, 25 Jahre, Antoine Tardiès, 37 Jahre. Insgesamt 34 Einwohner, die in den Schmieden der Zwillingsstädte arbeiteten.

Es ist schwierig, sich einen Überblick über die Bandbreite der im 19. Jahrhundert in Oloron hergestellten Messer zu verschaffen. Allerdings ermöglicht eine notarielle Inventarliste nach einem Konkurs, die ich im Archiv des Departements Pyrénées-Atlantiques einsehen konnte, einen unerwarteten Einblick in einen Teil der Geschichte der Messerherstellung in Oloron.

1859 beantragte der Messerschmied Jean Elichegaray Konkurs beim Handelsgericht von Oloron, das einen Notar beauftragte, um ein detailliertes Inventar des Geschäfts zu erstellen, das Möbel, Vitrinen, Messer und die Werkstatt umfasste. Seine Haupteinnahmen stammten aus dem Wiederverkauf von Bestecken: Tafelmesser, vorwiegend aus Nogent und Paris, sowie Taschenmesser. In der Inventarliste waren die Bestände detailliert aufgelistet. Aber das Interessanteste folgte noch. Die Werkstatt umfasste die üblichen Polier- und Schleifscheiben, eine Werkbank mit zwei Schraubstöcken, aber auch einen Schmiedeambos samt Schmiedewerkzeugen, und als Sahnehäubchen inventarisierte der Notar sechs große, unfertige katalanische Messer, „die mit den Messern, die der Gemeinschuldner herzustellen pflegte, identisch waren“. Er listete sie als „große katalanische Messer“ auf. Der Begriff „katalanisches Messer“ muss im Sinne des 19. Jahrhunderts verstanden werden. Er bezeichnete das, was wir heute als Navajas Thiernoises bezeichnen, vorausgesetzt, dass all diese Navajas in Thiers hergestellt wurden – was hier aber nicht der Fall ist.

Durch das Konkursinventar ist die Herstellung großer, langer Messer aus Oloron im Béarn im 19. Jahrhundert belegt und ich hatte Gelegenheit, einige der Messer zu begutachten, die mit Namen der Messermacher von Oloron gekennzeichnet waren. Die Exemplare, die ich in der Hand hatte, waren lange Messer mit roten Horngriffen, einer Guillochierung im Stil der Volkskunst (während die Modelle aus Thiers keine haben), profilierten Rosetten und dazwischen liegenden Messing-Mitres, die im Wachsausschmelzverfahren gegossen wurden. Ihre Form ist länglich und die Klingen haben die Form eines schlanken Salbeiblatts. Die Marken waren *Pique à Oloron, à la Coupe* und *Haudeville à Oloron*. Der Messerschmied Pique in Oloron hatte zwar eine Schmiedewerkstatt, bestellte in den 1870er-Jahren aber auch Navajas bei Sabatier Frères in Thiers.

In Albacete findet man Navajas Thiernoises der Marke *Haudeville*, eine gefälschte Marke, die bei den spanischen Polizisten für Verwirrung sorgen sollte. Der Hintergrund: Spanien war durch die versuchte Machtergreifung der Karlisten in Aufruhr versetzt worden, und nachdem die Verschwörer eine Niederlage erlitten, flüchteten viele der besiegten Karlisten zurück über die Pyrenäenpässe nach Frankreich. Die auf der Straße nach Oloron postierten Gendarmen hatten Order, alles abzufangen, was nach Waffen aussehen könnte, und beschlagnahmten eine große Zahl sogenannter katalanischer Messer. Sogar alte, verrostete Tromblons (Steinschlossgewehre).

Pierre Larousse, der 1875 starb, sprach so über das, was er „katalanische Messer“ nannte: „Lange Zeit bestand der französische Export vor

Piquetou genanntes Messer der Bauern in den unteren Tälern des Béarn. Die Klinge ist in das Horn eingesteckt (19. Jahrhundert).

Oloron, Messer mit einfachen Guillochen auf Ressort und Klingenrücken (Ende des 19. Jahrhunderts).

Großes Yatagan à la Charloise, gemarkt Frulin in Tarbes, um 1880.

allem aus billigen Gegenständen für den Gebrauch der unteren Klassen. Spanien und Italien waren und sind noch immer die beiden großen Absatzmärkte. In Thiers wurde der größte Teil dieser katalanischen Messer mit ihrer so barbarischen Form und ihrem wilden Aussehen hergestellt."

Camille Pagé fügte in seiner 1896 erschienenen Enzyklopädie *La coutellerie des origines à nos jours* hinzu: „Es gibt noch eine Art von Messern, denen man in Frankreich den Namen katalanische Messer gibt ... Dieses schließbare Messer, eine Art Navaja, hat einen Griff, der drei Beschläge trägt, einen in der Mitte und einen an jedem Ende, getrennt durch rote Hornstücke, die jeweils mit acht erhabenen Kupfernägeln mit den Platinen verbunden sind. Die untere Garnitur bildet eine Reihe von Kugeln und ist mit einem Ring versehen. Die Klinge, die der einiger Navajas ähnelt, besitzt am Talon einen kleinen Zapfen, der oben am Ressort sein Gegenstück hat, wo er einrastet, um die geöffnete Klinge fest zu fixieren."

HAUTES-PYRÉNÉES

In *La France ou description pittoresque, topographique et statistique*, erschienen 1835, führt Abel Hugo den Leser auf den Markt:

„In der Stadt Tarbes gibt es einen sehr frequentierten Markt. Eine große Zahl Käufer und Händler versammelt sich dort alle vierzehn Tage. Er ist das Zentrum der großen Pyrenäen. Hier versammeln sich alle so unterschiedlichen Völker unserer Berghänge, um das, was sie zu viel haben, gegen das, was sie zu wenig haben, zu tauschen. Hier sieht man die malerischsten Trachten: Die Béarnais mit ihren weißen Kitteln, blauen Baretten und runden, herabhängenden Haaren kommen, um ihre Taschentücher und Leinen an die Bewohner der Täler zu verkaufen, die ihnen im Gegenzug Wolle, Vieh, Holz und Eisen geben. Diese lebhaften, flinken, schlanken Béarnais haben ein Äußeres von Geist und Fröhlichkeit. Dort sind Wollballen, Weizen, Kartoffeln, Käse aller Art, gesalzenes Fleisch, Futtermittel, Ackergeräte, Rinder, Schafe, Ziegen, Pferde, Bettlaken, brauner Wollstoff, Leinwand und Schneidwaren (Messer) angehäuft, was diese einfachen, guten Gebirgler sehr erfreut."

Tarbes war im 19. Jahrhundert eine sehr aktive Stadt, in der Papier, Wollstoffe, Baumwolltücher und Taschentücher hergestellt wurden. Die Gerbereien lieferten Häute und ausgezeichnetes Leder. Es gab Nagel- und Messerschmiede. Im Register der Volkszählung von Tarbes aus dem Jahr 1846 konnte ich die Namen der örtlichen Messerschmiede feststellen: André Prat, 58, Bernard Michou, 50, und sein Sohn Léopold, 18, der bei seinem Vater arbeitete, Bernard Doux, 63, und sein Arbeiter Antoine Trémoulet, 18, Dominique Dussac, 58, und sein Lehrling Jean Saint-Cricq, 18, Laurent Eustache, 40, Jean Bonluc, 70, und schließlich Pierre Lasseyre, 35, und sein Arbeiter Jean Capbenier, 50.

Das Capucin

Märkte und Messen in Tarbes zogen eine sehr große Zahl Bauern und Schäfer von weit her an, die bei den Messerschmieden, die dort ebenfalls präsent waren, ihre Klingen schärfen oder austauschen ließen oder, wenn sie eines bei der Jagd in den Bergen verloren hatten, ein neues kauften.

Das bevorzugte Messer der Schafhirten in den Bergen der Pyrenäen war das vor Ort hergestellte, einfache Capucin. Sein Griff bestand aus Kuh- oder Widderhorn und endete in Form eines Bec de corbin, ähnlich wie die Kapuze eines Schäfers oder Mönchs, der die Klingenspitze schützte. Das Capucin besaß kein Ressort. Im geöffneten Zustand stützte sich die Klinge auf einen zweiten Niet hinter der Klingenachse, der als Anschlag diente. Die Form der Klinge war ein *Feuille de sauge* (Salbeiblatt). Dieses einfache und robuste Messer befand sich in der Tasche eines jeden Schäfers in den Pyrenäen.

Das Tarbais

Das andere lokale Messer war das Tarbais, ein Messer mit Ressort und einer türkisch anmutenden Klinge. Es war ein kleines, längliches Taschenmesser mit langen vorderen Backen, dessen Griff in einer schönen Rundung endete.

Sehr früh, schon im 17. Jahrhundert, standen die Messerschmiede der Pyrenäen im Wettbewerb mit den Produkten aus Saint-Étienne, wo ebenfalls Capucins hergestellt wurden. Diese waren zwar weniger robust, aber billiger, und wurden von Hausierern und Kurzwarenhändlern verkauft. Ab Mitte des 19. Jahrhunderts, als die Produktion in Saint-Étienne nur noch ein Schatten ihrer selbst war, nahm die Herstellung von Capucins in Thiers ihren Aufschwung. Praktisch alle Fabrikanten und Grossisten, die den Südwesten belieferten, boten sie an. Dasselbe galt für das Tarbais. Ab Mitte des 19. Jahrhunderts begann die Messerproduktion in den Pyrenäen zu schrumpfen wie Chagrinleder (ein spezielles, granuliertes Leder).

Tarbais, gemarkt 235 Couronné (Thiers).

Berger-Pyrénéen, Hirtenmesser aus den Pyrenäen mit Widderhorngriff, Coutelier Prosper Crassus in Lourdes, um 1890.

Die Form dieses Messers mit Ressort von Amiel in Pamiers (Ariège) ähnelt dem Capucin (Ende des 19. Jahrhunderts).

ARIÈGE

Das Departement Ariège umfasste die Grafschaft Foix, Couserans (das früher zur Gascogne gehörte) und einige Gemeinden, die unter dem Ancien Régime der Generalité du Languedoc (Verwaltungsbezirk) angegliedert waren. Ein kleiner Fluss, der zwischen Andorra und dem Tal von Carol entspringt, gab dem Departement seinen Namen. Wie die anderen Departements am Fuß der Pyrenäen erstreckt sich das Ariège zwischen Ebenen und Bergen. Das Pays de Foix ist von Bergen umgeben, das Pays de Saint-Girons teilweise und die Umgebung von Pamiers liegt eher in der Ebene. Noch im 19. Jahrhundert war der Personen- und Warenverkehr in der Ariège äußerst beschwerlich. Viele Reiseziele waren nur über schwer zugängliche Pässe zu erreichen, die vor Ort als Ports (Häfen) bezeichnet wurden.

Die Überquerung dieser Pässe konnte sich als gefährlich erweisen, denn sie konnten nur zu Fuß mit einer Kiepe auf dem Rücken oder am Zügel eines Pferdes oder Maultiers, das die Waren trug, bewältigt werden. Die Pässe Garbet, Saunous und Arcius, die nach Spanien führten, konnten nur zu Fuß passiert werden – und selbst das nur unter Gefahren. Die ganz schlechten Passagen von Tindareille und Montagnolles, die noch nicht einmal als Ports bezeichnet wurden, wurden von Hirten und Schmugglern benutzt.

Die Arièger Berge wurden häufig von Schmugglern frequentiert, die Wolle und Tabak schmuggelten. Sie kannten die Örtlichkeiten bestens und waren den Zöllnern immer einen Schritt voraus, wenn diese versuchten, ihnen auf die Schliche zu kommen. Die Bevölkerung war eng mit ihnen befreundet, sodass es für die Zöllner schwierig war, Hinweise zu bekommen. Wenn Schmuggler ihr Schmuggelgut auf unauffälligen Pfaden nach oben gebracht hatten, stürzten sie die Warenbündel auf der anderen Bergseite herunter, wo sie die Hänge herunterrollten und -hüpften. Unten wurden sie dann von Komplizen, die sich dort postiert hatten, eingesammelt.

Capucins im Katalog von Tarry-Levigne (Thiers) für seine Kunden im Südwesten (Ende des 19. Jahrhunderts).

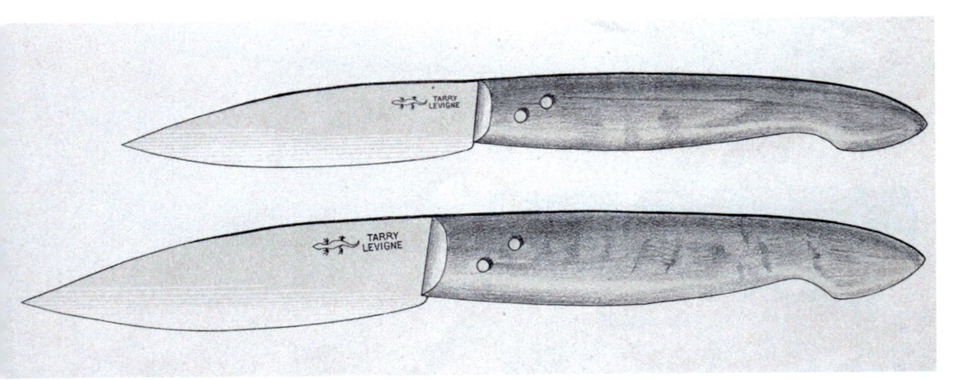

Weidewirtschaft war in den Bergen des Ariège ein wichtiger und lebendiger Wirtschaftszweig. Die Schäfer trieben ihre Schaf- und Ziegenherden während der Transhumanz (Wanderweidewirtschaft) auf die Bergweiden. Über den Sommer wohnten sie dann oben in Hütten und stellten den berühmten Bergkäse her, der am Ende der Saison heruntergebracht und auf den Jahrmärkten verkauft wurde. Auf den weniger steilen Hängen weideten Maultiere und Pferde, deren Zucht ebenfalls eine wichtige Einnahmequelle darstellte.

Abel Hugo schrieb 1835 über die Weidewirtschaft der Hirten in den Pyrenäen: „Die Pflege der Herden beschäftigt einen Teil der Bergbewohner, die ein Hirtenleben führen und im Sommer von Weide zu Weide wandern. Jeder treibt sein Vieh vor sich her. Ein junger Hirte, der an die Spitze jeder Herde gestellt wird, ruft mit Stimme und Glocke die Schafe, die unsicher folgen, und die abenteuerlustigen Ziegen, die immer wieder ausbüxen. Die Kühe gehen hinter den Schafen her, mit erhobenem Kopf, mit unruhigem Blick und erschrocken über alle neuen Gegenstände." Als echter Pyrenäenhirte hatte jeder Schäfer sein eigenes Capucin in der Tasche.

Das Ariège war auch für seine Eisenerzvorkommen und Metallverarbeitung bekannt. In etwa fünfzig sogenannten *Forges à la catalane* (katalanische Schmieden) wurde Erz zu Eisen und Stahl verarbeitet. Diese kleinen Betriebe lagen an den Ufern von Bächen und in der Nähe von Kohlemeilern. In den beengten Räumlichkeiten befand sich ein Schmelztiegel, der von Helfern mit Holzkohle und Erz bestückt wurde. Die Luft für die Glut lieferte eine Wasserrinne, deren Strömung in einem Holzrohr den Luftstrom für die Verbrennung erzeugte. Ein großer, von einem Mühlrad am Bach angetriebener Fallhammer diente den *Martinaires* (Arbeiter am Fallhammer) dazu, auf dem Amboss Schlacke und Eisen der Lupe zu trennen. In diesen kleinen, engen Betrieben arbeiteten jeweils sechs bis acht Personen.

Im Ariège produzierte man Baumwoll- und Wollstoffe, Laken, Wollmützen und Kämme aus Buchs und Horn. Im Winter verwandelten sich viele Bergbauern in *Câcheurs de corne* (Hornpresser), die in Heimarbeit Kämme, Löffel, Gabeln und Griffe für die Messerschmiede von Foix und Pamiers herstellten. Dazu trennten sie das Kuhhorn der Länge nach auf und machten es über der Glut eines Holzkohlefeuers biegsam. Anschließend steckten sie es in eine Pressform aus Metall, in der es beim Erkalten die gewünschte Form annahm. Zum Schluss wurde der überstehende Grat mit einer Schere abgeschnitten.

Wenn ein Besucher nach Foix kommt, ist er überwältigt von der riesigen Felsmasse, die die Stadt überragt, samt der Festung der Grafen von Foix, die deren berühmtesten und letzten Bewohner beherbergt, den Comte von Foix Gaston Phébus. Im 18. Jahrhundert wurden in dem für den König verfassten *État des métiers* (Gewerbeaufstellung) der Grafschaft Foix, den ich im

Capucins von Grat in Foix (Ariège), um 1860.

Unten links: Szene auf einem Bauernhof in Castillon (Ariège).

Unten rechts: Frauen in Bethmale (Ariège).

Oben links: Das Schild erinnert an das lange Bestehen der Coutellerie Savignac in Foix (Ariège).

Oben rechts: Das Atelier der Messerschmiede Savignac.

Gegenüberliegende Seite: Alain und Olivier Montariol haben mit dem L'Ariégeois die lokale Herstellung der Capucins wieder aufleben lassen.

Archiv des Departements Ariège einsehen konnte, für das Jahr 1757 drei Werkstätten aufgeführt: die der Brüder Roques, François und Guillaume, die gemeinsam in einer Werkstatt als Maîtres-Couteliers arbeiteten, und die von Dufils Ainé und Pierre Dufils, die jeweils eine eigene Werkstatt hatten. Im Jahr 1791 gab es nur noch zwei. In Pamiers gab es drei weitere Werkstätten.

Für die 1830er-Jahre finden sich in Foix Schmieden für Sensen und Feilen, Eisen- und Kupferhämmer sowie Kerzenfabriken und Stofffabriken, die Serges und Cadis (feine Stoffe) herstellten. Es war eine äußerst aktive Stadt, deren Messen und Märkte alles anzogen, was es in den Bergen an Bauern gab. Die Hirten kauften ihre Capucins bei Grat.

Es ist bemerkenswert, wenn ein Besteckunternehmen seit dem 18. Jahrhundert ununterbrochen besteht. Bei der Coutellerie Savignac in der Rue des Marchands in Foix, die heute von Olivier Montariol geführt wird, ist das der Fall. Die Herstellung von Capucins war wegen der billigen Capucins aus Thiers gegen Ende des 19. Jahrhunderts zu Zeiten von Jean-Pierre Ferdinand Grat zwar eingestellt worden, aber Oliviers Vater, Alain Montariol, war der Meinung, dass die Wiederaufnahme der Produktion von Capucins der Zusammenarbeit mit seinem Sohn in der Familienwerkstatt in Ariège einen Sinn verleihen würde. Sie wählten für ihre Capucins den neuen Namen *L'Ariègeois* und Olivier stellt sie zusammen mit einem Coutelier vor Ort her.

Zu Grats Zeiten schmiedete ein Coutelier die Klingen und bestellte die Griffe bei den Câcheurs de corne in den Bergen. Der Name Grat hatte sich derart in das örtliche Gedächtnis eingeprägt, dass man „Grat" sagte, wenn man ein Capucin meinte, und jeder wusste, wovon man sprach.

Doch kehren wir zurück zum historischen Faden, den Brüdern und Maîtres-Couteliers François und Guillaume Roques in Foix im 18. Jahrhundert. Der Sohn von François, ebenfalls Maître-Coutelier, hatte eine Tochter, die 1833

SAVIGNAC
ME
R. WALLUT & Cie
PARIS
OBJETS
D'ARIEGE
VICTORINOX

Ein Gersois-Yatagan mit zwei Stiften und Holzgriff, gemarkt Dumartin.

den Sohn eines Schlossers aus Massat heiratete, Jean-Pierre Grat, auf den die Messerschmiedekunst überging. Sein Sohn Jean-Pierre Ferdinand Grat (1833–1883), ebenfalls Coutelier, trat die Nachfolge an und heiratete Gabrielle Éléonore Savignac aus Mas d'Azil. Im Jahr 1901 übergaben sie die Messerschmiede an ihren Cousin François Savignac. Danach kam Auguste Savignac (1907–1999), dessen ursprünglicher Beruf Scherenschleifer war. Er übergab das Erbe an seine Großnichte Marie-Thérèse Savignac, die Alain Montariol heiratete, dessen Sohn Olivier ist. Eine schöne Familiensaga mit der Hoffnung, dass das Erbe weitergegeben wird.

GERS

Das Gers war für die handwerklich ausgeführte Messerschmiedekunst eine geeignete Region. Es gab mehrere Städte, die gemeinsam ein Zentrum von Messerschmieden bildeten, von dem aus die Gascogne beliefert wurde: Mirande, dessen Coutellerie für Robustheit und Rustikalität ihrer Messer bekannt war, aber auch Nogaro und nicht zu vergessen Gimont und Lectoure. Hier wurden für die Bauern *Couteaux à deux clous* (Messer mit zwei Stiften) hergestellt, die die gleiche Form wie die Capucins hatten, nur gedrungener waren. Dazu *Yatagans à deux clous* (die berühmten Yatagans-Gersois) und die sogenannten Gersois mit Ressort, die auch in Thiers kopiert wurden, was dazu führte, dass die Messerherstellung in der Gascogne ab den 1860er-Jahren allmählich verschwand. Die Gersois wurden in Thiers von

Eines der von Martial Lacouture in Mirande hergestellten Modelle, Gers (Mitte 19. Jahrhundert).

Lucien, ursprünglich aus dem Gers.
Dieses Modell war Ende des 19. Jahrhunderts im Katalog von Soanen in Thiers abgebildet. Originalgetreue Rekonstruktion durch Martinho Albuquerque.

Varianten des Gersois-Yatagan, von Gimel und Batisse, Thiers (Ende des 19. Jahrhunderts).

Soanen, Pissice Gimel au Violon (später Gabriel Rousselon und sein Bruder) und Batisse hergestellt.

Um den Charakter der Gascogner zu beschreiben, schrieb Abel Hugo: „Diese Bauern sind geduldig, unermüdlich bei der Arbeit, sparsam, ihren Eltern ergeben und ihrem Land zugetan. Ihre Ernährung ist sehr genügsam: Sie essen nur zweimal im Jahr Fleisch und trinken nur zweimal im Jahr Wein, um die Fröhlichkeit des Karnevals zu beleben oder um das Fest des Dorfpatrons zu feiern, und dann noch, aber nur ausnahmsweise, bei Hochzeiten und Beerdigungen. Sie essen in der Regel Brot und Suppe, die aus Kohl, Rüben, grünem oder getrocknetem Gemüse besteht, das ohne Fett oder Öl in Wasser gekocht und nur mit etwas Salz und rohen Zwiebeln gewürzt wird. Im Winter ersetzen sie die Suppe durch Armatos, eine Art sehr klaren Maisbrei, den man Millas nennt, wenn er dicker ist."

Die Familienstruktur behielt trotz der Revolution eine vom altrömischen Recht abgeleitete Erb- und Vermögenspraxis bei. Der älteste Sohn erhielt drei Viertel des Erbes und behielt den Hof. Die anderen Kinder mussten mit dem Restbetrag auskommen und das elterliche Haus verlassen. So verankerte sich der Begriff des *Cadet de Gascogne* in den Köpfen der Bevölkerung für jüngere Kinder, die emigrierten. Den Mädchen blieb die Wahl zwischen dem Kloster oder anderswo als Dienstmädchen auf einem Bauernhof zu arbeiten.

Als der Autor und Messerschmied Camille Pagé aus Châtellerault seine Beschreibung der Coutellerie im Gers recherchierte, wandte er sich per Brief an Martial Lacouture, den Fabrikanten, der in Mirande die Werkstatt mit den meisten Arbeitern besaß. Dieser antwortete ihm am 20. Mai 1891:

Monsieur Pagé,
der erste Messerschmied, der sich 1530 in Mirande niederließ, war einer meiner Vorfahren, sein Name hat sich bis heute erhalten und wir sind immer noch Messerschmiede, vom Vater auf den Sohn. Er kam aus einem Dorf, das vom Bistum Aire (Landes) abhängig war und das man das Dorf Lamothe

CHANDERNAGOR
COUTELIER
FLEURANCE (Gers)

FABRICATION ET RÉPARATIONS
de tous Articles de Coutellerie et Taillanderie
TRAVAIL IRRÉPROCHABLE ET ABSOLUMENT GARANTI

La Maison a l'honneur de vous inviter à visiter ses Ateliers, où vous vous rendrez compte de leur mode de Fabrication
A FLEURANCE (GERS)

Karte des Ateliers Chandernagor, Handwerker in Fleurance (Gers).

Das Atelier und Geschäft des Messerschmieds Gérome (Jerôme) Bessière in Eauze (Gers), um 1878.

Mirande 20 mai 91

Monsieur Gazé

Je vous donne tous les renseignements qui sont a ma connaissance.

Le premier coutellier qui est venu s'établir a Mirande en 1530 était un de mes aïeuls, son nom est perpetué jusqu'aujourd'hui, et toujours coutelier, de père fils, c'et aïeul était venu d'un village dépendant de l'évêché d'Aire (Landes) que l'on appellait le village de Lamothe, voila pour ce qui est de l'origine de la coutelerie a Mirande.

En 1830 époque de la quelle je rappelle très bien, il y avait a Mirande, 10 maison fabricant la coutelerie, mon père occupant de 8 à 10 ouvriers les autres tous ensemble en occupant 4 à 5 et moi en 1842 j'ai cessé la fabrication j'avais 7 ouvriers que j'ai renvoyés.

Nous fabriquions couteaux fermants, a 7 pièces le plus compliqué, rasoirs, couteaux de Table de cuisine et bouchers, Tranchelards, ciseaux de tailleurs, mais non de couturière, notre specialité était les couteaux dit Mog

nannte. Im Jahr 1830, an das ich mich noch sehr gut erinnere, gab es in Mirande zehn Häuser, die Schneidwaren herstellten. Mein Vater beschäftigte acht bis zehn Arbeiter, die anderen, alle zusammen, vier bis fünf, und ich hatte 1842 sieben Arbeiter, die ich entlassen habe.

Unsere Spezialität war das sogenannte Magot, ein einteiliges Messer mit Ressort, fallender Spitze auf türkische Art und gewölbten Rosetten, sowie das sogenannte Capucin à deux clous.

Alle Messerwaren, die in Mirande hergestellt wurden, wurden im Land verkauft, man verschickte nichts per Eisenbahn. Ich habe vor über 40 Jahren mit der Produktion aufgehört. Anbei sende ich Ihnen die Zeichnung der vier Modelle, die mein Vater herstellte und die seit unvordenklichen Zeiten hergestellt wurden.

Das erste heißt Magot, mit Ressort und gewölbten Rosetten aus Kupfer, das zweite mit kupfernen gewölbten Rosetten (ohne Ressort, Anm. d. Übers.), die beiden anderen sind aus Horn mit zwei Stiften und ohne Ressort.

Diese Artikel sind die klassischen Modelle des Landes. Sie werden seit der Gründung der Messerschmiede in Mirande hergestellt.

Als ich die Register der Volkszählung im Archiv des Departements Gers durchging, stellte ich fest, dass es 1856 nur noch fünf handwerklich arbeitende Messerschmiede gab. Keiner beschäftigte Angestellte. Ich konnte die Namen Vincent Delon, Alphonse Bellac, Sylvain Pradines, Martial Lacouture und Vincent Fourès notieren.

In Gimont gab es 1861 noch drei handwerkliche Messerschmiede: Joseph Memini, Jean-Simon Nangres und François-Gilles Collongues. Der Letzte gehörte zu einer Linie von Messerschmieden, die von 1714 bis 1922 in Gimont tätig waren: erst Jean, dann Guillaume, Jean, François-Gilles und schließlich „Victor" Bernard Collongues.

In Nogaro waren Messerschmiede 1856 trotz der Konkurrenz aus Thiers noch aktiv. Ich konnte fünf Couteliers auflisten: die Brüder Barrère mit einem Arbeiter (Jean Brethes), Louis Lacaze, Étienne Quillet, Joseph Laborde und schließlich Joseph Castaing, dessen Arbeit der Schriftsteller Joseph de Pesquidoux in seiner 1936 erschienenen Novellensammlung *La Harde* beschrieb.

Die Kurzgeschichte trägt den Titel *Das Yatagan-Messer*. Doch lassen wir Joseph de Pesquidoux sprechen, der uns in die Schmiede von Castaing einführt. Als Joseph de Pesquidoux über fremde Messer spricht, wettert er:

...nicht griffig genug, nicht zwingend und solide genug, nicht rustikal genug, um „alles zu sehen", das heißt für alle Zwecke geeignet zu sein.

Also kehrte man zum alten Bauernmesser mit Horngriff und großer Klinge zurück, die von zwei Stiften gehalten wird, von denen eine die Klinge fixiert und die andere sie stoppt, was von primitiver Einfachheit ist. Es ist ganz und gar ein Arbeitsinstrument, scharf, dick, handlich und in der Lage, eine Serpette, eine Ziehklinge, ein Schnippelmesser und eine Gartenschere zu ersetzen.

Auch Weinbauern und Viehzüchter verwenden es mit Vorliebe, da sie wissen, dass es sich bei richtiger Handhabung nicht verbiegen oder stumpf werden kann. Man benutzt es, um einen Rebstock zu beschneiden, Weidenruten abzuschneiden und Obstbäume im Obstgarten zu stutzen, um im Hochwald schnell einen Holzkeil zu formen, der ein Spannschloss verkeilen soll, oder das Seil aus drei oder vier Adern zu drehen, um die Eisenkette zu reparieren, die auf dem Feld durch einen plötzlichen Kopfstoß der Tiere gerissen ist. Man benutzt es, um eine wurmstichige Zinke am Rechen auszutauschen, einen Tierhuf zu beschneiden, der an einem Feuerstein gerissen ist, und sogar um ein anderes Werkzeug zu schärfen, wenn es denn gut gehärtet ist. Dann, gesäubert, wird es zu einem wunderbaren Tafelmesser, und wenn man es an einem Schleifstein scharf abzieht, schält es die reifste Frucht völlig glatt.

Dieses Messer begleitet einen Bauern sein ganzes Leben lang, genauso wie sein Stock. Wenn er es verloren hat, ist es ein Kopfzerbrechen, bis er es wiedergefunden hat. Nicht, weil es so viel wert ist, sondern weil er sich seine Hand oder seine Tasche nicht ohne

Ein Gersois-Yatagan mit zwei Stiften, hergestellt von Aimé Lacouture in Nogaro (Gers), um 1850.

Gegenüberliegende Seite: Brief von Martial Lacouture an Camille Pagé, datiert vom 20. Mai 1891. Slg. MCT.

Gänsemarkt im Gers.

es vorstellen kann. Es wird bis zum Klingenrücken abgenutzt. Manche halten es dann für eine Sichel. In früheren Zeiten wurde ein Messer bereits einem Kind gegeben. Und zwar zur Zeit der Erstkommunion, die damals im Alter von zwölf und dreizehn Jahren stattfand. Wenn der Junge von der Kirche nach Hause kam, fand er auf dem Tisch sein Messer vor, das Geschenk des Vaters und Patrons.

Ich habe neulich ein Yatagan-Messer gekauft, oder besser gesagt, gegen eine Flasche Eau de vie eingetauscht, die gerade ihr letztes Jahr im Fass verbracht hatte.

Wie alle anderen hatte ich das Yatagan-Messer nicht beachtet. Aber als ich ein brandneues in den Fingern einer meiner Männer sah, wollte ich unbedingt ein ähnliches besitzen.

Der Mann sagte: „Es ist von Laurent Castaing in Nogaro, dem letzten, der noch von Hand schmiedet und montiert." Ich fuhr sofort hin. Von meinem Haus ist es nur einen Katzensprung mit dem Automobil entfernt.

– Castaing, machen Sie mir ein Messer.
– Sofort, Monsieur.

Er wählte ein Rinderhorn unter den Hörnern in seiner Werkstatt aus und fuhr fort:

– Beginnen wir mit dem Horn, denn der Griff, aus dem es gefertigt wird, regelt die Größe der Klinge. Der Stahl hat sein Bett im Horn. Der Griff ist in der Regel 5 bis 5 1/2 Zoll lang, die etwas kürzere Klinge 4 bis 4 1/2 Zoll. Im Durchschnitt findet man Horn für vier Grifflängen. Ich wählte dieses als das schönste, weil es weiß und schwarz ist und an manchen Stellen rosa schimmert, weil es das trockenste und völlig von Dreck befreit ist.

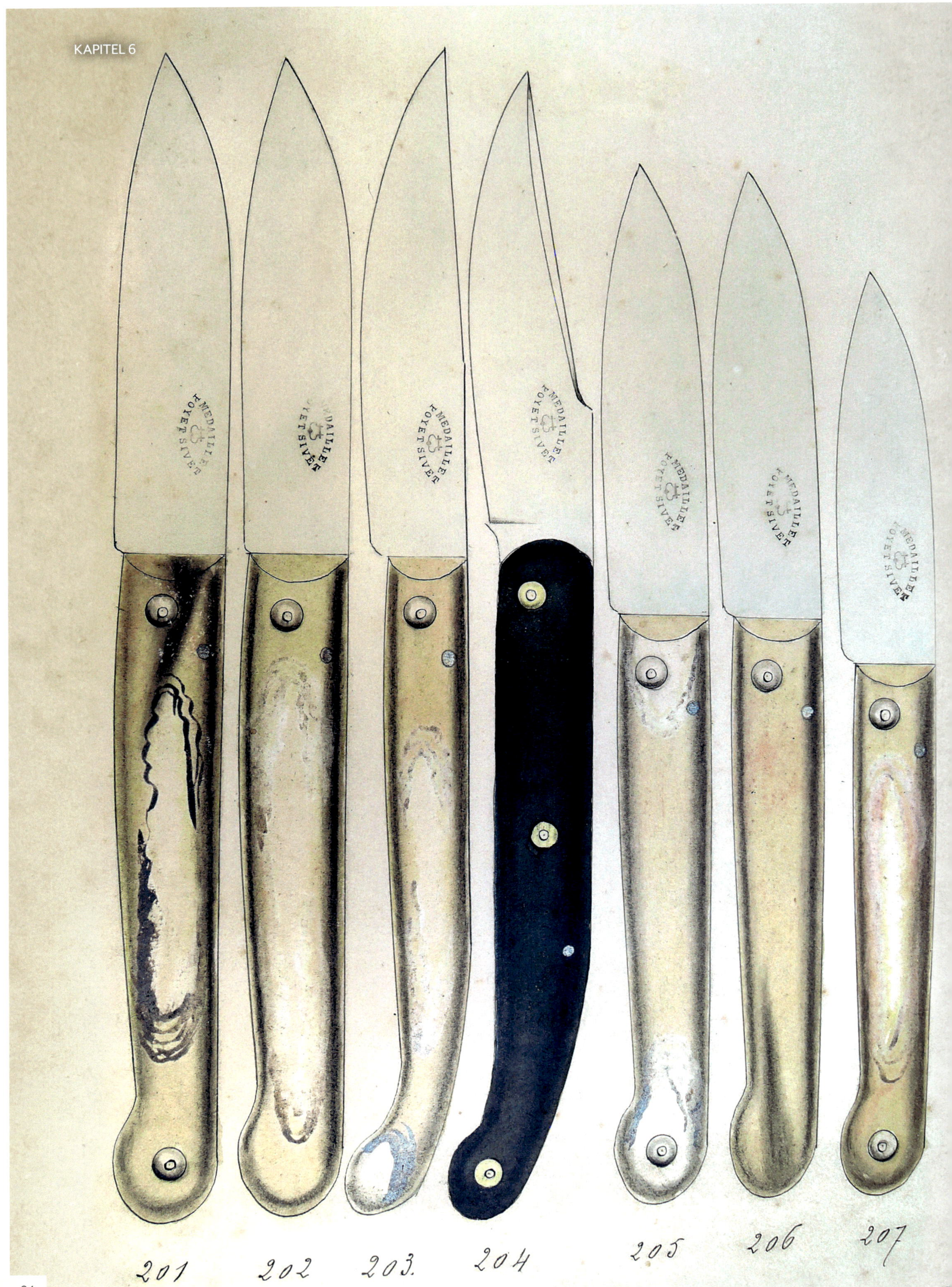
201
202
203.
204
205
206
207

– In der Tat, sagte ich, man könnte es wie ein Horn erklingen lassen.
– Diese Trockenheit ist wichtig, mein Herr, damit man es ins Feuer legen kann.
– Sie wollen es ins Feuer legen?
– Ja, ganz wie ein Holzscheit, aber jetzt noch nicht.

Er nahm eine Säge, schnitt das Horn in vier gleiche Stücke, spaltete sie in der Mitte in nur einem Zug, weil die Schneide dermaßen biss und hielt mir eines davon hin und sagte:

– Voilà, für den Griff!

Das Viertel war gekrümmt, da ein Horn gebogen ist, und schwer, kompakt wie Marmor. Es ging darum, es umzuklappen, es in sich selbst zu biegen und es Kante an Kante zu bringen.

Castaing nahm das Horn mit einer Zange und während die Glut der Esse in blauen und roten Zungen tanzte, die durch den Blasebalg hervorgerufen wurden, zog er es heraus und tauchte es wieder hinein, mal mit dem einen Ende, mal mit dem anderen, schnell genug, um nicht Gefahr zu laufen, es zu verbrennen, lang genug, um es zu erhitzen und weich zu machen, bis es form- und dehnbar wurde wie ein Stück Butter – das Wort stammt vom Schmied.

Vom Feuer trug er das Horn zum Schraubstock, wo er es zwischen zwei Brettchen zusammenlegte wie ein Buch, das geschlossen wird, und schnell, schnell, bevor es erkaltete, schnitzte er es mit einem langen, glühenden Messer mit leichten, gleitenden Zügen und gab ihm Form und Linie eines Yatagan-Griffs.

Er hätte nicht leichter in Butter arbeiten können. Er schnitt es zu, bohrte oben die Löcher für die Stifte und schnitt schließlich zwischen den zusammengefügten Kanten den Durchgang für die Klinge und öffnete das Bett für den Stahl.
Und Castaing sagte:

– Lass uns die Klinge machen.

Diese Klinge wird aus einem Streifen gewalzten und zugerichteten Stahls von einem Meter Länge abgeschnitten, damit sie leicht gehandhabt und aus dem Feuer gezogen werden kann. Der Streifen ist 8 bis 14 Millimeter breit und 2,5 bis 5 Millimeter dick.

Die Größe, die Stärke und die Schneide der Klinge macht der Schmied nach Augenmaß, indem er sie mit dem Hammer auf dem Amboss ausschmiedet. Dazu muss der Stahl formbar werden und sich zerquetschen lassen, das heißt man muss ihn verlängern, abflachen und schärfen können. Das ist eine Sache des Feuers, wo man ihn auf Rotglut bringt. Aber nicht auf irgendein rot. Es gibt Stroh-, Kirsch-, Violett- und Weißrot.

Bei der Temperatur von Kirschrot kann man gut schmieden. Bei diesem Grad, ohne eine Sekunde zu verlieren, um seine Formbarkeit zu nutzen, bearbeitet man die Klinge mit kräftigen, progressiven Hammerschlägen, die schwerer werden, wenn das Metall Widerstand leistet. Es ist eine Arbeit von äußerster Präzision, unter der man sieht, wie die Klinge von Schlag zu Schlag Form annimmt, sich vom Rücken bis zur Schneide ausbreitet, sich vom Absatz bis zur Spitze streckt und sich auf dem harten Bett des Ambosses abzeichnet, als wäre sie mit einem Bleistift auf ein Blatt Papier gezeichnet.

Natürlich wird sie mehrfach in die Glut gelegt, nicht nur, um sie auszuschmieden, sondern auch, um sie an der Stelle der Niete zu durchbohren, den Talon zu schmieden, an dem sie sich öffnen soll, um sie mit dem Namen des Schmieds zu punzieren und schließlich, um sie an der scharfen Kante des Ambosses vom Reststahl zu lösen. Und man stellt sie fertig, indem man sie abkühlen lässt und dann kräftig hämmert, um das Gefüge zu härten. Sie gehorcht, denn es kommt ein feiner schwarzer Staub heraus, als würde sie alles Überflüssige abstreifen und nur die inkompressiblen Moleküle behalten.

Die Formfindung dauert einige Minuten. Merkwürdigerweise sieht man keine Funken, obwohl das Metall anfangs glühend heiß ist, und man hört kaum ein Geräusch, ganz im Gegensatz zu den üblichen Schmiedearbeiten, bei denen alles mit bronzenen oder kristallenen Tönen erklingt. Hier nur ein gedämpftes Geräusch von etwas zu Reifem, das zerquetscht wird, worüber das Ohr erstaunt ist. In diesem Moment sagte Castaing wieder:

– Lass uns härten!

Man taucht entweder in Öl oder in Wasser ein, manchmal auch in beidem, wenn das Wasser zu roh ist und man Öl einrührt, um es weicher zu machen. Das Abschrecken in Öl ist langsamer und weniger ruppig. Wichtig ist, dass die Temperatur der Flüssigkeit gleich ist, kalt, aber nicht mehr.

Castaing härtet immer in Wasser. Er verwendet das Wasser aus seinem Brunnen, der sehr tief und vor Lufteinfluss geschützt ist. In seinem Atelier steht immer ein Kübel voll davon. Nachdem er sein

Gegenüberliegende Seite: Capucins und ein Gersois im handgemalten Katalog von Poyet-Sivet (Thiers), um 1870.

Wasser mit dem Finger geprüft hat, schürt er die Esse wieder an, nimmt die Klinge mit der Zange, erhitzt sie über der Flamme kirschrot, zieht sie heraus und taucht sie glühend heiß in den Kübel. Eine Rauchwolke, ein intensives Knistern, während der Stahl von der Spitze bis zum Ende abkühlt, als ob ihn ein eisiger Schauer durchlaufen hätte.

Zu abrupt, zu tief wohl, denn Castaing sagt, als er sie aus dem Wasser zieht und vorsichtig auf den Rand der Schmiede legt:

– Sie ist gehärtet, sie würde jetzt wie Glas zerbrechen, sie muss geglüht und neu gehärtet werden.

Der Stahl wird geglüht, indem man ihn ein letztes Mal ins Feuer legt, aber auf einem sanften Holzkohlefeuer, dessen mäßige Glut ihm Zeit gibt, sich zu erholen. Er wird nicht mehr rot, sondern nur noch blau, die Farbe des Himmels (in allem ist Poesie), die Farbe, die die genaue Temperatur markiert, bei der sie wieder ins Wasser getaucht werden kann. Die Klinge wird wieder in das Wasser gelegt. Sie raucht nicht mehr, knistert kaum noch und kommt für immer ebenso widerstandsfähig wie elastisch heraus, dass sie jetzt einen Feuerstein durchschlagen könnte, ohne stumpf zu werden, und der Hammer prallt jetzt auf ihr ab.

DURCH DAS QUERCY, DIE GUYENNE & DAS BAS-LIMOUSIN

Couteau à la turc (Messer in türkischer Art) mit Messinggriff, Abel Pons in Nègrepelisse (Tarn-et-Garonne), um 1865.

Turc nach Art von Tulle (Rekonstruktion von Martinho Albuquerque).

Yatagan mit zwei Stiften, Aymar Fils in Montclar (Tarn-et-Garonne), um 1840.

Jetzt mussten nur noch Griff und Klinge poliert und montiert werden. Der Griff wurde poliert, indem er zuerst leicht geschliffen und dann mit Öl eingerieben wurde, unter dem die farbigen Maserungen des Horns durchscheinen wie Sandbänke in einem Bachbett. Die Klinge wird poliert, indem man sie über einen Schleifstein zieht, wo sie geschärft wird und dann über den Büffel, ein Rad mit Leder, das mit einem mit Schmirgel bestreuten Leim bestrichen ist, abgezogen wird. Das ist die letzte Etappe, die alle Spuren des Schleifers beseitigt. Dann wurde das Messer montiert, das im Halbdunkel der Werkstatt funkelte wie ein Blitz auf der Straße. Ich machte Castaing ein Kompliment für seine unvergleichliche Geschicklichkeit.

– Puh, antwortete er, ich bin seit 60 Jahren in diesem Beruf. Bereits unter den Augen meines Vaters wusste ich, wie man Nieten schlägt. Ich habe das Gewicht des Hammers in der Hand, als wäre ich damit geboren.

Ich steckte das Messer in meine Tasche, nachdem wir den Tauschhandel vollzogen hatten, von dem ich sprach, dankte und machte mich auf den Weg nach Hause.

Messer mit zwei Stiften und türkischer Klinge, Pierre-Paul Landrevie in Lafrançaise (Tarn-et -Garonne), um 1856.

Messer mit Ressort und Bec de corbin, Portal in Monclar-de-Quercy (Tarn-et-Garonne), um 1860.

Großes Yatagan mit zwei Stiften von Jean Garlon in Casteljaloux (Tarn-et-Garonne), um 1865.

Großes Yatagan mit zwei Stiften von Aristide Broussol, genannt „Polidor Ainé", in Labastide-Murat (Lot), um 1865.

TOULOUSE

Toulouse nennt man die „rosa Stadt“ nach der Farbe der Ziegelsteine ihrer Häuser. Im 19. Jahrhundert war sie vor allem eine Handelsstadt und Hafen für den Transport von Produkten der Landwirtschaft und des verarbeitenden Gewerbes über die Garonne nach Bordeaux und über den Canal du Midi ins Languedoc. Auch eine große Tabakfabrik machte die Stadt berühmt.

Abel Hugo porträtierte die Stadt 1835 wie folgt: „Toulouse ist das Lagerhaus für den Handel mit Lebensmitteln aus dem Norden nach Spanien, Mehl, Wein und Branntwein werden in großem Umfang exportiert. Genussmittel wie fettes Geflügel, gesalzene Gänse, Ortolans und Trüffel sind Gegenstand eines ausgedehnten Handels. Die Entenleberpasteten aus Toulouse sind hochgeschätzt. Sie ist das Lager für Eisen aus der Ariège und für einen ausgedehnten Handel zwischen Spanien und den Departements im Landesinneren.“

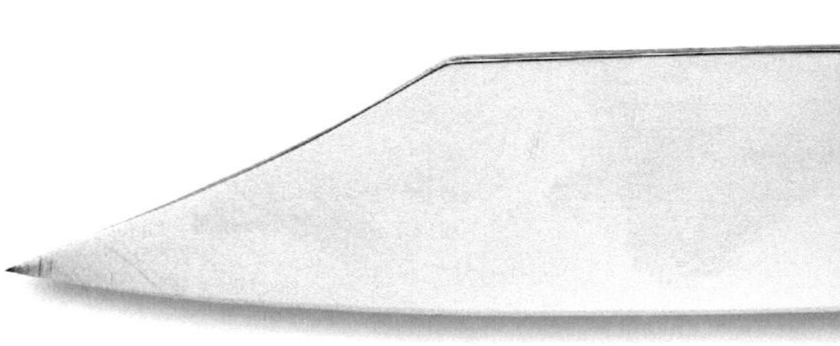

1722 war eine königliche Tabakmanufaktur errichtet worden und 1775 folgte eine königliche Seidenmanufaktur mit großen Ateliers, in denen 44 Webstühle standen.

Die ersten Zunftstatuten der Messerschmiede in Toulouse stammen aus dem Jahr 1167 (die Statuten von Paris wurden 1209 und die von Caen 1236 verfasst). Die erste Regelung von Marken für Schneidwaren wurde 1337 von den Capitouls, dem Gemeinderat von Toulouse, erlassen, die auch eine Markentabelle erstellten.

Die Zahl der Messerschmiede in Toulouse war nie sehr hoch, und trotzdem wurde die Stadt üblicherweise von den Wandergesellen als Zwischenaufenthalt ihrer großen Tour de France eingeplant. Toulouse hatte eine berühmte medizinische Fakultät, für die die geschicktesten Messerschmiede Instrumente herstellten.

Im Archiv des Departements Haute-Garonne konnte ich die Erhebung über die Toulouser Handwerkszünfte vom 4. Juni 1776 einsehen, in der 16 Coutelleries aufgelistet waren. Es handelte sich um die Werkstätten von Vedel (Vater), Gandelac, Vedel (Sohn), Celard, Couranjou, Gerard, Fabre Cadet, Fabre Ayné, Claverie, Aubingny, Vedel Ayné, Lacroix, Pugès Ayné, Pugès Cadet, Fronton und Senguiabou.

Diese Meister des *Corps des Maîtres-Couteliers de la ville de Toulouse* waren darüber hinaus in

EIN TÜRKE IN TOULOUSE

Ein lokales Messer hieß Le Turc oder Le Turc façon Toulouse (Türke nach Art von Toulouse). Es war größer als das Tarbais, hatte einen massiveren Griff, lag besser in der Hand und hatte eine kürzere Mitre. Die Klinge war natürlich türkisch, aber bauchiger als beim Tarbais. Der Griff endete im rechten Winkel und manche Griffe hatten dort eine Plaque (Platte) aus Messing, die zum Stopfen einer Pfeife diente. Thiers stellte ab Mitte des 19. Jahrhunderts Kopien der Turcs façon Toulouse her. So fand man sie bei Sabatier Frères de Bellevue in der Preisliste von 1865 und in den Verkaufsregistern ab 1853 und gegen Ende des 19. Jahrhunderts auch bei 108 Girodias.

Turc in der Art von Toulouse, 108 Girodias, Thiers (erste Hälfte des 20. Jahrhunderts).

Schlankes Muret von Vauzy, Thiers (Ende des 19. Jahrhunderts).

Schlankes türkisches Muret, nach einem Modell um 1865 (originalgetreue Rekonstruktion von Martinho Albuquerque).

der *Confrairie de Sainct-Eloy* (Bruderschaft von Sainct-Eloy) organisiert, die ihren Sitz in der Kirche La Dalbade hatte. Die meisten Messerschmieden befanden sich in einem Quartier rund um die treffend genannte Rue des Couteliers (Messermacherstraße).

Auch in Toulouse ging die Zahl der Messerschmieden stetig zurück. 1857 nannte der *Almanach du Commerce et de l'Industrie* sieben Messerschmiede (die der Herren Couranjou, Ducros, Evrard, Ferras, Laporie, Renodier und Rous) und einen Hersteller von chirurgischen Instrumenten, Charrière et Fils, neben der *École de Médecine*.

Das Muret

Muret, fünf Meilen von Toulouse entfernt am Ufer der Garonne, war ein großer Marktflecken, der einer Familie von Messern, den Murets, den Namen gab. Im 19. Jahrhundert stellte man hier weiße Steingutwaren, grobmaschige Stoffe nach englischer Art und Hüte her, auch eine Gerberei war ansässig. Im Jahr 1890 waren nur noch vier mehr oder weniger alte Messerschmiede aktiv (Vincent Marjoulet, 59, Bertrand Savy, 53, Pierre Bouis, 61, und Peire Boriol, 61), was zeigt, dass die Messerherstellung kein attraktiver Wirtschaftszweig mehr war. Der Niedergang setzte in Muret relativ früh ein, was wahrscheinlich auf die Konkurrenz der Messerschmiede in Thiers zurückzuführen war, denn neben dem Agenais ist das Muret eines der ersten Regionalmesser, das von den Messermachern in Thiers bereits vor 1850 kopiert und im gesamten Südwesten verkauft wurde.

Bei Durchsicht der alten, handschriftlichen Aufzeichnungen des Messerherstellers Chassaigne in Thiers konnte ich für die Zeit von 1835 bis 1848 den Verkauf von Messern finden, die er als Murets bezeichnete. Die Bücher des Besteckherstellers Sabatier Frères de Bellevue zwischen 1856 und 1885 sowie die von Sabatier-K bis 1919 enthalten zahlreiche weitere Lieferungen von Murets, vor allem in die Umgebung von Toulouse, aber auch Albi, Bordeaux und bis ins Aveyron.

Der handgemalte Katalog von Sabatier Frères in Thiers aus dem Jahr 1868 zeigt mehrere Arten von Murets, die ich anhand der angegebenen Referenznummern in den Preislisten ihrer Nachfahren wiedergefunden habe: schlanke Murets, dicke Murets, Murets mit türkischer Klinge und Murets mit nach unten gerichteter Klingenspitze.

Vor etwa zwanzig Jahren hörte ich eine interessante Anekdote über das Muret, dessen Name ich vorher noch nicht gehört hatte. Ein Messerschmied aus Villefranche-de-Rouergue, der mittlerweile im Ruhestand ist, erzählte mir, dass ein anderes regionales Messer, das Langres, bereits bei den Kunden seines Vaters an die Stelle des Muret getreten war, denn sehr zum Bedauern der Bauern im Westen des Aveyron gab es seit den 1930er-Jahren keine Murets mehr. Die Form der Murets machte sie besonders geeignet für die

Breites Muret, Rérole (Thiers), um 1910.

Breites Muret mit tiefer Spitze (originalgetreue Rekonstruktion von Martinho Albuquerque).

Herstellung von Körben aus Kastanienstreifen, die sie während der Nachtwachen herstellten. Das Korbflechten verschaffte den Landbewohnern des Rouergat ein zusätzliches Einkommen im Winter. Dieser Messerschmied aus Villefranche hatte die Idee, eine eigene Version der Langres herzustellen: Er bestellte Ressorts und Platinen in Thiers und schmiedete die Muretklingen selbst, und weil er großen Wert auf seinen Ruf legte, hätte er die Herstellung des kritischsten Teils des Messers, der Klinge, die stark und fest sein musste, nie einem anderen überlassen.

Das Agenais

Durch das Departement Lot-et-Garonne fließen die Flüsse Garonne und Lot, die 1835, als Abel Hugo das Buch *La France pittoresque* schrieb, schiffbar waren. Das Departement war überwiegend landwirtschaftlich geprägt und vor allem berühmt durch den Anbau von Pflaumenbäumen für die Prunes d'Agen, außerdem den Wein an den Hängen und Mais und Roggen in den fruchtbaren Schwemmlandebenen.

Im Jahr 1836 war die Zahl der Messerschmiede im Verhältnis zur Größe der Stadt mit acht Werkstätten immer noch groß: Étienne Bonnié, 75, mit seinem Sohn Antoine, 35, der ebenfalls Messerschmied war, Pérès, 28, Vincent Bonnié, 40, Pierre Donnadieu, 16 (in der Schuhmacherei der Familie untergebracht), Antoine Larenne, 27, Cyprien Olié, 38, Étienne Maluzet, 32, und schließlich Pierre Gras, 34 Jahre alt. Die Belegschaften waren recht jung, was zeigt, dass die Messerherstellung noch lebendig war.

In Agen wurde das gleichnamige Agenais geboren. Doch die Couteliers sollten schnell enttäuscht werden, denn schon Mitte des 19. Jahrhunderts wurden in Thiers Kopien dieses Messers hergestellt. In den Rechnungsregistern von Thiers fand ich ab den 1840er-Jahren Verkäufe von Agenais, die auf den Preislisten neben Charlois, Murets, Façon-anglais, Bourbonnais, Londons und Mandrins aufgeführt waren.

In Thiers wurde das Agenais in großen Mengen hergestellt und dann im gesamten Südwesten Frankreichs von Bordeaux bis Narbonne, sogar bis Marseille, ins Massif Central und das Aveyron (nach Rodez) verkauft. Auf den Klingen dieser Agenais finden sich zahlreiche Marken aus Thiers: Tarry-Levigne, Étoile d'Acier, Bechon-Gorce, Passemarts, Duvert Frères, Vauzy, Soanen, Cognet, Gabriel Rousselon (Marke *Le Violon*) und weitere.

Das Agenais ist ein Klappmesser mit *Talon carré*, einem Ressort, das sich über den gesamten Rücken erstreckt. Bei älteren Exemplaren findet man gezackte, umgeschlagene Platinen. Es hat einen ganz besonderen Charme mit seiner am

Agenais mit Perlmutteinlagen, Tarry-Levigne, Thiers (Ende des 19. Jahrhunderts).

Agenais, säurebemalter Knochengriff, Passemarts, Thiers (19. Jahrhundert).

Schlankes Agenais nach einem Modell um 1865 (Rekonstruktion von Martinho Albuquerque).

Agenais mit Holzgriff (Ende des 19. Jahrhunderts).

Agenais mit umgeschlagenen Platinen, Horngriff, Courtade, Thiers, um 1890.

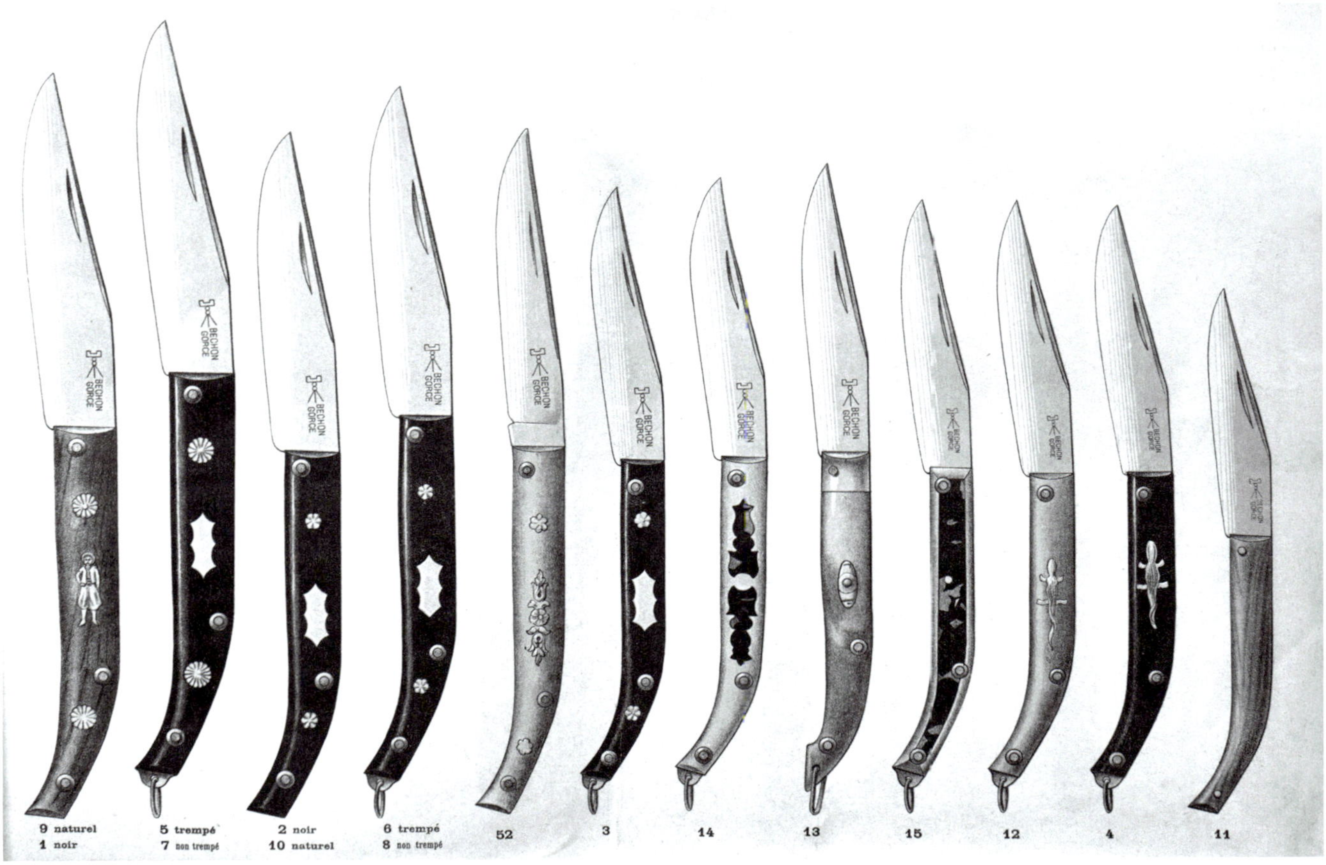

9 naturel 1 noir | 5 trempé 7 non trempé | 2 noir 10 naturel | 6 trempé 8 non trempé | 52 | 3 | 14 | 13 | 15 | 12 | 4 | 11

Agenais mit verschiedenen Dekoren im Katalog Bechon-Gorce, Thiers, um 1895.

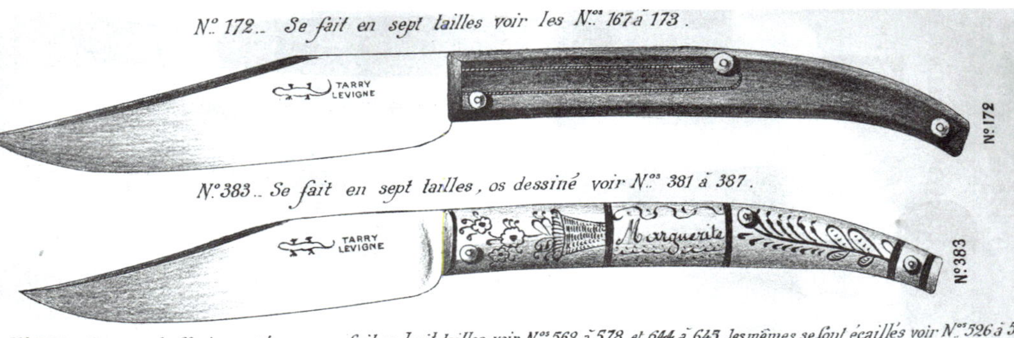

Agenais mit verschiedenen Dekoren, Katalog Tarry-Levigne, Thiers (Ende des 19. Jahrhunderts).

Agenais, Holzgriff mit Einlagen, Bechon-Gorce, Thiers (Ende des 19. Jahrhunderts).

Rücken angefasten Yatagan-Klinge. Unter den regionalen Messern ist es dasjenige mit der größten Fantasie an Dekoren: Perlmutteinlagen in Griffen aus Holz oder Horn, die diesen mit diffusen Reflexen beleuchten, Einlagen aus Metall unterschiedlicher Motive und säuregeätzte Dekore auf Knochen.

Der Coutelier Fabre mit Familie vor seinem Werkstatt-Laden in Cahors (Lot), um 1900.

LOT

Im Departement Lot krönen weite Kalksteinplateaus den Horizont. Einige Bäche verschwinden und tauchen dann irgendwo wieder auf. Zwei schöne Flüsse, die Dordogne und der Lot, sind mit Gabares (Schiffstyp) befahrbar, auf den Flüssen Cère und Célé und einigen ihrer Nebenflüsse konnte man allerdings nur flößen. Die Bauernschaft mästete Schweine, die in die benachbarten Departements verkauft wurden, und züchtete Truthähne und Gänse, die in Schmalz eingelegt wurden. Auch Trüffel sorgten für ein zusätzliches Einkommen. Seinerzeit suchte man sie mit Trüffelschweinen, die man mit einigen Maiskörnern belohnte.

Die Menschen auf dem Land gingen barfuß und trugen Kleidung aus grobem, lokal hergestelltem Leinen. Die Kopfbedeckung bestand aus einem umgeklappten Hut oder einer Wollmütze. Im Winter liefen sie in Holzschuhen und trugen Gamaschen. An Wochentagen trugen sie Jacken aus grauem Wollstoff, an Feiertagen blau.

Im Jahr 1836 gab es in Cahors eine sehr aktive Messerszene, denn die ländliche Kundschaft benötigte kleine, scharfe Werkzeuge wie Serpettes, Scheren für die Schur, kleine Schneidzangen, Okuliermesser und Messer für den Weinbau. Die Bauern aus dem Lot kamen nach Cahors zu den Märkten und Messen und nutzten die Gelegenheit, bei einem der fünf Messerschmiede der Stadt ihre Klingen schärfen oder auswechseln zu lassen, oder um ein Messer zu kaufen: Gilles Bergé, 50, Philippe Roux, 54, und sein Sohn Antoine Roux, 24, Antoine Baude, 56, und sein Schwiegersohn Antoine Colas, 31, Pierre Gattier, 35, Antoine Continat, 36, und Hugues Fabre, 39.

Hugues Fabre wurde 1797 geboren und brachte in Cahors eine beeindruckende Linie von Couteliers hervor. Die Messerschmiede Fabre existiert seit 200 Jahren, und die Nachfolge ging stets vom Vater auf den Sohn über. Sie ist ein schönes Beispiel für Langlebigkeit und Leidenschaft für den Beruf. Fabre bedeutet in der romanischen Sprache Schmied. Heute hat Grégory Fabre das Sagen: Sein Vater Jean-Michel übergab ihm 2011 nach und nach das Zepter. Seit der Gründung durch Hugues Fabre (der 1852 verstarb) stand von 1845 bis 1903 Pierre am Amboss der Werkstatt. Danach übernahm sein Sohn Eugène François Victor Fabre. Danach war ab den 1920er-Jahren Gaston François Raoul Fabre an der Reihe. Er starb 1984, übergab die Geschäfte jedoch zuvor seinem Sohn Jean-Marie, der die Leitung der Werkstatt wiederum an seinen Sohn Jean-Michel Fabre weitergab, dem jetzt Grégory zur Hand geht. In den 1900er-Jahren

Auf dem Foto vereint: Drei Generationen der Messerschmiede Fabre.

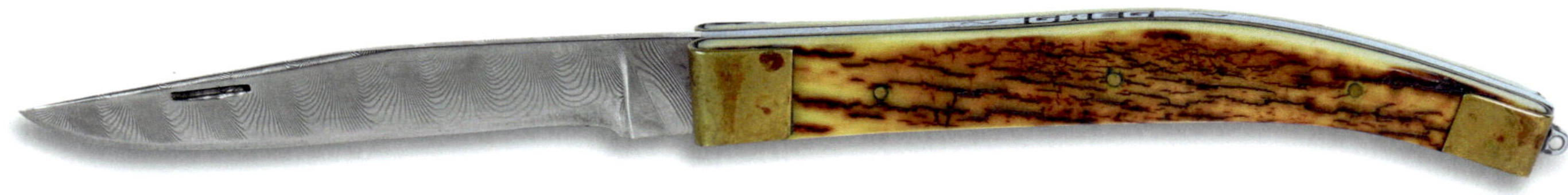

Cadurcien der Messerschmiede Fabre in Cahors.

schloss man die Schmiede und stellte selbst keine Messer mehr her, sondern beschränkte sich auf Schärfen und Klingenwechsel, den traditionellen Kundenservice eines echten Messermachers, und natürlich den Verkauf von Messern.

Ich liebe schöne Geschichten, in denen heimlich die Familienvergangenheit auftaucht und einem ein kleines Augenzwinkern schenkt. So erging es auch Jean-Michel Fabre. Als er zufällig eine Schublade öffnete, zog er ein altes Messer heraus. Unter der Patina erschien die Marke *Fabre à Cahors*. Er zeigte das Messer seinem Vater Jean-Marie: „Das ist ein von meinem Großvater hergestelltes Messer." Es war ein traditionelles Messer der Region. Das Messer gefiel Jean-Michel und es entstand die Idee, es den Kunden ihres Geschäfts anzubieten. Das Modell, das den Namen *Le Cadurcien* trägt, übernimmt alle Elemente des ursprünglichen Messers, das die Familie Fabre hundert Jahre zuvor hergestellt hatte.

GIRONDE

Das Departement Gironde ist Teil der Guyenne, ein maritimes Departement, in dem die Flüsse Garonne und Dordogne zusammenfließen, bevor sie als Gironde vereint in einer langen Mündung im Ozean enden.

Bordeaux war Hafen für den Überseehandel nach Amerika, Afrika und Indien, dazu Exporthafen für Weine aus dem Bordelais, Cognac und Armagnac, und lange Zeit das Kolonialwarenlager für einen großen Teil Südfrankreichs und fast ganz Zentralfrankreich. Die Hafenstadt beherbergte außerdem die *Cabotage côtier* (Küstenschifffahrt) und die Gabares, die die Produkte des Südwestens anlieferten. Es gab Werften für den Schiffsbau, Seilfabriken, Harz- und Teerfabriken und Küfereien.

Vergeblich hatte ich nach einem einheimischen Messer gesucht, bis ich eines Tages beim Durchforsten der Archive von Sabatier Frères in Thiers auf ein Schreiben des Messerschmieds Montaud in Bordeaux aus dem Jahr 1877 stieß, in dem er Sabatier bat, ihm anhand einer beigefügten Zeichnung ein von seiner Kundschaft geschätztes Messer herzustellen. Es handelte sich um ein großes Messer mit flachem Griff, der in einem Bec de corbin endete, und einer langen Mitre. Der Messermacher aus Bordeaux bestand darauf: „Machen Sie es aus rotem Horn und vergessen Sie nicht, meine Marke *Montaud in Bordeaux* auf die Klingen zu schmieden."

Der See- und Flusshafen von Libourne, der an der Dordogne in der Nähe der Girondemündung liegt, exportierte 1838 mehr als 20.000

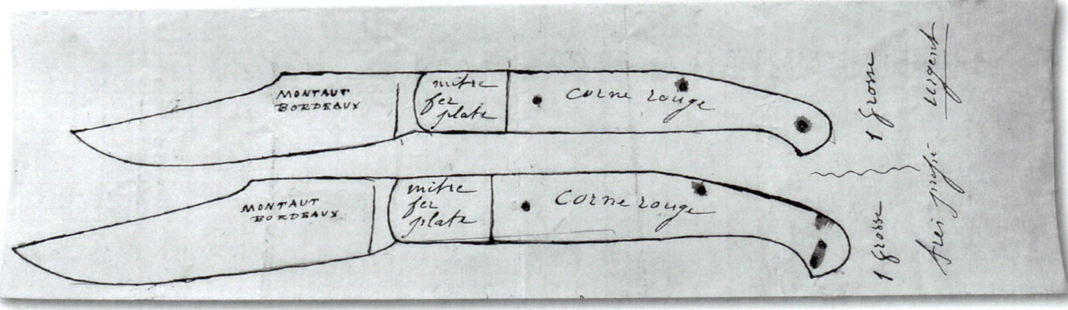

Skizze zum Brief von Montaud (Bordeaux) an Sabatier Frères (Thiers), 1877. Sammlung MCT.

Messer mit Yatagan-Klinge und Griff mit Bec de corbin, originalgetreue Reproduktion des Modells von Montaud in Bordeaux (Martinho Albuquerque).

Hafen von Libourne, Gironde (Ende des 19. Jahrhunderts).

Fässer Wein pro Jahr. Er wurde von mittelgroßen Handelsseglern der Küstenkabotage und von Gabares angelaufen. Der Transport von Fassholz war von Bedeutung, denn zahlreiche Böttchereien, Drechslereien und Holzwerkstätten waren hier ansässig.

Im Jahr 1866 war auch die Messerherstellung noch vorhanden. Die Volkszählung weist vier Schneidwarenhersteller aus: Raymond Laloue, 51 Jahre, Vianne Lazare, 53 Jahre, Jean Barreau, 44 Jahre, und Henri Barricaud, 24 Jahre. Wahrscheinlich entstand das sogenannte Girondin-Messer in Libourne. Es war ein maritim angehauchtes Messer mit starker Klinge, rundem Rücken und nach unten fallender Spitze. Das Ressort war kräftig, der Griff endete in einem abgerundeten Bec de corbin. Kopien des Girondin wurden um 1870 bei Sabatier Frères in Thiers geschmiedet, allerdings in sehr geringer Stückzahl.

Das Garonnais

La Réole war ein Flusshafen am Ufer der von zahlreichen Kähnen befahrenen Garonne. Auch die von Männern und Pferden gezogenen Fuhrwerke, die Fässer mit getrocknetem Kabeljau flussaufwärts brachten, machten hier Station. Die Stadt selbst wurde über dem Flussufer an der Flanke eines Hügels errichtet. Man stellte hier Kämme, Ballen und Hüte her. Edme Mentelle wies in seiner 1825 erschienenen *Géographie physique, historique et statistique de la France* darauf hin, dass in der Stadt La Réole auch

Girondin, Marke Lamotte in Libourne (19. Jahrhundert).

Garonnais, Marke unleserlich (Ende des 19. Jahrhunderts).

Bauern aus dem Tarn (19. Jahrhundert).

Schneidwarenfabriken angesiedelt waren. Im Jahr 1891 gab es davon aber nur noch zwei handwerklich arbeitende Messerschmiede: Michel Rouzaut, 49, und Barthélémy Dupin, 46, der von seinem 18-jährigen Sohn Paul unterstützt wurde. Zum örtlichen Gewerbe gehörten auch Justin Ardouin, 70, der als Schneidwarenhändler tätig war, und Jean Tarride, 47, als Scherenschleifer.

Das lokale Messer war das Garonnais, mit nach unten gerichteter Klingenspitze und weicher Form, die an die Schnauze eines Delfins erinnerte. Es wurde kolportiert, dass es ursprünglich ein Messer der *Gabarrier* (Flussschiffer) war, ohne dass dies dokumentiert wäre. Das Ressort hatte einen Talon carré, sein flacher Griff war leicht abgerundet.

Das Garonnais war ein lokal in der Gironde entstandenes Messer, das ab den 1870er-Jahren von den Herstellern aus Thiers kopiert wurde. Durch Einsicht in die Verkaufsregister mehrerer Hersteller aus Thiers, wo es in vielen Katalogen zu finden ist, konnte ich die Vermarktung von der Küste des Ozeans bis ins Toulouser Land und in die Gegend von Agen belegen. Es war sozusagen das Pradel der Menschen im Südwesten.

TARN

Das Departement Tarn ist eine weitläufige Region voller Kontraste zwischen Bergen, Ebenen und Tälern, das sich im Osten an die Ausläufer der Cevennen und im Süden an die Montagne Noire anlehnt. Zu seinen Füßen liegen das Tal von Saint-Amans, die Täler von Mazamet und Lacaune, die schöne Ebene von Revel in Richtung Toulouse und die reiche Weinregion von Gaillac. Die Ressourcen lagen mit Eisen- und Kohleminen im Boden und mit Landwirtschaft und Viehzucht oberirdisch. Die Schafherden waren ein wahrer Schatz der Montagne Noire um Lacaune und Labastide-Rouairoux, Labruguière und im Dourgne. In Albi, Castres, Mazamet, Lavaur und Graulhet verarbeiteten zahlreiche Arbeitskräfte deren Nebenprodukte Wolle und Leder. Diese reiche Ressource begründete Wachstum und Erfolg der berühmten Handschuh- und Lederwarenindustrie. In den Ebenen und Tälern wurden dazu Hanf und Flachs angebaut, die von Spinnern und Webern zu Garnen, Seilen und Segeln für den Hafen von Marseille, grobe Wäsche für die Landbevölkerung, Warensäcke, Tücher und einfache Bettlaken verarbeitet wurden. Diese Tätigkeiten wurden in Heimarbeit ausgeübt und verschafften den Bauern ein zusätzliches Einkommen. Die steilsten Flächen waren für die Zucht von Maultieren reserviert, die im Aveyron, in Spanien und im Toulousain verkauft wurden.

In den Tälern, in denen Gemüse angebaut wurde, transportierten Maultiergespanne die Erzeugnisse zu den bedeutenden Märkten in Cordes, Gaillac und Réalmont. Die Zahl der Maultiertreiber war enorm, denn das Straßennetz war die Schwachstelle der Region. Das Tarn war ein umtriebiges Departement, in dem bis in die entlegensten Dörfer Messer für die Bauern und Werkzeuge für die Seilerei-, Spinnerei- und Lederindustrie verkauft wurden.

Ich überlasse es Abel Hugo, uns seine Gefühle zu beschreiben, die er während seines Aufent-

halts und im Kontakt mit den Bewohnern des Tarn gewann: „Im Departement variieren die Sitten und der Charakter der Landbevölkerung mit den Orten. Die Bewohner der Ebene haben sanfte Sitten, sie verbergen oft unter einem groben Äußeren viel Feingefühl und Sensibilität und sind im Allgemeinen intelligent und fleißig. Die Bewohner der Berge haben wildere Sitten, sie sind abergläubischer, und schwere Vergehen sind dort häufiger als in der Ebene. Die Bergbewohner sind übrigens größer, stärker und blonder als die Bewohner des Flachlandes."

Das Departement Tarn war ein Schlaraffenland, das behaupteten voller Überzeugung die Bauern der Gegend: *Païs de cocanha!* Diesen Satz konnte man sowohl im realen als auch im übertragenen Sinne interpretieren. Tatsächlich wurden im Departement Tarn, das im Goldenen Dreieck der *Économie du pastel* zwischen Albi, Carcassonne und Toulouse lag, pastellfarbige Blätter geerntet, die zerquetscht und zu einem Ball, dem sogenannten Cocagne, gepresst wurden. Dieser Cocagne wurde nach dem Trocknen zu einem hohen Preis für die Herstellung eines beliebten Farbstoffs verkauft, und so entstand der gebräuchliche Ausdruck, der im Französischen jedes Land bezeichnet, in dem Überfluss herrscht. Der Tarn ist auch ein Schlaraffenland für diejenigen, die sich für regionale Messer interessieren. Nirgendwo in Frankreich gibt es so viele verschiedene Modelle sogenannter Régionaux: das Bonnet, das Saint-Amans, das Maïs, das Gaillacois und das Albigeois.

Gaillacois und Albigeois waren Messer aus dem Tarn, die nach ihren Herkunftsstädten benannt wurden, aber außerhalb ihres Gebiets kaum bekannt waren. Das Bonnet, das Maïs und vor allem das Saint-Amans hinterließen hingegen deutliche Spuren, weil ihre Herstellung von den Messerschmieden in Thiers fortgesetzt wurde, die ihr Vertriebsgebiet auf diese Regionen ausdehnten. Es ist schwierig, jedes der drei Modelle zu unterscheiden, weil sie sich ziemlich ähnlich sind.

Die örtlichen Messerschmiede hätten uns dabei auch kaum helfen können, denn sie bemühten sich, ihre Varianten ins Unendliche zu treiben, sowohl was die Klingen- und Griffformen als auch die Art der Ressorts und Vielfalt der Verzierungen betraf. Diese Messer wurden von Messerschmieden in größeren Marktflecken und von Schmieden und Taillandiers in kleineren Dörfern hergestellt, was den zum Teil sehr rohen Charakter einiger dieser Messer erklärt.

Saint-Amans Marke Bonnet, Saint-Amans-Valtoret, Tarn (19. Jahrhundert).

Unten: Saint-Amans von Isaac Bonnet, alte Markierung mit einem I und einem B (erste Hälfte des 19. Jahrhunderts).

Ganz unten: Saint-Amans mit im Wachsausschmelzverfahren gegossenem Messinggriff (Tarn), datiert 1832.

Großes Yatagan-Tarnais, Hirschhorn, Marke Bonnet, datiert 1906.

Das Bonnet

Es ist selten, dass ein Messer, das einen Familiennamen trägt, im Volksgedächtnis bleibt. Das Bonnet ist deshalb atypisch. Es trägt den Namen einer Familie von Schmieden aus dem Dorf Saint-Amans-Valtoret im Thoré-Tal an den Hängen der Montagne Noire. Hier, wo ansonsten grobes Tuch gewebt und Gasquets-Mützen, sogenannte *Bonnets turcs*, hergestellt wurden, war die Familie Bonnet nach Aussage ihrer Nachkommen für drei Messermodelle verantwortlich: das Bonnet (logischerweise), das Saint-Amans (nach seinem geografischen Ursprung) und das Maïs (nach den örtlichen Ernährungsgewohnheiten).

Die Familie Bonnet schmiedete bereits während des Ancien Régime. Ihre Nachkommen erzählten mir, dass sie in ihren alten Familiendokumenten ein Patent gefunden hatten, mit dem der französische König ihren Vorfahren die Erlaubnis zum Schmieden von Eisen erteilte. In den Kirchenbüchern konnte ich einen Louis Bonnet identifizieren, der Mitte des 18. Jahrhunderts in Saint-Amans-Valtoret als Schmied tätig war, sowie seinen Neffen Pierre, Sohn eines Webers, der ihm in der Schmiede nachfolgte. Isaac Bonnet, der 1823 geboren wurde, war der erste der Familie Bonnet, der als Messerschmied verzeichnet wurde. In Saint-Amans übte Isaac neben seinem Beruf als Schmied und Messerschmied auch sein Talent als Kräuterkundiger und Apotheker aus, indem er Salben, Tränke und alle Arten von Kräuterpräparaten herstellte, um die Dorfbewohner zu heilen. Die Qualität der in Saint-Amans geschmiedeten Klingen wurde ihrem Härten im extrem kalten Wasser des örtlichen Flusses Masnaffre zugeschrieben. Isaacs Sohn Édouard David führte die Messerschmiede der Familie weiter und wurde von seinem Neffen David abgelöst. Die Messerschmiede Bonnet stellte ihre Tätigkeit in Saint-Amans-Valtoret Ende des 19. Jahrhunderts ein und ließ sich in Saint-Amans-Soult nieder. David, einer von Édouards Söhnen, wurde 1885 geboren und eröffnete eine Messerschmiede in Castres. Er starb 1976. Sein Sohn und Nachfolger Pierre Bonnet war der letzte Messerschmied in der Familienfolge. Die Messerschmiede Bonnet in Castres stellte ihre Tätigkeit in den 1960er-Jahren ein.

Bonnet de muletier (Bonnet der Maultiertreiber) aus dem Tarn (19. Jahrhundert).

Die ältesten Bonnet-Messer waren mit ihren bis zu 20 Zentimeter langen Griffen recht groß. Charakterisiert wurden sie durch ihre Bourbonnaise-Klinge und die an beiden Enden umgeschlagenen Messingplatinen. Bestimmt waren sie für die Maultiertreiber, die mit der langen Klinge schnell die Lederriemen eines Packsattels durchschneiden konnten, wenn die Ladung des Maultiers umzukippen drohte. Sie verhinderten dadurch, dass ein Tier verlorenging oder sich beim Abkippen verletzte. Das Ressort dieser großen Maultiermesser zog sich über die gesamte Länge des Horngriffs.

Aber was ist dann mit dem Saint-Amans, werden Sie fragen. Diese Klassifizierung bezog sich auf die Mehrzahl der Messer und war vor allem theoretisch, weil es so viele Ausnahmen

Saint-Amans mit in das Horn eingelassenem halbem Ressort, Puech in Lacrouzette (Tarn), um 1860.

Maïs mit umgeschlagenen Platinen, hervorstehenden Rosetten und heiß eingeprägtem Faden, Thiers (Anfang 20. Jh.).

gab, die für Verwirrung sorgten. Man kann den Schluss wagen, dass, wenn die Klinge in Salbeiblattform ist, es sich um ein Saint-Amans handelte. Die Griffe der ersten Saint-Amans wurden aus massiver Hornspitze gefertigt.

Der Messerschmied machte im Rücken einen langen Sägeschnitt, in den er ein halbes Ressort einsetzte, das wie bei den katalanischen Messern von einem einzigen Niet unter Spannung gehalten wurde. Die Klinge hatte einen Talon carré. Der Niet am Griffende diente lediglich dazu, diesen zu verstärken, damit er nicht riss. Die Messer waren zwar schlicht, aber die lokalen Messerschmiede achteten auf das Dekor und verzierten die Griffe mit längs verlaufenden Mustern, die ihnen mehr Eleganz verliehen. Diese Muster wurden heiß in das Horn gepresst. Die Herstellung von Saint-Amans war nicht auf die Stadt gleichen Namens beschränkt. In sieben oder acht Handwerksbetrieben im Pays Castrais und den Montagne Noire wurden ebenfalls Saint-Amans hergestellt.

Für die einheimischen Bauern war das Grundnahrungsmittel Mais, aus dem sie ihre Millas, eine Art Brei, zubereiteten. Beim Entkernen des Maises wurden die Hände fettig und rutschten am Messergriff ab. Ein Messer namens Maïs, das zur Familie der Bonnet gehörte, hatte deshalb auf seinem flachen Griff große, hervorstehende Rosetten, die als Rutschsicherung dienten.

Manchmal wurde auf einem Tarn-Messer ein Datum eingraviert, was bei regionalen Messern generell selten war. Da diese Praxis immer wieder vorkam, handelte es sich wahrscheinlich um das Herstellungsdatum des Messers. Ich habe Daten zwischen 1820 und 1905 gefunden. Die Ressorts

Großes Saint-Amans, Griff mit Pointillage, Ressort mit Guilloche, anonym, Tarn (Ende des 19. Jahrhunderts).

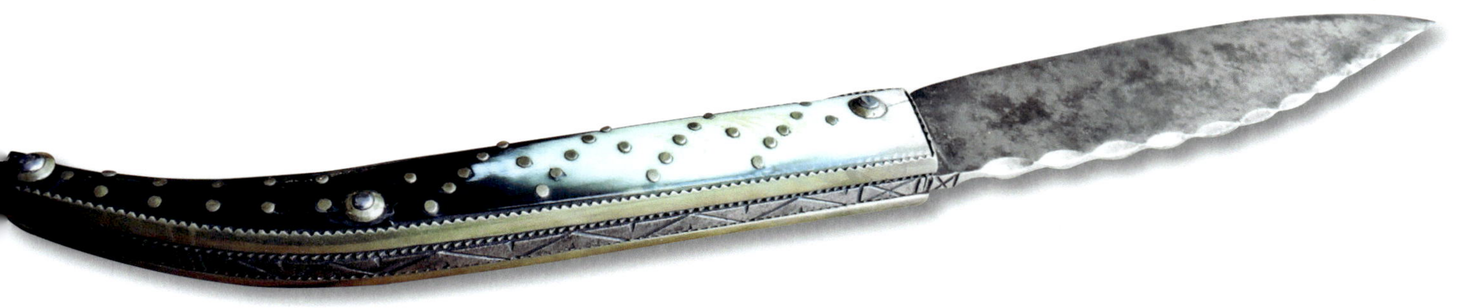

Datumsgravuren waren auf Messern des Tarn gängige Praxis.

einiger Saint-Amans oder Maïs waren kürzer als der Griff, was dann durch ein Zwischenstück ausgeglichen wurde, das den Aufschlag der Klinge dämpfte, anstatt sie auf Metall aufschlagen zu lassen. Der Grund dafür könnte sein, dass die fettigen Hände der Bauern die Klinge beim Schließen oft entgleiten ließen, wodurch die Schneide und Klingenspitze durch das heftige Aufschlagen auf die Dauer stark beschädigt wurden.

In Mazamet schmiedete die Taillanderie-Coutellerie Boutonnet von Hand Werkzeuge und Messer, die für die Wollverarbeitung und die Lederherstellung benötigt wurden. Die Saint-Amans aus ihrer Schmiede hatten einen flachen, unverzierten Griff aus gepresstem Horn. Raymond Boutonnet wurde als Sohn eines Schmieds in Auriac im Aveyron geboren und begann seine Tätigkeit um 1820. Er hatte drei Töchter. Einer seiner Arbeiter namens Pierre hatte die Eigenart, nie Urlaub zu nehmen. Eines Tages stellte er zur großen Überraschung von Monsieur Boutonnet folgende Bitte: „Patron, ich möchte mir heute frei nehmen, ich würde gerne die Tochter meiner Nachbarin heiraten." Boutonnet entgegnete ihm: „Aber was brauchst du denn da zu suchen? Ich habe drei Töchter, heirate doch eine von ihnen!" Der Arbeiter besann sich: „Also gut... Sie sind der Chef... dann nehme ich die Louise."

Als sein Schwiegervater in den Ruhestand ging, wurde die Coutellerie-Taillanderie Boutonnet zur Coutellerie Escudié-Boutonnet (Escudier für das Standesamt). Die Klingen wurden weiterhin mit Boutonnet gekennzeichnet. Ein zweiter Pierre, sein Sohn, folgte ihm, dann Jean-Pierre. Die Schmiedearbeit wurde weiterhin von Hand ausgeführt. Ein kleiner Esel drehte im Stall seine Runden und trieb über Holzzahnräder und Lederriemen die Schleifsteine der Werkstatt mechanisch an. Nach dem Zweiten Weltkrieg ersetzte schließlich eine Presse das Schmieden mit dem Hammer.

Jean-Pierre Escudier war der letzte Taillandier-Coutelier in Mazamet. Im Jahr 2001 stellte er seine Tätigkeit ein. Die Woll- und Lederindustrie, die beide jahrhundertelang die wichtigsten Wirtschaftszweige in Mazamet gewesen waren, entließ alle Arbeitskräfte. Die Geschichte einer Familienwerkstatt, die sich über fünf Generationen erstreckte, war damit zu Ende.

Rechts: Bei den Maïs dämpfte ein Hornstück den Klingenaufschlag.

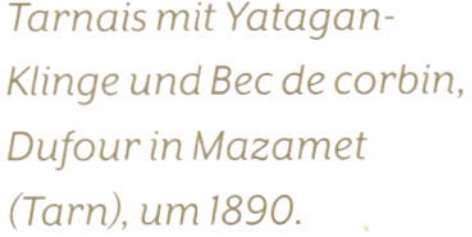

Tarnais mit Yatagan-Klinge und Bec de corbin, Dufour in Mazamet (Tarn), um 1890.

Ensemble sogenannter Gaillacois, Blatgé in Gaillac (19. Jahrhundert).

Das Albigeois

In Albi, der Stadt des Hanfs und des Flachses, hieß das lokale Messer Albigeois. Es war ein Messer mit einer Klinge, die wie ein zentriertes Salbeiblatt geformt war. Die Griffschalen waren dünn und flach und wurden durch hervorstehende Rosetten gesichert. Der Bauch des Griffs zeichnete ein Profil, das dem des Aurillac ähnlich war.

Die Messerschmiede Cabaziès, die von der zweiten Hälfte des 18. bis zum Ende des 19. Jahrhunderts tätig war, stellte sie her. Die von Étienne Cabaziès gegründete Messerschmiede-Dynastie aus Albi wurde von Pierre, Jean-Pierre, François und schließlich François-Salvi, der 1886 starb, geführt.

Auch die Firma Sabatier Frères in Thiers stellte die Albigeois-Messer zwischen 1860 und 1880 her.

Das Gaillacois

In Gaillac und Cordes, den beiden Enden eines Weinanbaugebiets, das heute als Appellation bezeichnet wird, schmiedeten die Werkstätten Druille/Blatgé und Boyer vom Ende des 18. bis zum Ende des 19. Jahrhunderts ein Messer, das man Gaillacois nannte. Es besaß eine breite, türkische Klinge und wurde sowohl bei Tisch als auch bei der Arbeit in den Weinbergen verwendet. Die Griffschalen waren flach und relativ dünn.

In Gaillac war Louis Pierre Druille Ende des 18. Jahrhunderts als Messerschmied niedergelassen, sein Schwiegersohn François Blatgé übernahm die Marke *Au Grattoir* von Druille und fügte ihr auf den Klingen seinen Namen Blatgé hinzu. Er starb im Jahr 1884. In Cordes wurde das Gaillacois von Baptiste Delsol hergestellt, dem um 1840 Jean Baptiste Boyer folgte.

Albigeois mit guillochiertem Ressort, Cabaziès, Albi (19. Jahrhundert).

Die Messer im Westen

Normannische Kühe beim Melken auf der Weide.

NORMANDIE

Die Normandie ist weiträumig. Sie erstreckt sich von der Mündung der Somme zum Mündungsgebiet der Seine, reicht dann bis zur Halbinsel von Cotentin und endet in der Bucht von Mont-Saint-Michel, von wo aus man die Bretagne erblickt. Die Landschaft ist vielfältig und wird von Heckenlandschaften und Wiesen dominiert, die von Zugängen zur See mit Wasser versorgt werden, wodurch sie saftig und für Viehzucht und den Anbau von Apfelbäumen geeignet sind. Zur Meeresseite erstreckt sich eine lange Küste, die sich zum Ärmelkanal und Atlantik öffnet. Während des Ancien Régime und bis zum Verlust der Kolonien bestimmte eine intensive Handelstätigkeit den Hafen von Rouen. Fischerei mit Segelbooten und Hochseefischerei gehörten zu Granville, Barfleur, Honfleur, Fécamp (ein Kabeljauhafen) und Dieppe, wo man vom Makrelenfang lebte. Über lange Zeit lieferten die normannischen Messerschmieden die Messer für ihre Fischer und Seeleute.

Die Bodenschätze der Normandie führten im 18. Jahrhundert zur Ansiedlung metallverarbeitender Betriebe, denn Eisen ließ sich einfach abbauen, manchmal lag es sogar direkt an der Oberfläche. Abel Hugo zitierte 1835 „eine Stahlproduktion, Fabriken für Stecknadeln, Draht, Nägel, Strick- und Nähnadeln von L'Aigle, die in ganz Frankreich bekannt waren".

Als 1767 hydraulische Spinnmaschinen eingeführt wurden, steigerten die Webereien in Rouen ihre Produktivität. 1823 gab es allein im Arrondissement Rouen 95 Spinnereien, die vor allem *Rouenneries* herstellten, eine Art gestreiftes oder kariertes Tuch, das für Frauenkleider verwendet wurde. Acht kleine Flüsse, die durch Rouen fließen, trieben im Jahr 1835 die Maschinen von 237 Manufakturen an. Auch die Messerschmiede profitierten von diesem Wohlstand, denn sie lieferten auch Schneidwerkzeuge für die Fabrikation. Nach und nach verloren sie ihre angestammten Märkte zugunsten anderer normannischer Manufakturen, an die Hersteller aus Thiers und, in geringerem Maße, auch an die Hersteller in Nogent.

Das Rouennais

Die Landschaft der Normandie war reich an Streuobstwiesen für die Herstellung von Cidre. Dazu gab es Schafe (Salzwiesenlämmer), deren Fleisch sehr geschätzt wurde, und Kühe, mit deren Milch und Butter reger Handel getrieben wurde. Die Geflügelzucht auf den Bauernhöfen lieferte Eier, die über das Meer auf die Kanalinseln und nach Südengland verkauft wurden.

Normannischer Bauer in einer Cidrerie (Mosterei).

Kunstvolle Mouche auf einem Rouennais von Desvaux Ainé in Vimoutiers (Orne), um 1830.

Camembert, Pont-l'Evêque und Livarot waren berühmte normannische Käse. *Bouilleurs de Cru* zogen von Hof zu Hof und destillierten Schnaps und Calvados. Dieses ländliche Leben brauchte ein Messer, das Rouennais, das manchmal auch *Couteau normand* (normannisches Messer) oder sogar *Queue de vache* (Kuhschwanz) genannt wurde.

Die genaue Definition des Rouennais, das viele Varianten kennt, kann zur Herausforderung werden. Es war ein Couteau à cran forcé, mit einer Bourbonnaise-Klinge, einer runden Entablure und einem sehr schlanken Griff, der neben der Klinge noch andere Zusatzteile für die Zwecke der Viehzüchter aufnehmen konnte. Es wurde in aller Form als Viehzüchtermesser bezeichnet, obwohl es auch als Bürger- oder Berufsmesser mit einer Reihe von Klingenvarianten (Bourbonnaise, Türkisch oder Stylet) und verschiedenen Arten von Ressorts (mit oder ohne Mouche) auf den Markt kam. Das normannische Messer wurde auch von den Webern in Rouen, wo es seinen Ursprung hatte, hochgeschätzt. Sie bevorzugten eine Klingenform *à pointe stylet* (mit tiefer Klingenspitze), also mit langer, gerader Schneide. Als die Weberei in Rouen an Bedeutung verlor, stieg der Anteil der Messer mit Bourbonnaise-Klinge.

Der Einfluss englischer Messerschmiedekunst auf die Messer der Normandie ist schwierig auszumachen, denn in Friedenszeiten gab es immer Kontakte mit den Engländern und, obwohl die Beziehungen zu dieser Nachbarnation chaotisch waren, teilte man sich schließlich ein gemeinsames Seegebiet. Im 18. Jahrhundert wurden viele normannische Seeleute, die auf Kaperfahrt waren, in England inhaftiert. Trotz aller Konflikte und Verbote wurden die englischen Fischer mutiger, kamen heimlich an die normannische Küste, setzten dort ihren Fang ab und trieben Tauschhandel. Dieser zarte, gleichzeitig ständige Kontakt könnte erklären, warum die Messer aus Sheffield einen gewissen Einfluss auf die Messer in der Normandie nahmen, mit denen durchaus Familienähnlichkeit nachgewiesen werden konnte. Auch war die Normandie in der Vergangenheit einige Zeit englisch gewesen. Normannen und Engländer teilten sich wohl nicht nur das Wetter, sondern auch einige Details in der Messerherstellung.

In Sheffield befand sich der Nagelhau üblicherweise auf der Rückseite der Klinge, wie bei vielen Rouennais. Ein weiteres Merkmal, das die Rouennais mit den Messern aus Sheffield teilen, ist die Blutrille auf der Klinge. Das Rouennais war ein französisches Messer mit einem Zungenschlag von jenseits des Ärmelkanals.

Die ältesten Rouennais besaßen eine Schaffußklinge und häufig Ressorts mit einer Mouche. Die Messerschmiede in Rouen entwickelten daraus ein sehr exklusives Messer, wie das Rouennais des Maître-Coutelier Beljambe aus Rouen zeigt, das im *Musée de la Coutellerie* in Thiers aufbewahrt wird. Es besaß eine Styletklinge, einen Griff mit eingelegten Perlmuttplättchen und ein Ressort mit kunstvoll gearbeiteter Mouche. Beljambe war Messerschmiedemeister im 18. Jahrhundert und in einer der belebtesten

Rouennais, Perlmuttgriff mit goldenem Wappenschildchen, kunstvolle Mouche, Marke Beljambe à Rouen (18. Jahrhundert). Musée de la Coutellerie, Thiers.

Rouennais mit verzierter Mouche, versenktem Korkenzieher und Flamme zum Aderlass, Normandie (Mitte des 19. Jahrhunderts).

Straßen von Rouen, der Rue du Gros-Horloge, ansässig. Er hatte zwei Söhne, einer war Messerschmied, der zweite, der 1750 geboren wurde, ein bekannter Graveur.

Die ersten Statuten der Messerschmiede in Rouen waren 1402 unter Karl VI verkündet worden. Aber die Couteliers in Rouen entfernten sich zunehmend von der normalen Kundschaft, die Messer für den täglichen Gebrauch auf dem Land suchte. Sie versuchten, ihren Berufsstand durch immer restriktivere und elitärere Zunftstatuten zu schützen. Die Messerherstellung bot 200 Couteliers und Schleifern Arbeit. Die Mühlen für den Klingenschliff wurden an den Bächen am Rande der Stadt errichtet, einige waren sogar schwimmend und störten den Flussverkehr.

Ihren Reichtum bezog die Stadt aus dem Hafen, der Herstellung von Tuch, Stoffen, Wandteppichen, Kurzwaren, Leinentüchern und dem Handel mit den französischen Überseebesitzungen in Kanada und den anderen Gebieten Amerikas, bevor ihr der Seeverkehr zu den Kolonien teilweise entglitt, weil die englische Flotte im Seekrieg überlegen wurde. Paradoxerweise war die Besteckindustrie in Rouen seinerzeit bereits im Niedergang begriffen.

In Rouen hatte ich die Möglichkeit, die alten Archive der Messerschmiede einzusehen. Der Berufsstand hatte den Raum um sich herum gut organisiert, indem er die Konkurrenz durch die kleinen Taillandiers durch Auflistung aller Werkzeuge, deren Herstellung alleiniges Recht der Messermeister war, ausgeschaltet hatte. Die Statuten gewährten den Couteliers in Rouen ein Monopol, woraufhin es zu mehreren Prozessen gegen die Taillandiers kam, die von der Zunft der Couteliers angestrengt wurden. Die Maître-Couteliers in Rouen hatten die Niederlassung von Taillandiers abgelehnt, die in Paris ihren Meisterbrief erhalten hatten, obwohl diese „das Privileg der freien Niederlassung in jeder *Jurande* (Zunftgebiet) des Königreichs Frankreich“ besaßen. Sie verboten den Schmieden, Ambosse oder Schraubstöcke zu besitzen oder neue Messer herzustellen. Sie schrieben Klageschriften gegen Händler, die auf dem Markt Besteck verkauften und sich dabei über die Verbote der Meister hinwegsetzten.

Es bedurfte viel Geschick, um Klinge und Flamme in dem sehr engen Griff eines Rouennais unterzubringen.

Die Reglementierungen blockierten jede Weiterentwicklung und verhinderten den sozialen Aufstieg, weil sie es Handwerkern äußerst schwer machten, den Titel Maître-Coutelier zu erwerben. Die Meisterprüfung, deren Kosten für die schmalen Geldbeutel normaler Handwerker absolut unerschwinglich waren, erforderte für Auswärtige zudem eine längere Lehrzeit, während die Söhne der Meister nur die Hälfte der Gebühren zahlten und nur eine auf das Einfachste beschränkte Prüfung absolvieren mussten. Der Titel des Maître-Coutelier war damit den Söhnen der Meister aus Rouen vorbehalten. Jeder Kandidat von außerhalb war unwillkommen.

Die Meistersöhne mussten den Prüfern nur ein *demi-chef-d'œuvre* (halbes Meisterstück) vorlegen: ein einfaches Messer ohne besondere Schwierigkeit und wahlweise ein Rasiermesser oder ein Taschenmesser. Sie waren von der Lehrzeit vor der Meisterprüfung befreit, weil sie als bereits abgeleistet betrachtet wurde. Andere mussten vier Jahre Lehrzeit absolvieren. Nach Abschluss der Lehre konnten sie, wenn sie nicht als Angestellte bei ihrem Meister bleiben wollten, die Meisterprüfung versuchen, bei der dann alle möglichen Schwierigkeiten organisiert wurden, damit sie scheiterten.

1734 wurden die Statuten der Couteliers reformiert. Die Lehrlinge mussten 30 Sols an jeden der vier Prüfer, drei Livres an die Bruderschaft und 40 Sols an die Geschworenen für den Eid zahlen. Zwei Sols kostete zu der Zeit etwa ein Café au lait, für ein Mittagsmenü bezahlte man einen Livre, nach heutigem Wert um die zehn Euro. Die Lehrlinge mussten als Meisterstücke drei Scheren vorlegen, von denen eine besondere Schwierigkeiten in der Herstellung aufwies, ein Messer mit doppeltem Ressort ohne Stift und mit Gold- oder Silbereinlagen. Jedes Stück musste doppelt eingereicht werden.

Im 18. Jahrhundert zählte Rouen 80.000 Einwohner. Bereits 1746 waren in den Archiven der Maître-Couteliers nur noch zehn Meister verzeichnet, 1756 waren es nur noch acht: Morel, Bernières, Huet, Basset, Thouvet, Viard, Delage und Herpin. Durch die Blockade jeglichen Nachwuchses hatte man den Anschluss verpasst, die Produktion der normannischen Messer war an andere Orte ausgewandert.

Rouennais mit türkischer Klinge, Flamme und Ahle, Desvaux Ainé in Vimoutiers (Orne), um 1830.

In der Normandie hatten Eisen- und Stahlverarbeitung eine lange Tradition. In den Hinterhöfen der Bauernhöfe schmiedeten Bauern in kleinen Familienwerkstätten Nägel und kleine Eisenwaren. Diese Produkte wurden von lokalen Händlern aufgekauft, die den Vertrieb monopolisiert hatten und die Arbeit der Schmiede schlecht entlohnten.

In der *Bocage* (die von Flurhecken geprägte Landschaft im Westen und Nordwesten Frankreichs) ließ der schlechte Boden nur eine Selbstversorgungswirtschaft zu, die es für die Bauern unverzichtbar machte, ihr Einkommen durch weitere Notgroschen aufzubessern. Die Bocage eignete sich zwar für die Viehzucht, aber die Herden bestanden nur aus wenigen Tieren, sodass die Landbevölkerung auf ein Zusatzeinkommen angewiesen war, das der umgebenden Natur und deren Ressourcen angepasst war. Es gab Wasser, um Schleifmühlen zu betreiben, Holz für die Schmiedekohle und Eisen, das an der Oberfläche lag und leicht abgebaut werden konnte. In Tinchebray und der ganzen normannischen Bocage fand man also *Fermiers-couteliers*, Bauernschmiede. Bei ihnen wurde die Herstellung der Rouennais weitergeführt. Man war weit entfernt von einschränkenden Vorschriften, man schmiedete in einem freien Land und unter Bauern. Diese kleinen Werkstätten belieferten die Landwirte, Viehzüchter und *Fermiers-tisserands*, Bauern, die auf ihren Höfen einfache Stoffe aus Leinen und Hanf webten, der die Bauern kleidete.

In der Nähe von Mortain, an der Grenze zwischen den Departements Manche und Orne, gab es eine Gruppe von Dörfern und Weilern, in denen Eisenverarbeitung und Messerherstellung im kleinen Maßstab betrieben wurde. In Sourdeval, wo die Flüsse Sée und Sorde zusammenfließen, wurden größere Schneidwaren, Metzgermesser, Küchenmesser und Kabeljaumesser für die Fischer von Saint-Malo und Granville hergestellt. Auf dem Land wurden auch Gabeln und Löffel aus Eisen produziert. In Tinchebray und den benachbarten Weilern am Ufer des Noireau wurden große Messer mit Holzgriffen und Scheren gefertigt. In Le Fresne-Poret produzierten etwa 20 Einwohner Scheren für Wäscherinnen sowie

Rouennais, Danneville in Bayeux (Calvados), um 1895.

Die Milch wird zur Baratte (Butterfass) gebracht.

Taschenmesser. In Saint-Jean-des-Bois, Yvrandes, Beauchesnes, am Ufer des Egrenne, fertigte man Messer, Scheren und Äxte. In der Region gab es auch 150 Hornverarbeiter, die Kämme und Messergriffe herstellten. Dazu wurde das Horn aufgeschnitten, in großen Zangen erhitzt, flachgedrückt und dann zu Plättchen für Messergriffe geschnitten. Metzger und Abdecker arbeiteten mit *Écouennes* (hobelartigen Messern), deren Klingen aus alten, umgeschmiedeten Sägeblättern bestanden.

Der Sommer war der Feldarbeit gewidmet und im Winter schmiedete man die Eisenwaren zu Hause. Nur wenige arbeiteten in größeren Werkstätten, wo es auch nie mehr als zwei oder drei Arbeiter gab. Geschmiedet wurde morgens und abends, tagsüber nutzte man das Licht für Arbeiten mit der Feile.

Sonntags brachten die *Paysans-couteliers* (Bauernschmiede) die Körbe mit Messern und anderen Eisenwaren zu Fuß oder mit einem Esel zum Markt, wo *Marchands-fabricants* (örtliche Großhändler) ihnen die Produktion der Woche abkauften. Sie waren nicht sehr beliebt, denn sie feilschten hart und nötigten den Bauernschmieden, die keine Möglichkeit zum Protest hatten, lächerlich niedrige Einkaufspreise ab. Auch Hausierer kamen mit ihren Maultieren oder Pferden auf den Markt. Mit ihnen verhandelten die Bauern bessere Preise. Am Ende wurden die Eisenwaren aus der Bocage bis in die Pyrenäen weiterverkauft.

Mit dem steigenden Lebensstandard Mitte des 19. Jahrhunderts stieg die Nachfrage nach hochwertigeren Messern. Dann, gegen Ende des Jahrhunderts, trat ein Wandel ein. An die Stelle der kleinen Ateliers auf den Bauernhöfen traten sogenannte Boutiquen: Werkstätten mit höchstens sechs bis acht Arbeitern, wobei ein Teil der Arbeiten weiterhin auf die Bauernhöfe ausgelagert blieb. In Saint-Cornier-des-Landes, in der Nähe von Tinchebray im Herzen der Bocage im Departement Orne gelegen, betrieben die Brüder Berthon in den 1860er-Jahren neben der Herstellung von Eisenwaren auch die Herstellung von Rouennais. Ihre Messer blieben jedoch sehr bäuerlich.

In diesem Zusammenhang fand ich einen Briefwechsel zwischen Camille Pagé und Monsieur Berthon, der mit seinem Bruder die kleine Manufaktur in Saint-Cormier des Landes besaß:

Saint-Cormier, den 11. November 1891
Mein lieber Kollege!
Da die Messerschmiedekunst hier keine Bedeutung mehr hat, hatte ich es versäumt, Ihnen zu antworten. Seit jeher wurden im Canton Tinchebray Schneidwaren hergestellt. Die auf dem Land verstreuten Arbeiter verkauften ihre Produkte an die Hersteller und Händler des Landes, die sich mit Werkzeugen aus der Basse-Normandie beschäftigten. Vor etwa 30 Jahren stellten mein Bruder und ich etwa zwölf Jahre lang Rouennais-Messer her. Dieser Artikel florierte und ermöglichte es uns, andere Garten- und Metzgereiartikel zu verkaufen. Die Auvergne (er meinte Thiers, Anm. d. Übers.) kam überall hin, um normannische Messer zu verkaufen, und zwar zu so niedrigen Preisen, dass wir uns besser ruhig verhielten. Sie sehen, dass meine Antwort nicht wichtig ist.
Gestatten Sie mir, Monsieur und lieber Kollege, meine aufrichtigen Grüße.
Unterzeichnet: Berthon
PS: Wir stellen weiterhin einige Serpettes und Metzgermesser her.

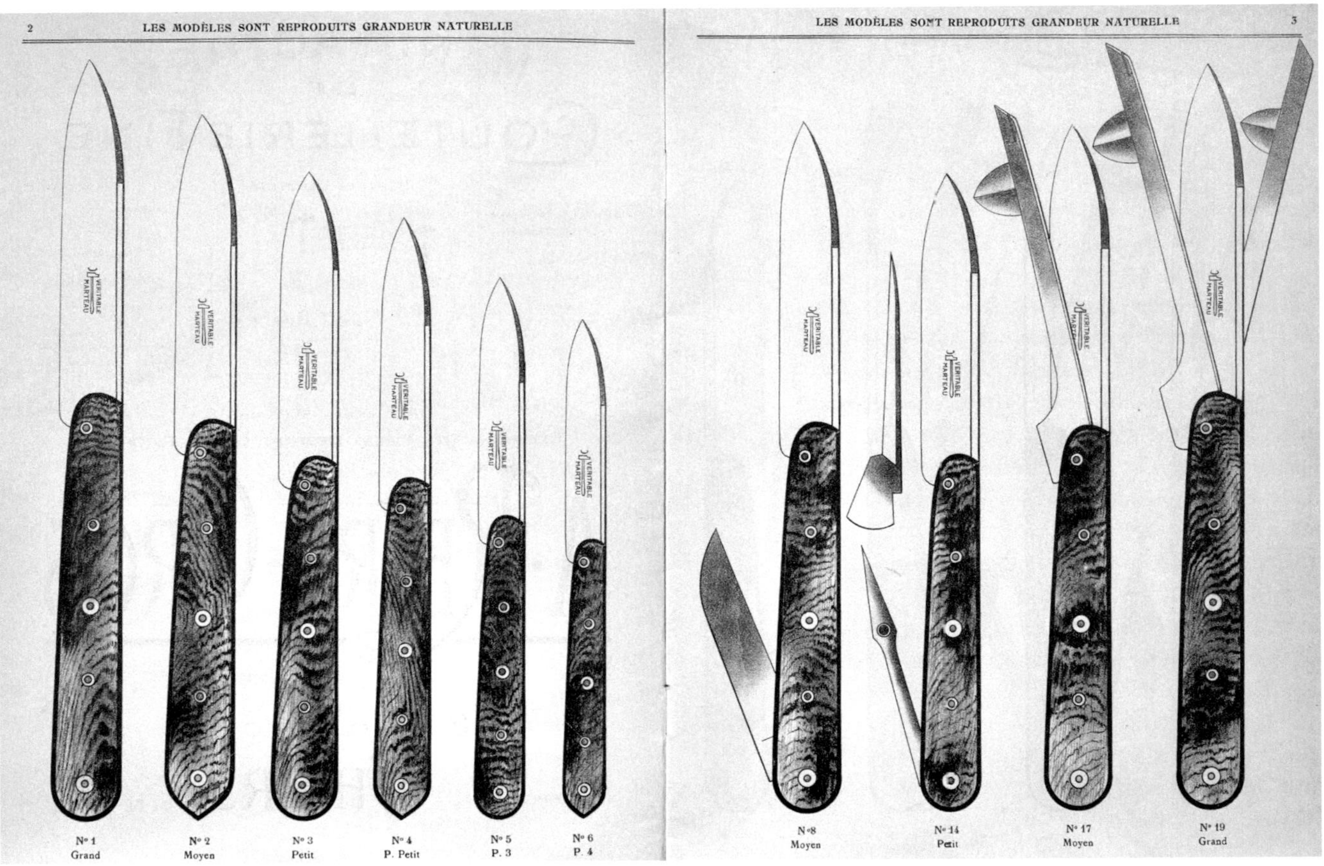

2 LES MODÈLES SONT REPRODUITS GRANDEUR NATURELLE

LES MODÈLES SONT REPRODUITS GRANDEUR NATURELLE 3

Nº 1 Grand | Nº 2 Moyen | Nº 3 Petit | Nº 4 P. Petit | Nº 5 P. 3 | Nº 6 P. 4 | Nº 8 Moyen | Nº 14 Petit | Nº 17 Moyen | Nº 19 Grand

Katalog des Rouennais-Herstellers Retru-Gros (Thiers), ca. 1950.

Die Brüder Berthon beendeten die Herstellung von Rouennais um 1875. Andere Messerschmiede, die sich in einigen mittelgroßen Städten der Normandie niedergelassen hatten, stellten Rouennais weiterhin in Handarbeit her: Rabache in Honfleur, Desvaux in Vimoutiers und Danneville in Bayeux. Für viele war die Zeit zwischen 1880 und 1900 eine Zeit des Umdenkens: Schließen oder Wiederverkäufer von Rouennais werden, die in Thiers hergestellt worden waren.

In Thiers war das Rouennais die Spezialität nur weniger Hersteller. Es war ein Messer, das die Couteliers aus der Auvergne gar nicht liebten, denn die Herstellung des Talons erforderte großes Können, weil sich seine runde Entablure der Griffform anpasste. Dies trug zwar zur Eleganz des Messers bei, erforderte aber viel Arbeit mit Feilen und Klingenschablonen, was Zeit kostete.

Der Griff war von geringer Dicke und flach. Trotzdem verlangte die bäuerliche Kundschaft, dass man bei so wenig Platz noch eine *Flamme à saigner* (Aderlassklinge) oder sogar eine Säge unterbrachte. Das war eine echte Herausforderung, die einen sorgfältigen Zusammenbau und perfekt ausgeführte Bestandteile erforderte.

In Thiers waren mehr Marken verbreitet als tatsächliche Hersteller. Erst mit Durchforsten der Buchhaltungsarchive und der Provisionsscheine der Auftraggeber mehrerer Hersteller konnte ich mir ein genaueres Bild von dem Weg

Rouennais mit Stylet-Klinge und runder Entablure (Thiers), um 1920.

der Bestellung zwischen den örtlichen Händlern, dem Eingang bei einem Fabrikanten, an den der Auftrag gerichtet war, und der Einschaltung eines Subunternehmers machen, der den Auftrag ausführte. Meist unter der Marke des Herstellers, der ihm den Auftrag erteilt hatte, manchmal unter der Marke des Wiederverkäufers. Die *Société Générale de Coutellerie et Orfèvrerie* in Thiers, die Messerschmiede Jean Fradal, Duvert Frères und L'Étoile d'Acier von Fourbet-Tarrérias stellten Rouennais, die sie unter ihrer eigenen Marke vertrieben, nicht selbst her. Sie beauftragten Annet Thérias aus Membrun (Montagne Thiernoise) als Subunternehmer mit der Herstellung. Annet Thérias und Delaplace-Retru (Retru-Gros), der andere Spezialist für Rouennais aus Thiers, stellten die Produktion in den 1950er-Jahren ein.

In den 1870er- und 1880er-Jahren wagten es einige Kaufleute aus Nogent, Kopien von Rouennais bei ihren Heimarbeitern herstellen zu lassen. Um sich nicht mit dem runden Talon herumschlagen zu müssen, beschloss man, die Herstellung zu vereinfachen und eine gerade Entablure einzuführen, was bei den Kunden in der Normandie gut ankam.

Das Rouennais erforderte bei der Fertigung größte Sorgfalt. Ein neues Konkurrenzprodukt, einfacher und billiger herzustellen, kam aus Thiers und raubte dem Rouennais jede Zukunftsperspektive, selbst dem Rouennais aus Thiers. In der Normandie nannte man es Pradel, und es konnte all die Aufgaben erfüllen, die Bauern und Viehzüchter von ihrem Messer verlangten: ein Tier zur Ader lassen, das Leder eines Riemens schneiden oder lochen, einen Ast schneiden, um daraus einen Treibstock für Kühe zu machen, und natürlich der Begleiter beim Essen auf dem Feld oder auf dem Bauernhof sein. Die Couteliers, die das Pradel herstellten, bezeichneten es ursprünglich als englisches Messer oder Messer nach englischer Art. Nur die Methoden der damals rein handwerklichen Herstellung machten es nicht gleich zu einem furchterregenden Konkurrenten für das Rouennais.

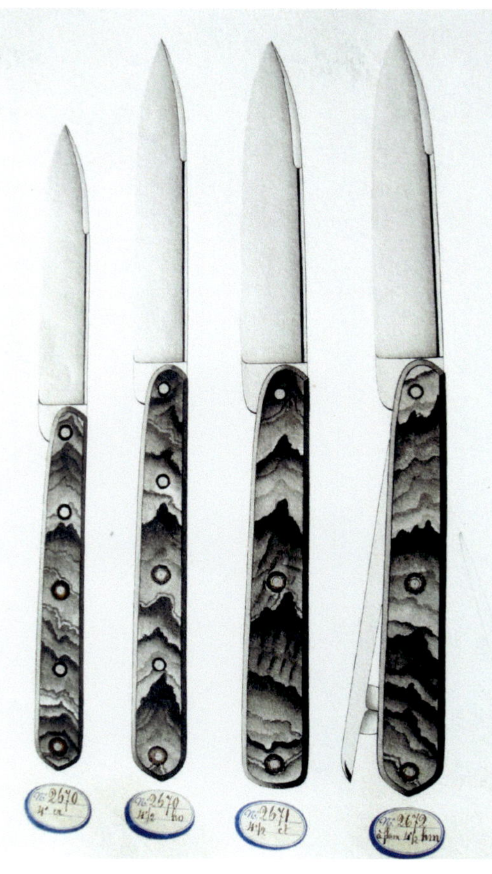

Rouennais mit gerader Entablure, handgezeichnetes Musterbuch des Händlers Thirion, Nogent (Ende des 19. Jahrhunderts).

Aber Georges Pradel überdachte 1920 die gesamte Fertigung des Pradel, rationalisierte sie, um Kosten zu senken und eine konstante Qualität einzuhalten, und führte in der Fertigung eine Reihe von Innovationen ein, die einige alte Gewohnheiten in Thiers entstaubten. Danach eroberte sein Messer die Märkte in der Normandie und der Bretagne. Viele Hersteller aus Thiers kopierten das Modell ihrerseits, manchmal unter

Eine runde Entablure (Kante am Ricasso) erforderte viel Feilarbeit.

Benutzung des Namens Pradel. Und so kam es, dass der Westen Frankreichs dieses praktische, robuste und zudem erschwingliche Messer aufnahm, das dann in den Taschen der Normannen das Rouennais ersetzte. Unabhängig davon, wer auch immer es herstellte, nannte man es im Westen Pradel.

Die Coutellerie in der Manche

Am westlichen Ende der Halbinsel Cotentin, zwischen den Häfen Granville, Avranches und Saint-Lô, lag ein kleines Gebiet, in dem im 18. Jahrhundert berühmte Messer für die Fischerei, die zivile Schifffahrt sowie *Sabres d'abordage* (Entermesser) hergestellt wurden. In Saint-Lô gab es so viele Messerschmiede und Schwertfeger, dass beide Berufsgruppen eine eigene Zunft hatten. In aller Munde war das Sprichwort: „Wer gute Messer haben will, muss nach Saint-Lô gehen!" Im Jahrbuch der Normandie von 1834 ist vermerkt, dass die Coutellerie dort ein altes Gewerbe und ihr guter Ruf zwei Jahrhunderte alt war. Das Komitee, das den Bericht für dieses Jahrbuch verfasste, wies in seiner Sitzung vom 12. Juli 1834 darauf hin, dass die Branche seit 40 Jahren im Niedergang begriffen sei: „Die jungen Arbeiter hatten nicht das Durchhaltevermögen, gegen die großen Betriebe anzukämpfen, die sich an mehreren Punkten Frankreichs gebildet haben. Um diese Industrie wieder zu stärken, müsste man ein Arbeitssystem in der Art von Nogent-sur-Marne gründen, wo alle Teile im Umland hergestellt werden, und zwar oft von Arbeitern, die auch in der Landwirtschaft tätig sind."

Granville war der normannische Hafen, von dem die Kabeljaufischer im 16. Jahrhundert zu den Bänken in Neufundland und zum Sankt-Lorenz-Strom aufbrachen. Zu Beginn des 18. Jahrhunderts verließen 105 große Segelschiffe den Hafen, um ihre langen Fangreisen, die von Februar bis Mai dauern konnten, anzutreten. Granville war der größte Fischereihafen Frankreichs, noch vor Saint-Malo. Für die Ausrüstung der Schiffe bestand ein hoher Bedarf an feststehenden Messern, mit denen die *Piqueurs* und *Trancheurs* den Kabeljau an Bord zerlegten. Nach dem Verlust der meisten französischen Territorien in Amerika erlebte die Fischerei eine schwere Zeit, weil die Engländer die französischen Fischer aus den besten Fanggründen verdrängten. Die Messerschmiede in Saint-Lô, Avranches und

Messer von Séverin Auvray in Avranches (Manche), um 1880. Slg. MCT.

Granville bekamen das zu spüren. Im 19. Jahrhundert verkauften die Messerhersteller für die Hochseefischerei in Tinchebray *(70 Kilometer im Landesinneren, Anm. d. Übers.)* ihre Messer wesentlich günstiger als die Couteliers in Granville am Hafen. Zu Beginn des 19. Jahrhunderts mussten sich die Messerschmiede von Tinchebray dann ihrerseits der Konkurrenz aus Thiers (Pradel, Fradal) und aus den Savoyen (Opinel) stellen. In der zweiten Hälfte des 19. Jahrhunderts lassen sich in Saint-Lô nur noch die Werkstätten von Auguste Thomine und Nicolas Jourdan sowie in Avranches die von Auguste Hallais, François Feuillet und Séverin Auvray aufzählen.

Arbeitskräfte, die für die Hochseefischerei angeheuert wurden, rekrutierten sich ebenso aus der Küstenbevölkerung wie aus der kleinbäuerlichen Landwirtschaft tief in der Bocage. Ein Bauer aus der Manche, der dann als Fischer an Bord ging, hätte sich nicht vorstellen können, auf dem Hof und an Bord zwei verschiedene Messer zu benutzen. Das war für seinen Geldbeutel zu teuer. Sein gebräuchliches, persönliches Messer hatte deshalb eine vorn abgeschrägte Klinge, damit es an Bord auch bei heftigem Seegang keine Gefahr darstellte, bei der er sich oder einen anderen Seemann hätte verletzen können. Das Atelier Séverin Auvray stellte solche Messer für den gemischten Gebrauch her. Diese Modelle hatten ein ganz anderes Aussehen als die bretonischen Messer, obwohl sie für die gleiche Kundschaft bestimmt waren.

Geschäft des Messerschmieds Delaune in Coutances in der Manche (Ende des 19. Jahrhunderts).

Küstenlandschaft der Nord-Bretagne, Pointe de Beg Pol (Finistère).

Musikanten mit den bretonischen Instrumenten Biniou kozh und Bombarde.

DIE BRETAGNE

Von den Winden des Atlantiks umweht und von einer Sonne gestreichelt, die ihre Strahlen sanft über Schiefer und Granit streifen lässt, erwartet die Bretagne Niesel und Nebel, um ihr wahres Gesicht zu enthüllen. Es ist ein starkes Land, das mit seinen Farbwechseln, dem Geräusch des Windes, wenn er über die Felsen streicht und den Ginster streichelt, und dem Gesang der Wellen, die an der Küste zerschellen, zu Poesie und Tiefe führt.

Abel Hugo sagte 1835 über die Bretonen: „Sie haben einfache und umstandslose Sitten. Sie haben eine lebhafte und poetische Vorstellungskraft und eine Art natürliche, warme und überzeugende Eloquenz. Trotz der äußeren Rauheit ist Güte und Empfindsamkeit der eigentliche Charakter des Bretonen. Er liebt sein Land mit Leidenschaft."

Er betonte, dass die Redewendungen viel über die Menschen aussagten, die sie aussprachen: *Au désir de vous revoir* – ich freue mich auf ein Wiedersehen, *au regret de vous quitter* – ich bereue, euch verlassen zu müssen. Abschiedsworte, die auf dem Land verwendet wurden. Wenn das Wetter schön war, sagten die bretonischen Bauern laut Abel Hugo „Es ist süß, heute zu leben", das verriet unserem Reisenden viel über die bretonische Mentalität. Ein Handschlag galt für einen Vertrag. Er schrieb: „Das Wort eines Bretonen ist Gold wert, sagt ein Sprichwort, eine längst erkannte Wahrheit."

In der Bretagne gab es Höfe, auf deren kleinen Flächen Landwirtschaft nur in beschränktem Rahmen betrieben werden konnte. Unter den Obstbäumen war der Apfelbaum eine sichere Investition. Der bretonische Cidre war berühmt und verkaufte sich gut. Er „ertrug das Meer" und konnte konserviert werden, das machte ihn zum Getränk der Seeleute. Mit der Aufzucht einer rustikalen, gut milchgebenden Kuhrasse produzierte man exzellente Butter, die auch außerhalb der Region verkauft wurde. Um sie länger haltbar zu machen, salzte sie der bretonische Bauer.

Hervorragende Ergebnisse lieferte auch der Hanf- und Flachsanbau: Bretonisches Garn war hochgeschätzt und überall in der Bretagne hörte man das Geräusch der Webstühle auf den Bauernhöfen oder in kleinen Werkstätten. Leinenstoffe aus Saint-Pol-de-Léon und Segeltuch aus Locronan genossen besten Ruf. Allein in der Umgebung von Loudéac gab es laut des Dinan-Jahrbuchs von 1834 an die 4000 Webstühle und ebenso viele Weber und Weberinnen. Auch ausgezeichnete Seile wurden in großen Mengen hergestellt. Die Metallindustrie in Morbihan beschäftigte 2000 Arbeiter, darunter Kohlehändler, Bergleute und Schmiede.

Die Bretagne war auch das Land der Seefahrer: Von Saint-Malo fuhren 60 Segelschiffe zum Kabeljaufang auf große Fahrt nach Neufundland, Saint-Brieuc war mit 47 Segelschiffen und 2600 Seeleuten im Jahr 1828 etwas kleiner. Tréguier fischte Makrelen, die Häfen in Finistère mit 850 Schaluppen und 4000 Seeleuten Sardinen, ebenso die Häfen in Morbihan mit 500 Sardinenseglern, die von 2500 Seeleuten besetzt waren. Allein in Morbihan gab der Sardinenfang 400 Frauen Arbeit, die die Sardinen verarbeiteten und in Fässer füllten. Die Produktion belief sich auf 15.000 Fässer und erforderte die Mitarbeit von 100 Küfern. Hinzu kam eine umfangreiche Produktion von Fischöl, das für den Transport in Fässer abgefüllt wurde. Diese umtriebige Bretagne benötigte Messer, sowohl für die Weber und Bauern als auch für die Seeleute.

Wenn man auf dem Tisch eine Landkarte der Bretagne ausbreitet und die Messermodelle der bretonischen Couteliers des 19. Jahrhunderts an ihren Herstellungsorten positioniert, kann man zwei große Gruppen erkennen: die Messer der Nordbretagne und die der Zentral- und Südbretagne. Schematisierend würde man auf der einen Seite die kräftigen und auf der anderen Seite die feineren Messer einordnen.

Zwischen Saint-Malo und Brest wechselt die Küste der Nordbretagne zwischen großen, von Meer und Stürmen geformten Felsblöcken und diskreten, weißen Sandstränden. Die Küstenlinie wird von den Mündungen kleiner Flüsse geprägt, die sich weit ins Landesinnere ziehen, wo sie schließlich in einem Hafen enden. In diesen Häfen entwickelte sich eine eigenständige Coutellerie, die beide, Fischer und Bauern, bediente, die zum Teil die gleichen Messer benutzten.

In der Hochseefischerei wurden die Besatzungen der Segelschiffe für die jeweils mehrere Monate dauernden Fangkampagnen angeheuert. Die Seeleute rekrutierten sich aus der Kleinbauernschaft, die manchmal ziemlich weit im Landesinneren lebte. Was die persönlichen Messer der Seeleute betraf, so war die Wahl eines einzigen Messers eine Entscheidung des gesunden Menschenverstands: Es war ein starkes Messer, das die Tasche nicht beschädigte, den Besitzer und keinen anderen Seemann verletzte und auch auf dem Bauernhof zu verwenden war. Deshalb schmiedeten die Couteliers in der Nordbretagne Klingen mit nach unten weisenden Spitzen, wie den Kopf eines Pottwals. Und sie verkauften die gleichen Messer auch an die Bauern.

In Saint-Malo konnte man sich auf Benic verlassen, Messerschmied von 1840 bis 1878. Er

Segelschiffe für die Hochseefischerei im Hafen von Paimpol (Ende des 19. Jahrhunderts).

Messer mit Buchsbaumgriff von Félix Tardivel in Lambezellec (Brest), um 1860.

Verkaufsstelle des Couteliers Letiec in Dinard, Ille-et-Vilaine (Ende des 19. Jahrhunderts).

schmiedete die Messer der Fischer, aber auch die der *Gabiers* (Matrosen). Bei ihm konnte man auch Seile kaufen. Sein Sohn war ebenfalls Messerschmied und entwickelte auch Eisenteile für die Marine. Der letzte Nachkomme entschied sich für Brillen und Fernrohre.

In den weiter im Landesinneren gelegenen Häfen Morlaix, Guingamp, Lannion und Quimper war die Messerschmiedekunst zwar nur ein Handwerk unter vielen, aber sehr lebendig und handwerklich so gut aufgestellt, dass man die Kundschaft aus Fischern und Bauern bis ins späte 19. Jahrhundert zufriedenstellen konnte. Gründe waren einerseits die Bedeutung der Hochseefischerei, aber auch das Vertrauen in die lokalen Messerschmiede, die die Bedürfnisse ihrer Kunden in einem Umfeld verstanden, das Schwäche nicht verzeiht. Hinzu kam auch ein gewisser Traditionalismus.

Wenn man im 19. Jahrhundert bei den Fischern in Léon, Trégor und Cornouaille an Messer dachte, nannte man einen Namen: die Loisons! In all diesen Orten betrieb diese Familie Messerschmieden. 1794 führte François Loisons in Guingamp eine Schmiede. Sein Sohn, ebenfalls Messerschmiedemeister, trat ab 1830 in den Betrieb ein, bevor ihn der Enkel Étienne Charles Marie Loisons um 1855 übernahm und später vom Schmied zum Messerhändler wurde. In Lannion war Guillaume Marie Loisons 1808 Messerschmiedemeister. 1783 in Guingamp geboren, arbeitete er dort bis 1841. In Morlaix war der in Guingamp geborene Étienne Simon Loisons 1828 als Messerschmied tätig. Sein Sohn Victorin François Marie Loisons trat seine Nachfolge an. Louis Guillaume Marie Loisons, 1821 in Lannion geboren, war um 1848 in Quimper Messerschmied, bevor er von Auguste Justin Loisons abgelöst wurde. 1858 war Hugues Émile Loisons, 1827 in Lannion geboren, Messerhändler in Lorient, bevor er in späteren Urkunden als Händler und Hersteller von Besteck bezeichnet wurde. Die Marke *Au Trident, Loisons* war so bekannt, dass andere bretonische Messermacher gegen Ende des 19. Jahrhunderts den Fabrikant Sauzède-Angély in Thiers baten, Messer *façon Loisons* (nach Loisons-Art) für sie herzustellen.

Messer von Marie in Landerneau (Finistère), um 1905.

Messer von Lalès in Guingamp (Côtes-d'Armor), um 1870.

Messer Guingamp, Fourbet-Tarrérias, Thiers (Anfang des 20. Jahrhunderts).

Die Familie Marie war eine weitere Messerschmiedefamilie, die in Trégor viele Messer herstellte. Jean-Marie Marie, Sohn eines Landwirts, wurde 1839 in Morlaix geboren und schmiedete dort um 1860 Messer. Sein Sohn Yves Marie, der ab 1880 tätig war, und sein Enkel Louis Ferdinand, der ab den 1920er-Jahren aktiv war, stellten ihre Messer nicht mehr selbst her, sondern vergaben die Herstellung an Sauzède-Angély in Thiers, der die Messer in Heimarbeit herstellen ließ. Diese Messer wurden nach einem Modell angefertigt, dessen Zeichnung ihm als Anlage zu einem Schreiben übermittelt worden war, das ich bei seinen Erben einsehen konnte. Louis Ferdinand Marie schrieb auf sein Ladenschild *Marie armurier-coutelier* (Büchsenmacher). Die Zeit der Messerherstellung in der Bretagne war damit nur noch eine Erinnerung.

In Guingamp verzeichneten die Archive für das Jahr 1841 vier Messerschmiede: die von Jean Marie Loisons, Maître-Coutelier, unterstützt von seinem Ouvrier-coutelier François Nau und Emile Loisons als Lehrling. Weiterhin die von Félix Monin, Louis Faussais und Baptiste Thomas.

1896 wurde bei dem Coutelier Sauzède-Angély ein Messer namens Guingamp bestellt. Es tauchte mehrfach in den Orderbüchern auf und war später, in den 1920er-Jahren, immer unter dem gleichen Namen in den Büchern von Fourbet-Denisard und von Tarrérias Frères zu finden. Etwa zehn Jahre später tauchte es unter dem Namen Rifain wieder auf. Der Messerschmied hatte aus kommerziellem Opportunismus die Messerbestandteile wiederverwendet und dabei mit dem Thema des Rifkriegs gespielt.

In Morlaix konnte man 1876 in den Registern die Namen Jacques Lourcé, Pierre Leroux, Charles Talabardon, Denis Mer, Alexis und Jean Marie lesen, ohne dass erwähnt wurde, welche von ihnen Schmiede oder Wiederverkäufer waren. Einige Schwierigkeiten hatte ich bei der Schneidwarenindustrie der Süd- und Mittelbretagne. Es scheint, dass die Hersteller in Thiers dort früher in den Markt eingedrungen waren. Wenn man in den Archiven der Fabrikanten in Thiers recherchiert, findet man bei vier oder fünf von ihnen Modelle, die für den Verkauf in der Bretagne bestimmt waren: das Nantais, das Petit-Breton und das Fénerol, wobei letzteres von dem Messerschmied Fénerol, aber auch von Brossard, Véritable Poudrille und Vennat auf den Markt gebracht wurde. Alle diese Modelle hatten eine Stylet-Klinge und waren eher schlank und klein. Es ist anzunehmen, dass sich diese Messer besser für die ländliche Arbeit eigneten und sich vielleicht auch in Weberhänden wohl fühlten. Die

Messer von Saout in Morlaix, Finistère (Anfang des 20. Jahrhunderts).

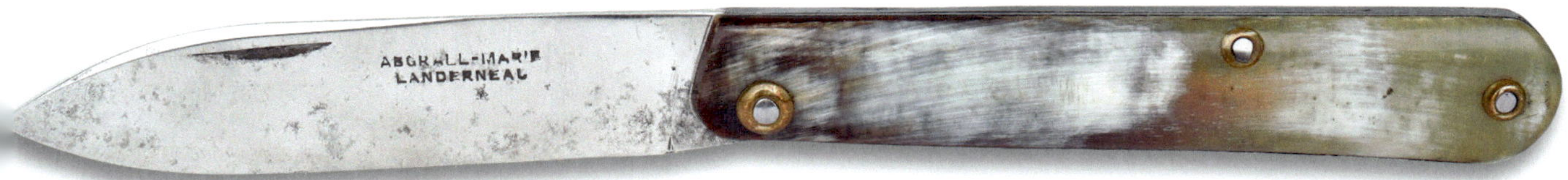

Messer von Abgrall-Marie in Landerneau (Finistère), um 1925.

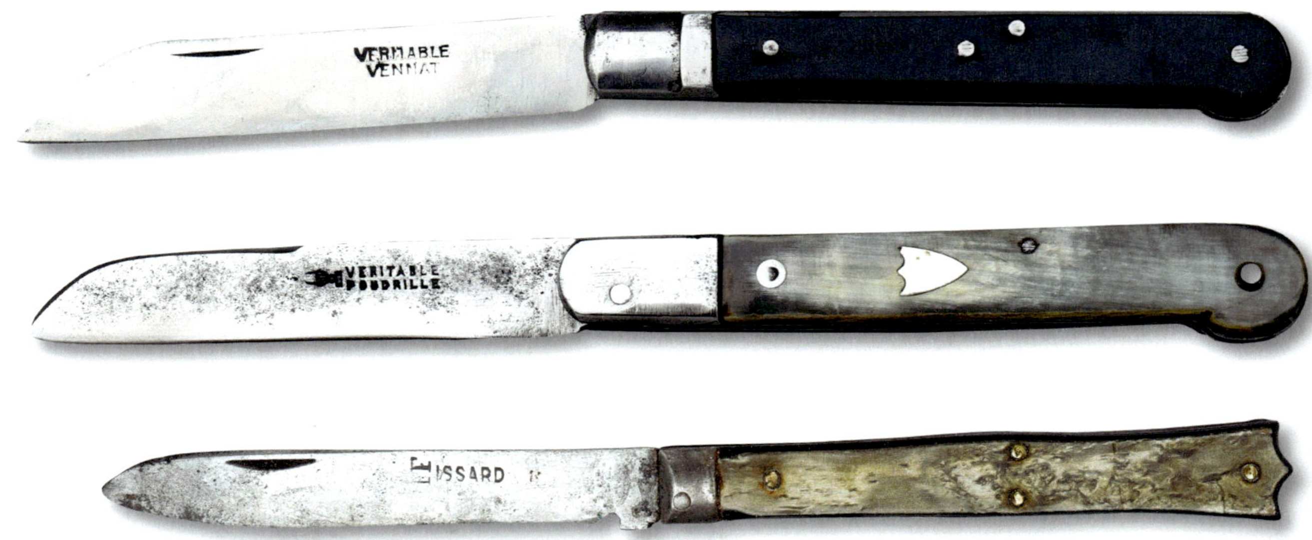

Messer aus Thiers, die in der Mitte und Süd-Bretagne verkauft wurden. Fénerols gemarkt mit Vennat bzw. Poudrille und ein Messer mit Hermelin-Griff der Marke IT Issard.

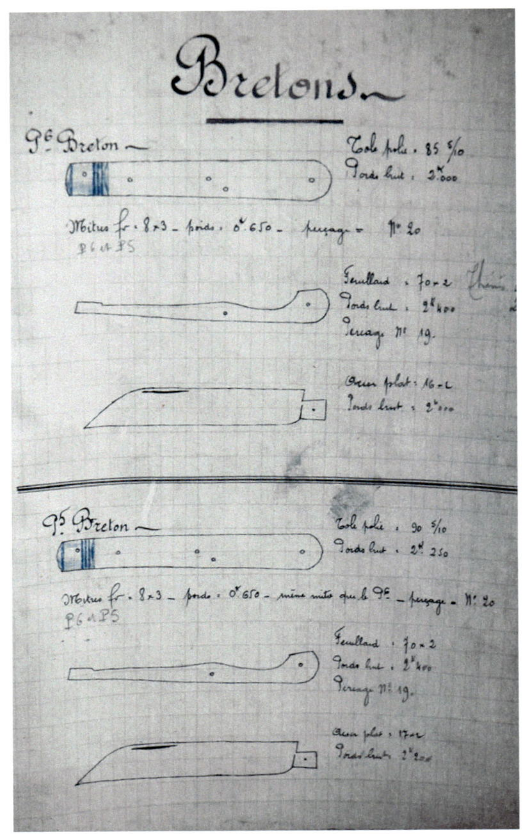

Bretons

Gd Breton

Tole polie : 85 5/10
Poids brut : 2k000

Mitres fer : 8×3 – poids : 0k650 – perçage = N° 20
P6 et P5

Feuillard : 70×2
Poids brut : 2k400
Perçage N° 19.

Acier plat : 16×2
Poids brut : 2k000

Pt Breton

Tole polie : 90 5/10
Poids brut : 2k250

Mitres fer : 8×3 – poids : 0k650 – même mitre que le Gd – perçage = N° 20
P6 et P5

Feuillard : 70×2
Poids brut : 2k400
Perçage N° 19.

Acier plat : 17×2
Poids brut : 2k200

Kalkulation für die Herstellung von Breton oder Nantais, handschriftliches Notizbuch Forges Tarrérias (Thiers), ca. 1930.

Frage nach einem echten Messerschmied in der Region muss derzeit unbeantwortet bleiben. Die Bretonen haben sich auch ein Messer angeeignet, das sie für ihr eigenes halten, so oft war es ab den 1920er-Jahren auf bretonischen Bauernhöfen in Gebrauch. Es war robust, lag gut in der Hand und schnitt gut. Einige Modelle waren mehrteilig. Es hieß Pradel und wurde von dem Thiernoiser Fabrikanten Pradel hergestellt, der es in die Bretagne exportierte. Es wurde sehr schnell von einem ganzen Rattenschwanz von Herstellern kopiert, die es unter ihren Markennamen produzierten. Pradel fand keine rechtliche Handhabe gegen diese Flut von Imitaten. Man argumentierte, dass sein Modell englisch inspiriert sei und er daher kein geistiges Eigentum beanspruchen könne. Bizet, der ein identisches Modell herstellte, nannte es *Couteau anglais* (englisches Messer). Auf den Briefköpfen der Messerschmiede Pradel und Bizet stand übrigens Ende des 19. Jahrhunderts bei dem einen „Spezialität Seemannsmesser englischer Art“ und bei dem anderen „Messer im englischen Stil“. Auch ein Messer namens London war bei bretonischen Seeleuten und Touristen sehr beliebt. Mehr davon in einem anderen Kapitel, das sich speziell mit dem Meer befasst.

Petit-Breton oder Nantais, Pradel-Barnerias (Thiers).

TOURAINE UND ORLÉANAIS

Als ich in den Notizbüchern von Fourbet-Denisard, einem Grossisten für Schneidwaren in Crépy-en-Valois im Departement Oise, die Erwähnung eines Messers fand, das als Tourangeau angepriesen wurde, war ich auf den ersten Blick skeptisch. Ich kannte die Form dieses Messers, das in mehreren Thierser Katalogen aus den 1920er- und 1930er-Jahren abgebildet war, aber in diesen Katalogen war lediglich eine Inventarnummer angegeben, ohne den Anspruch auf eine territoriale Bindung zu erheben, was in Thiers aber häufig der Fall war. Das Modell eines Messers lebte fort, ohne dass man sich darum kümmerte, woher die Form des Messers stammte. So entstand eine Bibliothek von Messermodellen, die keinen Namen hatten, von allen kopiert wurden und in alle Regionen verkauft wurden.

Ich fragte mich, wieviel Glauben ich dem Anspruch, es sei aus Tours, schenken sollte und wollte mehr über die Geschichte der Person erfahren, die dieses Messer territorial verankerte: es war ein gewisser Auguste Joseph Fourbet. Also

Winzermesser mit Buchsgriff von Valentin Méon in Bléré (Touraine), um 1860.

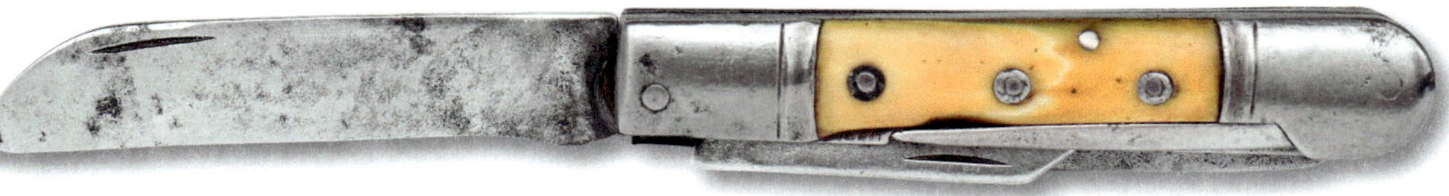

Tourangeau, unleserliche Marke (Thiers), um 1900.

Die Schmiede der Coutellerie Berthelot, Orléans.

machte ich mich auf in die Vergangenheit, um herauszufinden, mit wem ich es zu tun hatte.

Maurice Auguste Fourbet wurde 1854 in Blois geboren, wo er auch heiratete. Unser Mann lebte zwischen 1880 und 1883 in Tours, wo seine beiden Töchter geboren wurden, und anschließend in Château-Renault, nordöstlich von Tours.

Marke von Huau in Blois auf dem Talon in gotischen Buchstaben.

Tourangeau, Coutelier Huau in Blois (Anfang des 19. Jahrhunderts).

Positiv: Dies war sein Gebiet und er kannte die Messer dort. Sein Wohnort wechselte häufig, da er als *Courtier en coutellerie* tätig war. Das heißt, er nahm Bestellungen entgegen und vermittelte zwischen Messerschmieden und Herstellern, bei denen er die Kommissionen zur Anfertigung der Messer nach Marke und Modell des Kunden platzierte, wobei er mit dem Lieferanten den besten Preis aushandelte.

Anstatt nur Vermittler zu sein, baute er sich ein Portfolio von Messerschmieden in Thiers, Nogent und Laguiole auf, aus dem er Modelle auswählte, mit denen er einen Katalog mit Handzeichnungen von jedem Messer erstellte. 1896 verließ er die Touraine, um sich in Crépy-en-Valois als Großhändler für Besteck niederzulassen. Jetzt verkaufte er Modelle, die er in eine eigene gedruckte Preisliste aufgenommen hatte. Über François Tarrerias, einer der Hersteller, mit denen er zusammenarbeitete und der sein Prokurist wurde, ließ er beim Handelsgericht in Thiers die Marke *L'Étoile d'Acier* eintragen. In dem Stern waren die beiden Buchstaben FD, Fourbet-Denisard, sein Familienname und der seiner Frau, abgebildet.

Im Jahr 1923 war das Familienunternehmen noch in Crépy-en-Valois tätig. 1924 wohnte sein Sohn Maurice, der in Châteaudun geboren war und die Tochter von François Tarrerias geheiratet hatte, mit seiner Frau Julie in Celles-sur-Durolle in den Bergen von Thiers in Moulin-Neuf. Dieser erbte die Marke *L'Étoile d'Acier*, und der Firmenname änderte sich in Fourbet-Tarrérias. Der Sohn änderte die Initialen im Inneren des Sterns und ersetzte sie durch FT.

Da die Familie Fourbet einen großen Teil ihres Lebens in der Touraine verbrachte, kann man ihr die Bezeichnung Tourangeau (aus der Touraine), mit der sie ein Messer bezeichnete, zubilligen. Das Tourangeau war ein Messer mit

Messer, das von Fourbet-Denisard als Orléanais bezeichnet wurde (Ende des 19. Jahrhunderts).

Stylet-Klinge, zwei langen Mitres und rundem Griffende. Man fand es in Thiers ohne eine territoriale Bezeichnung in den Katalogen mehrerer Hersteller.

1698, nach der Aufhebung des Edikts von Nantes, verließen viele Weber der Touraine Frankreich. Da die Seiden- und Tuchherstellung viele Menschen beschäftigte und für die Messerschmiede ein erhebliches Einkommen darstellte, schränkte das ihr Tätigkeitsfeld stark ein. Die Besteckherstellung in Tours hatte bis Anfang des 18. Jahrhunderts eine Blütezeit erlebt. Im Jahr 1776 gab es in Tours noch zwölf Maîtres-Couteliers. Bis 1787 war deren Zahl bereits auf neun gesunken. Es hieß, dass die Qualität ihrer Klingen gut sei, auch chirurgische Instrumente, Werkzeuge für Weber und die Strickwarenindustrie genossen einen guten Ruf.

Der Niedergang der Coutellerie in Tours wurde durch den Aufstieg der Messerherstellung in Blois gegen Ende des 18. Jahrhunderts verursacht. Dort waren 1836 in den Registern zehn Namen von Messerschmieden verzeichnet.

Im Jahr 1841 beschäftigte Jean Chirouze drei Arbeiter, Barrais Gaillard und Méthinier je einen, Alexandre Broucheau und Étienne Blanchet ebenfalls. Außerdem gab es vier unabhängige Messerschmiede, Girard, Bredon, Goumaille und Huet. Ab diesem Zeitpunkt nahm die Zahl der Messerschmiede in Blois jedoch beständig ab: 1851 waren es noch drei und 1876 nur zwei. Dieser Rückgang stand im Zusammenhang mit der steigenden Zahl von Verkäufen, die von Fabrikanten aus Thiers und, wenn auch in geringerem Maße, aus Nogent und Langres getätigt wurden. In Blois fielen mir zur Zeit des Ersten Kaiserreichs die Messer von François Jean Baptiste Huau auf, die den in Tours hergestellten Messern ziemlich ähnlich waren und von Maurice Auguste Fourbet-Denisard als Les Tourangeaux bezeichnet wurden.

In Amboise war 1780 eine Manufaktur für Feilen aus mineralisch gehärtetem Stahl gegründet worden, die 160 Arbeiter beschäftigte, jährlich etwa 20.000 Feilen herstellte und auf Weltausstellungen Auszeichnungen erhielt.

Auch Orléans hatte seine Glanzzeit mit mehreren renommierten Werkstätten. Unter den Messern, die Maurice Auguste Fourbet herstellen ließ, gab es eines, dem er den Namen Orléanais gab. Es war ein Messer mit einer länglichen Stylet-Klinge, die über die Längsachse hinaus nach unten zeigte und in einem Griff *goût arrière* (nach oben gezogen) endete. Da er dort gelebt und seine Zeit damit verbracht hatte, die Touraine und das Orléanais zu bereisen und mit den örtlichen Messermachern in Kontakt war, denke ich, dass man ihm auch hier Glauben schenken kann, wenn er dieses Messer Orléanais nannte.

Orléanais im handgemalten Katalog von 32 DUMAS (Thiers), 1895.

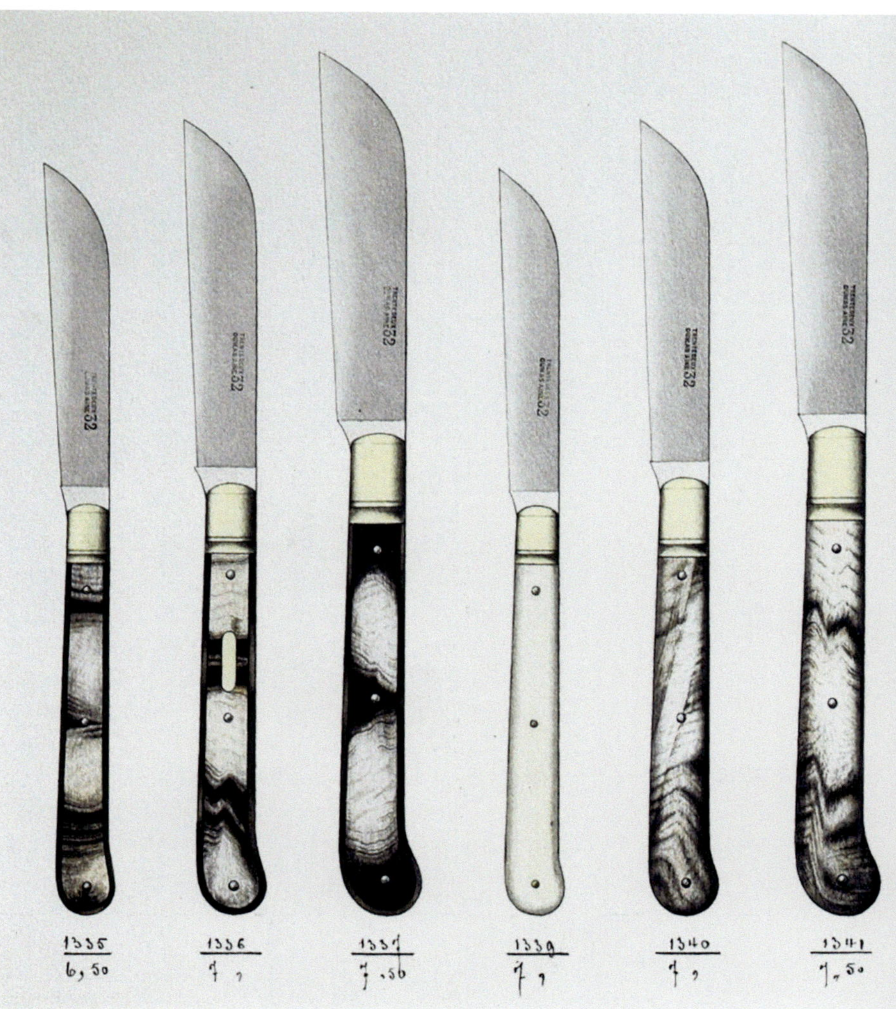

BRESSUIRE

Im 19. Jahrhundert drehte sich in der Region Deux-Sèvres alles um die Verarbeitung tierischer Produkte. Die Verarbeitung von Leder und Häuten, die *Chamoiserie* (weiches Leder für Handschuhe), die *Mégisserie* (Weißgerbung) und die *Ganterie* (Handschuhherstellung) wurden laut Abel Hugo zu einem bemerkenswerten Grad von Perfektion gebracht. In Niort und Umgebung gab es auch eine beachtliche Schuhfabrikation.

Bressuire lag auf einem Hügel über dem Fluss Argenton und war eine bedeutende Messestadt für den Handel mit Vieh, Pferden, Maultieren und Mauleseln.

1836 gab es in Bressuire drei Messerschmiede, nämlich die von René Seissenay, 56, Auguste Chabauly, 20, und Pierre Cheveau, 59, mit seinem Sohn Henri, 20, als Arbeiter betrieben wurden. Dort wurde das Bressuire, ein schlankes, längliches Messer mit Stylet-Klinge und einem Griff, der wie ein Saiteninstrument gekurvt war, hergestellt. Als seine Produktion in Thiers begann, bekamen das die lokalen Hersteller zu spüren und verschwanden daraufhin.

Eressuire, unleserliche Marke (19. Jahrhundert).

BAS-POITOU UND AUNIS-SAINTONGE

Von Ancenis an der Loire in der Marche der Bretagne *(der alten Grenze zwischen der Bretagne und Frankreich, Anm. d. Übers.)* bis nach Marans, dem Tor zum Aunis, habe ich eine Messerform angetroffen, sowohl einteilig, zweiteilig (Klinge und Säge) oder mehrteilig, dessen Griff auf charakteristische Art endet: ein nach unten gekehrter *goût-arrière*, den man als *goût-avant* bezeichnen könnte, also ein in eleganter Kurve nach unten gerundetes Griffende. Die Griffe waren flach und nicht sehr dick. Bei den älteren Modellen wurde der Griff in Handarbeit gefertigt und bestand aus abgeflachtem Horn mit dünnen, handgeschnittenen Messingeinlagen und einer mittleren Mitre zur Verstärkung des Horns. Die Hauptklinge war vom Typ Stylet mit abgerundeter Spitze. Dieser Messertyp wurde insbesondere von Marie Alfred Baptiste Paillé um 1870 in Marans hergestellt. Sein Vater war Messerschmied in Fontenay-le-Comte, einem Marktflecken am Oberlauf der Vendée, einem Nebenfluss der Sèvre niortaise, die kurz vor Marans mündet.

Die Île de Ré liegt zwischen dem Pertuis Breton und dem Pertuis d'Antioche. Das sind zwei

Mehrteiliges Messer, Paillé in Marans (Charente-Maritime), um 1870.

Saint-Martin, Marke unleserlich, identisch mit denen im Katalog von Vauzy, Thiers (19. Jahrhundert).

ausgedehnte Meeresplateaus, die beladenen Segelschiffen als geschützte Ankerplätze dienten, weil Schiffe mit großem Tiefgang bei Tide nicht voll beladen auf der Charente fahren oder in den Hafen von La Rochelle einlaufen konnten. Saint-Martin-de-Ré diente als „Leichter Hafen", in den die *Chalands* (Schiffstyp mit flachem Boden) kamen, um die zusätzliche Ladung aufzunehmen.

Der Hafen von Saint-Martin-de-Ré beherbergte die Lotsen, die Schiffe der Küstenschifffahrt und die Leichter, die zu den Handelsseglern pendelten, um sie zu be- oder entladen. Saint-Martin war gewissermaßen ein Zwischenlager der Kolonien für die Häfen von La Rochelle und Rochefort. Im Jahr 1836 gab es in Saint-Martin-de-Ré eine einzige Messerschmiede, die bis 1877 aktiv war: die von Louis Mathurin Babin. Dieser Kunsthandwerker und Messerschmied war der Sohn eines Messerschmieds aus Mauzé im Departement Deux-Sèvres. In dieser Hafenstadt lebten Seeleute, Weinbauern und Küfer. Auf zahlreichen Weinbergen wuchsen Trauben, die zum Teil zu Likör und Eau-de-Vie verarbeitet wurden.

Der Ursprung des Messers, das als Saint-Martin bezeichnet wird, ist problematisch. Trotz Recherchen in Archiven und der Durchsicht regionaler Wirtschaftsalmanache konnte ich keinen Herkunftsort für dieses Messer finden. Die Schwierigkeiten wuchsen bei der Überprüfung der Messer, die von Herstellern in Thiers unter dem Namen Saint-Martin verkauft wurden. Zum Anfang des 20. Jahrhunderts waren die Hauptproduzenten Vauzy, Barnérias, 716 Véritable Édouard, Mure und 74 Saint-Joanis. Während sich einige Messer etwas ähnelten, hatten andere geradere Griffe, die in einem angedeuteten Bec de corbin endeten, während wieder andere eher wie gerade Laguioles aussahen oder facettierte oder gewölbte Mitres besaßen. Diese Vielfalt verwirrt schnell, da alle den Namen

Nollet aus Montendre (Charente-Maritime), um 1880.

Saint-Martin trugen. Bezogen sie sich alle auf denselben Ort oder gab es mehrere Dörfer dieses Namens, nach denen die verschiedenen Messer benannt waren?

Man kann eine alternative Methode heranziehen, indem man nach den Zielorten bei der Vermarktung sucht. Madame Saint-Joanis, bei der ich die Aufzeichnungen von Robert Saint-Joanis einsehen konnte, erinnerte sich, dass das Unternehmen das Messer hauptsächlich im südlichen Zentralmassiv, in der Lozère, der Haute-Loire und den Cevennen verkaufte, aber auch an einige Verkäufe in die Vendée und die Charente-Maritime. Es wäre wahrscheinlich, dass Handelsreisende, die sich den Namen des Messers zunutze machten, es aus kommerziellem Interesse in Gegenden platzierten, in denen es ein Dorf mit Namen Saint-Martin gab, und es so als das Messer des Ortes ausgaben.

Aus der Menge der in Frage kommenden Messer stach ein Modell hervor, das im Katalog des Herstellers Vauzy in Thiers als Saint-Martin bezeichnet wurde. Es war ein kleines Messer in gedrungener Form, mit einer langen Mitre und einem flachen Griff, der in einer Rundung endete. Es unterschied sich von den anderen Saint-Martin-Modellen aus Thiers, und man hätte fast meinen können, dass es für Seeleute bestimmt war. Sich vorzustellen, dass Saint-Martin-de-Ré seine Heimat war, würde zwar zu weit führen, die Hypothese bleibt jedoch offen. Es besitzt eine gewisse Ähnlichkeit mit den Messern, die in Montendre in der Charente-Maritime, nicht weit von Saint-Martin-de-Ré, hergestellt wurden.

In Montendre wurden Weinreben für die Herstellung von Eau-de-Vie und Likör angebaut. Cognac kaufte ihnen einen Teil der Ernte für deren eigene Destillation ab. Maximin Nollet schmiedete hier in den 1840er-Jahren ein Messer mit flachem Griff, rundem Griffende, profilierten Rosetten und einer breiten Klinge mit nach unten fallender Spitze. Ab 1875 arbeitete sein Sohn, Émile Nollet, als Lehrling und später als Messerschmied in der väterlichen Werkstatt. Maximin starb 1896, und sein Sohn trat die Nachfolge an.

Maritime Szenen im Hafen von Saint-Martin-de-Ré (Charente-Maritime).

Die Messer im Norden und Osten

PICARDIE UND NORD-PAS-DE-CALAIS

Lange suchte ich nach einem Messer, das den Typus im Norden charakterisiert, und fand es in den Kartons alter Korrespondenz bei Sabatier Frères in Thiers. In dem Schreiben des Couteliers Moleux in Boulogne-sur-Mer, das genaue Anweisungen und eine Skizze enthielt, bat er um die Wiederauflage eines Messers, das sich in diesem Gebiet verkaufen ließ, und bestellte davon sechs Dutzend.

„Ich wünsche, dass die Klingen überall die gleiche Breite haben, sowohl unten als auch oben. Ich gebe Ihnen eine kleine Zeichnung, damit Sie es verstehen. Die Klinge ist überall gleich breit und steht mit dem Griff gerade. Dieses Genre muss man herstellen." Dieses Messer wurde auch als mehrteiliges Modell bei Parapluie in Thiers hergestellt, der mit seinen Messern im Norden Frankreichs stark vertreten war.

Das französische Flandern, Teil des französischen Hennegau, und das Cambrésis bildeten das Departement Nord. Ludwig XIV hatte sie 1678 im Zuge des Vertrags von Nimwegen zurückerhalten. Abel Hugo sagte 1835 über die Einwohner: „So verändert sich die phlegmatische Stimmung, je weiter man vom Norden in den Süden des Departements hinabsteigt, und bildet einen Kontrast, der nicht ohne Interesse ist, in einigen Teilen des Arrondissements Cambrai zeigen die Einwohner bereits einige Züge der picardischen Lebendigkeit."

Das Cambrésis ist eine der ältesten Provinzen Frankreichs. Seine Wirtschaft wurde lange Zeit von Textilindustrie und einer Landwirtschaft auf kreideführenden Böden dominiert, in dem Weizen und Rüben angebaut wurden. In vielen Dörfern des Cambrésis war die *Mulquinerie* (Leinenweberei in Heimarbeit) die Hauptbeschäftigung. *La Batiste*, das feine Leinen, wurde in Kellern gewebt, um die Raumfeuchtigkeit zu nutzen, damit die Fäden nicht rissen. Licht kam durch ein großes Fenster, das *Bahotte,* herein. Viele dieser Lichtschächte sind noch heute erhalten. Ein anderes Messer trug den Namen Picard. Es war in den Notizbüchern von Fourbet-Denisard aufgeführt und wurde in Thiers hergestellt, aber lokale Produktionsstätten konnte ich nicht ermitteln.

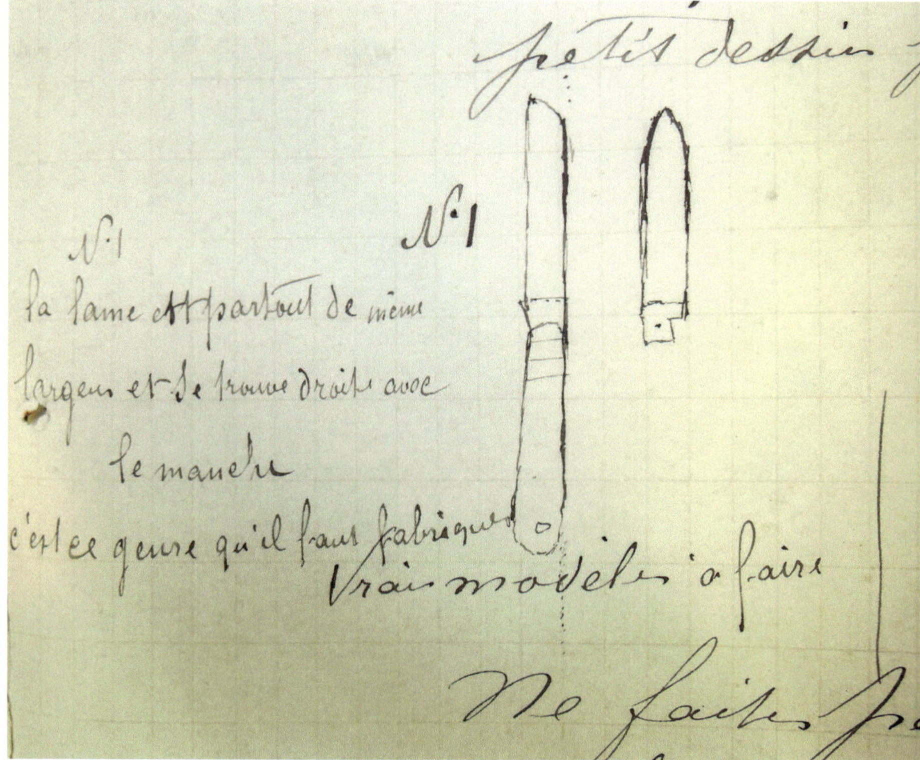
petits dessin
N°1
N°1
la lame est partout de même
largeur et se trouve droite avec
le manche
c'est ce genre qu'il faut fabriquer
Vrai modèle à faire
Ne faites pa

Brief eines Messerschmieds aus Boulogne-sur-Mer (Pas-de-Calais) aus dem Jahr 1891 mit der Zeichnung eines Messers, das Sabatier (Thiers) herstellen sollte. Sammlung MCT.

Die Coutellerie von Iwuy

In einer kleinen Stadt nahe Cambrai wurde nach dem Ende des Ersten Kaiserreichs von einem belgischen Messerschmied aus Gembloux, einer Messerschmiedestadt *d'outre-Quiévrain* (Belgien aus französischer Sicht), eine Messerproduktion aus dem Nichts heraus gegründet. 1887 schrieb Abbé Dehaisnes in seiner Geschichte von Iwuy: „Die meisten Einwohner leben von der Landarbeit, das Gebiet ist nicht groß genug, um alle Menschen zu beschäftigen, mehr als 1200 sind gezwungen, außerhalb des Ortes Arbeit zu suchen, die sie im Ort nicht finden können."

1883 beherbergte Iwuy bei 3900 Einwohnern eine Brennerei, eine Seilerei, sechs Brauereien,

In Norden Frankreichs verkauftes Messer, identisch mit dem Modell aus dem Brief von 1891.

drei Nagelschmiede, 22 Stuhlhersteller und sechs Maîtres-Couteliers. Camille Pagé wandte sich an den Bürgermeister von Iwuy, um von einem kompetenten Zeugen Informationen über die Aktivitäten der Gemeinde zu erhalten. In den Kartons des Privatarchivs von Camille Pagé fand ich die Antwort in einem Brief, den ihm dieser geschrieben hatte:

Iwuy, den 10. Dezember 1891
Mein lieber Kollege!
Ich habe die Ehre, Ihnen die Informationen zukommen zu lassen, die ich mir über den Ursprung und die Bedeutung der Messerschmiedekunst in unserer Gemeinde beschaffen konnte. Der erste, der in Iwuy eine Messerschmiede gegründet haben soll, war Belgier. Martin Jean-Baptiste wurde in Gembloux, Provinz Namur, Belgien, geboren und ließ sich 1816 in Iwuy nieder.

Einige Jahre später heiratete er ein Fräulein aus Iwuy und begann, seiner Werkstatt etwas mehr Bedeutung zu verleihen. Er bildete Arbeiter aus der Gemeinde aus und nach etwa zehn Jahren gewann seine Werkstatt an Bedeutung. Er beschäftigte etwa 15 Arbeiter. Um 1828 trennte sich Désiré Margerin, einer von Martins Arbeitern aus Iwuy, von ihm und gründete eine eigene Werkstatt, die florierte, während Martins Werkstatt schrumpfte. Heute gibt es Martin nicht mehr, Margerin auch nicht mehr, aber sie werden durch andere ersetzt. Herr Legros-Brachat beschäftigt etwa 15 Arbeiter, Herr Houriez etwa zehn und Herr Dupuis fünf bis sechs.

Es ist zu beachten, dass in diesen Werkstätten nur sechs Monate lang gearbeitet wird. Sobald der Mai kommt, verlassen alle Arbeiter von Iwuy, Messerschmiede und Stuhlhersteller, die Werkstatt, um in ganz Frankreich Rüben zu hacken, zu ernten und zu roden. In Iwuy werden vor allem gewöhnliche Schneidwaren, Taschenmesser für die Arbeiter und Tafelmesser mit Horngriff hergestellt. Tafelmesser mit Holzgriff werden zwar ein wenig, aber nicht in Iwuy selbst angefertigt. Diese Industrie ist unverändert geblieben, ihre Bedeutung hat sich in den letzten 50 Jahren nicht verändert.

Auf der Suche nach Informationen über das Verkaufsgebiet dieser Messer traf ich Herrn Legros-Brachat, der mir sagte, dass seine Messer kaum aus einigen Departements in Nordfrankreich herauskämen. Er sagte mir jedoch, dass er mit Herrn Pagé aus Châtellerault Geschäfte mache, bei dem Sie sich aus erster Hand über die Art von Messern, die in Iwuy hergestellt werden, informieren könnten.

Eine Unpässlichkeit war der einzige Grund für die Verzögerung, die ich Ihnen mit der Auskunft gegeben habe. Nichtsdestotrotz können Sie über mich verfügen, wenn Sie mich brauchen, und bitte glauben Sie mir, dass ich Ihr ergebener Kollege bin.
Gezeichnet. Niéret.

Brief des Bürgermeisters von Iwuy an Camille Pagé, datiert 1891. Sammlung MCT.

Iwuy le 10 Xbre 1891.

Monsieur & cher Collègue

J'ai l'honneur de vous adresser les renseignements que j'ai pu me procurer, sur l'origine et l'importance de la Coutellerie dans notre Commune.

Le premier qui aurait fondé un atelier de Coutellerie à Iwuy était Belge. Martin Jean-Baptiste né à Gembloux province de Namur, Belgique, vint s'installer à Iwuy en 1816. quelques années après, il épousa une Demoiselle d'Iwuy et commença à donner un peu plus d'importance à son atelier

à Mr le Maire de Naintré

Am 15. Oktober 1895 wandte sich Joseph Rousselon, Nachfolger des Thiernoiser Besteckherstellers Forest-Garnier, an Herrn Gallion, einen seiner Kunden in Douai, und bat ihn, ihm Muster von Iwuy-Messern zu schicken, um davon Kopien anfertigen zu können: „Ich warte immer noch auf die Muster von Iwuy-Messern und Sie wären verpflichtet, sie mir sofort zu schicken,

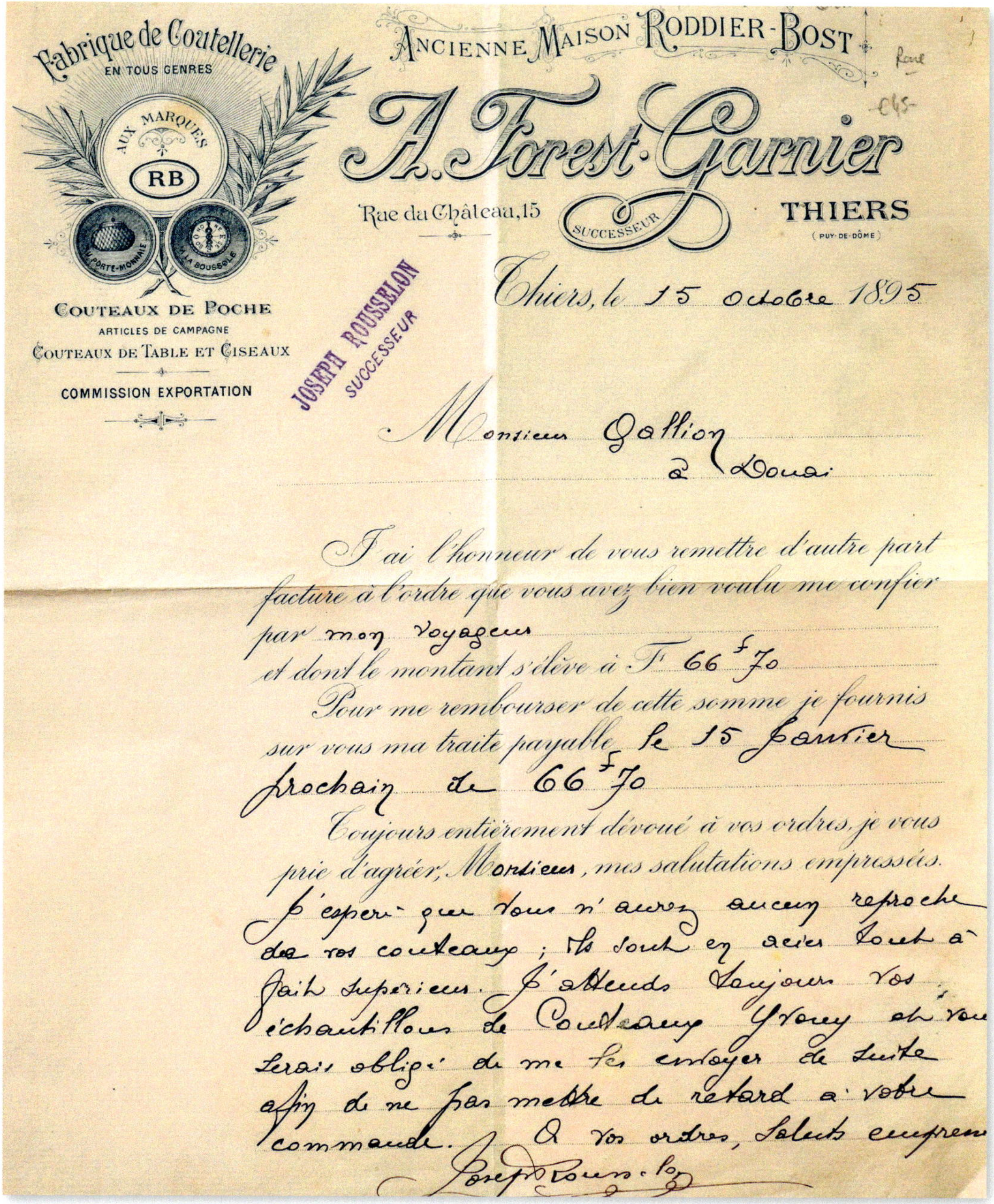

Fabrique de Coutellerie
EN TOUS GENRES
AUX MARQUES
RB
AU PORTE-MONNAIE
LA BOUSSOLE
COUTEAUX DE POCHE
ARTICLES DE CAMPAGNE
COUTEAUX DE TABLE ET CISEAUX
COMMISSION EXPORTATION

ANCIENNE MAISON RODDIER-BOST
A. Forest-Garnier
Rue du Château, 15
SUCCESSEUR
THIERS
(PUY-DE-DÔME)

JOSEPH ROUSSELON
SUCCESSEUR

Thiers, le 15 octobre 1895

Monsieur Gallion
à Douai

J'ai l'honneur de vous remettre d'autre part facture à l'ordre que vous avez bien voulu me confier par mon voyageur et dont le montant s'élève à F 66 f 70

Pour me rembourser de cette somme je fournis sur vous ma traite payable le 15 Janvier prochain de 66 f 70

Toujours entièrement dévoué à vos ordres, je vous prie d'agréer, Monsieur, mes salutations empressées.

J'espère que vous n'aurez aucun reproche des vos couteaux; ils sont en acier tout à fait supérieur. J'attends toujours vos échantillons de Couteaux Ywuy et vous serais obligé de me les envoyer de suite afin de ne pas mettre de retard à votre commande. A vos ordres, Salutations empressées

Joseph Rousselon

Brief von Joseph Rousselon (Thiers), datiert 1895, in dem er um die Zusendung von Messern aus Iwuy bittet, um sie zu kopieren.

um Ihre Bestellung nicht zu sehr zu verzögern. Zu Ihren Diensten, mit freundlichen Grüßen, Joseph Rousselon."

Thiers produzierte also auch mit Iwuy gekennzeichnete Messer, allerdings ohne weitere Benennung, sodass Kenner die Herkunft aus der Auvergne feststellen konnten.

1906 fand ich in Iwuy nur elf hauptberufliche Couteliers, wobei unklar ist, ob sie Arbeiter oder Selbständige waren: François Prévost (geb.

Messer von Fourbet aus Riberon (Thiers), genannt Le Picard (Ende des 19. Jahrhunderts).

Taschenmesser wurden in Nontron vollständig in Handarbeit hergestellt.

1853), Jules Hainaut (geb. 1872), Jean-Baptiste Dagniaux (geb. 1856), Arthur Dagniaux (geb. 1875), Ernest Guidez (geb. 1858), Arbeiter bei Houries, Henri Bruniau (geb. 1859), Edmond Afflard (geb. 1871), Juvénal Houries (geb. 1862), Jean-Baptiste Salez (geb. 1825), Adolphe Carliez (geb. 1872) sowie Joseph Tranoy Joseph (geb. 1875).

Zwischen 1915 und 1937 starben in Iwuy die letzten noch aktiven Messerschmiede: Juvénal Houriez im Jahr 1915, Philippe Leclercq im Jahr 1916 und Jean-Baptiste Huart im Jahr 1937.

NOGENT UND LANGRES

Das Nogentais

Zu Anfang des 17. Jahrhunderts konnte man die Messerschmiede in Nogent noch an den Fingern einer Hand abzählen, aber nach und nach stieg ihre Zahl auf 52 im Jahr 1752 und 65 im Jahr 1768. Grund war der Zuzug von Arbeitern aus Langres, einer 25 Kilometer entfernten Messerschmiedestadt, der die Coutellerie in Nogent voranbrachte. Viele Arbeiter und einige der weniger wohlhabenden Messerschmiedemeister verließen die Stadt Langres, zum einen, um einer verknöchernden Fabrikgesellschaft zu entfliehen, zum anderen, um ihre Lebensbedingungen zu verbessern. Ohne die Zünfte zu informieren, wanderten sie nach Nogent aus, wo das einzige Kriterium die Qualität der abgelieferten Arbeit war. Es gab keine Vorschriften und keine Zünfte.

Langres verließen sie in zwei Wellen, die erste in der ersten Hälfte des 17. Jahrhunderts, die zweite zu Beginn des 18. Jahrhunderts, als eine Steuer den Kelch zum Überlaufen brachte: Der Bischof von Langres hatte die schlechte Idee, die Steuern auf Messer zu erhöhen. Dadurch wurde Nogent, das vorher nur wenige Messerschmiede zählte, zu der wichtigeren der beiden Messerstädte. Auch die Dörfer im Umland von Nogent profitierten von dieser Abwanderung.

Indem sie sich in der Umgebung von Nogent niederließen, wurden die aus Langres ausgewanderten Messerschmiede von Stadt- zu Landbewohnern und genossen fortan die Vorteile des Landlebens, wo der Coutelier einen Garten, Hühner und sogar eine Kuh haben konnte, was der Familie zumindest eine teilweise Autarkie sicherte. Die ganze Familie war 12 bis 14 Stunden am Tag mit der Herstellung von Messern beschäftigt. Und auch ihre Angestellten hatten,

Mehrteiliges Nogent mit versenktem Korkenzieher, Nogent (Haute-Marne), um 1900.

abhängig von ihrer Arbeitsleistung, ein besseres Einkommen als in Langres und vor allem nicht mehr die strengen Kontrollen der Zunftwächter.

Jedes der Dörfer um Nogent hatte seine eigene Spezialität. In Biesles zum Beispiel, neun Kilometer von Nogent entfernt, stellte man sehr schöne Klappmesser her. Auch in anderen Dörfern wurden Taschenmesser gebaut: Nogent le Haut, Nogent le Bas, Meuvy, Provenchère, Poulangy, Lenizeul, Montigny, La Perrière, Marnay, Odival, Chauffourt, Sarrey, Thivet, Tronchoy, Colombey, Breuvannes und Luzy. Im Jahr 1890 fertigten 950 der insgesamt 3900 Beschäftigten in der Messerherstellung Taschenmesser.

Taschenmesser wurden komplett einzeln hergestellt. Das Haus der Familie diente als Werkstatt. Manchmal arbeiteten Vater, Bruder oder Cousin mit ein oder zwei Lehrlingen zusammen. Ehefrauen und Kinder waren die kleinen Helfer. Der Garten, ein paar Hühner und ein oder zwei Kühe sorgten dafür, *de faire bouillir la marmite* – den Topf auf dem Herd am Kochen zu halten.

Alle Etappen der Massenherstellung fanden innerhalb des Domizils der Familie statt. Der Patron schmiedete die Klingen und Ressorts in einer dunklen Ecke des Hauptraums neben dem Kamin. Der Schliff erfolgte mittels einem mit Kurbel versehenen großen Holzrad, das von der Ehefrau oder einem anderen Familienmitglied gedreht wurde und mit einem Seil den kleinen Schleifstein antrieb. Der Coutelier saß auf dem Sandsteintrog, in dem sich der Mühlstein drehte. Zum Polieren tauschte man den kleinen Stein gegen eine mit Büffelleder und Schmirgel versehene Holzscheibe. In einigen Werkstätten trieb ein Hund in einer Art Hamsterrad den Schleifstein an. Alle Teile eines Messers wurden einzeln von ein und derselben Person hergestellt.

Einige Handwerker in Nogent waren auch ausgezeichnete Feilenhauer und gute Schlosser. All das führte zu Messern, die sanft, präzise und tadellos funktionierten. Für die Härtung galt in Nogent das Sprichwort „Je härter der Stahl, desto schöner und glänzender die Politur". Um das zu erreichen, härtete man die Klingen einzeln in kaltem Wasser.

Da die Händler quasi ein Monopol auf die Vermarktung der Messer besaßen, die sie von ihren Heimarbeitern kauften, und gleichzeitig die Löhne niedrig hielten, begannen die Handwerker, eigene Modelle zu entwerfen, die sie den Grossisten in Nogent oder in Langres anboten. Der Händler bestätigte das Modell und notierte die Zeichnung in seinem Register, wobei er jedem Modell eine eigene Artikelnummer zuwies. Der Wohnort des jeweiligen Couteliers wurde unter der Messerzeichnung ebenso vermerkt wie der vom Handwerker geforderte Preis. Wenn das Modell akzeptiert war, wurden sonntags vor der Messe auf dem Marktplatz die Bestellungen mit den Grossisten abgeschlossen und die fertigen Produkte gehandelt. Die weniger geschickten Couteliers kamen schon sehr früh morgens und hofften, im Halbdunkel ein oder zwei weniger gelungene Stücke im Gebinde loszuwerden. Als die Grossisten das durchschauten, schrieben sie die Uhrzeit vor, ab der die Messerschmiede ihre Körbe mit der Wochenproduktion auf den Platz bringen und zum Verkauf anbieten durften.

Ein Messerschmied, der komplizierte, mehrteilige Messer herstellte, konnte nur drei oder vier davon pro Woche fertigen und war der Erpressung der Käufer ausgeliefert, die eine finstere Mine aufsetzten, wenn der Messerschmied den Lappen anhob, der die Messer bedeckte. Denn egal wie perfekt die Messer waren, der Käufer fand immer irgendeinen fadenscheinigen Vorwand, um den Preis zu drücken. Wenn der Messerschmied nicht nachgab, bot der nächste Käufer, der das Spiel durchschaute, noch weniger.

Der Niedergang der Nogentaiser Coutellerie wurde durch mehrere Faktoren verursacht. Der erste war die hohen Gestehungskosten der vollständig in Handarbeit gefertigten Messer, die Ende des 19. Jahrhunderts mit Messern aus Thiers konkurrieren mussten, die nach einer vom Taylorismus inspirierten Weise in Arbeitsteilung und Spezialgebieten hergestellt wurden. Zweiter

Mehrteilige Messer für den bäuerlichen Gebrauch, handgemalter Musterkatalog eines Händlers, anonym, Nogent, um 1860.

Faktor: Die Messerherstellung wurde von den Händlern sehr schlecht bezahlt, so dass die Söhne der Handwerker den Beruf quittierten und sich in den Fabriken der Großhersteller anstellen ließen, was wiederum bewirkte, dass der Berufsstand überalterte. Das gab der Messerherstellung in Nogent den Dolchstoß und bedeutete den Aufstieg von Thiers bei den Taschenmessern ab 1880. Außerdem hatten die Couteliers in Nogent auch versäumt, für die Herstellung ihrer Taschenmesser die neuen Produktionswerkzeuge einzusetzen, die im Nogentaiser Becken in anderen Sektoren der Messerherstellung längst Einzug gehalten hatten.

Dabei hatte man in Nogent schon sehr früh innovative Techniken zur Herstellung von Klingen und Einzelteilen entwickelt. Sommelet zum Beispiel hatte 1847 ein Stanzverfahren eingeführt, mit dem sich Messerklingen, Scheren und Gartenscheren rationell herstellen ließen. Mechanisierte Stanzwerkzeuge wurden ab 1850 für große Schneidwaren wie Kochmesser eingeführt. Und bereits 30 Jahre vor Thiers hatten Nogentaiser Industrielle moderne Schmiedemethoden etabliert und Fabriken gebaut, bei denen rauchende Schornsteine darauf hindeuteten, dass Dampfmaschinen zum Antrieb der Maschinen benutzt wurden.

Als auch die Kochmesserherstellung in Schwierigkeiten geriet, wurde das Fachwissen, das man sich beim Gesenkschmieden angeeignet hatte, auf die Herstellung von Prothesen und chirurgischen Instrumenten übertragen. Das Know-how der Handschmiede konnte damit weitergegeben werden und auch heute noch sind zahlreiche Arbeitskräfte im Bereich medizinischer Gerätschaften beschäftigt. Feine Besteckwaren und exzellente Scheren werden in geringem Umfang im Becken von Nogent hergestellt. Ein mittelgroßes Unternehmen produziert Berufs- und Profimesser. Allerdings lässt sich die Zahl der Unternehmen mittlerweile an zwei Händen abzählen, obwohl die Branche einst bis zu 6000 Arbeiter in der Region ernährte.

Die handgemachten Kataloge der Händler aus Nogent, in denen die Messer manchmal mit Tusche gezeichnet und aquarelliert oder gouachiert abgebildet waren und die ich für die Zeit von der Restauration bis in die 1860er-Jahre einsehen konnte, zeigen nur eine geringe Zahl sogenannter Messer fürs Volk, denn Nogent stellte vor allem feine Messer für eine wohlhabende Kundschaft her. Das war verständlich, weil man zwar mit doppelter Zeit, aber größtmöglicher Sorgfalt bei Montage und Politur ein perfektes Messer erzielte, das sich in der Tat viel teurer verkaufte. Solange Thiers diesen Markt nicht attackierte, erlebte das Nogentais-Messer, selbst wenn es vollständig von Hand gefertigt wurde, eine Blütezeit.

EIGENTLICH KEINE NOGENTAIS

In den Katalogen von Nogent aus der zweiten Hälfte des 19. Jahrhunderts fand ich einige gut verarbeitete, mehrteilige Rouennais mit gerader Entablure, Hirtenmesser, die man später Nogentais nannte. Sie besaßen Bourbonnaise-Klingen, einen Dorn, eine Säge und einen Korkenzieher. Die Funktion beim Öffnen und Schließen der Messerteile war einwandfrei, ganz wie die ebenfalls in Nogent hergestellten feinen Schneidwaren. Der runde Griff aus Horn, mit oder ohne vordere Mitre, war am Griffende breiter als vorne, die Klinge hatte die gleiche Breite wie der Griff, überragte den Bauch also nicht. Mehrere Schmiededörfer um Nogent stellten sie von Hand her. Als Thiers begann, Kopien dieser Messer anzufertigen, stiftete das große Verwirrung, denn man nannte es Nogentais. Die Zukunft der „richtigen" Nogentais aus Nogent war dadurch mehr als ungewiss.

Ein Breuvannes aus Thiers von Brossard-Daché, um 1930.

Ein Breuvannes von Émile-Lucien Demonsant in Luzy (Haute-Marne), um 1905.

Das Breuvannes

Breuvannes und Luzy, zwei Dörfer im Becken von Nogent, waren auf die Herstellung von Küchenmessern und Korkenziehern spezialisiert, dennoch stellten dort einige Couteliers auch Taschenmesser her. Ein Modell, das sogenannte Breuvannes, ähnelte dem Nogentais, jedoch ohne all dessen Merkmale aufzuweisen. Es war mehrteilig, die Klinge vom Typ Bourbonnaise, aber am Talon breiter, und die Entablure ließ die Schneide bei geöffnetem Messer deutlich aus dem Griff herausragen. Der Griff war breiter, weniger spindelförmig als der eines Nogentais, und verfügte nur selten über einen Korkenzieher. Dieses Messer wurde von Brossard-Daché in Thiers kopiert. Auch 32 DUMAS führte es in seinem Katalog von 1896 auf. In der Preisliste des Katalogs von Rousselon Frères 32 DUMAS von 1923 war es als Breuvannes gelistet.

In den Dörfern um Nogent stellten einige Messerschmiede, die nicht geschickt genug für feinere Messer waren, Taschenmesser, Hirten-

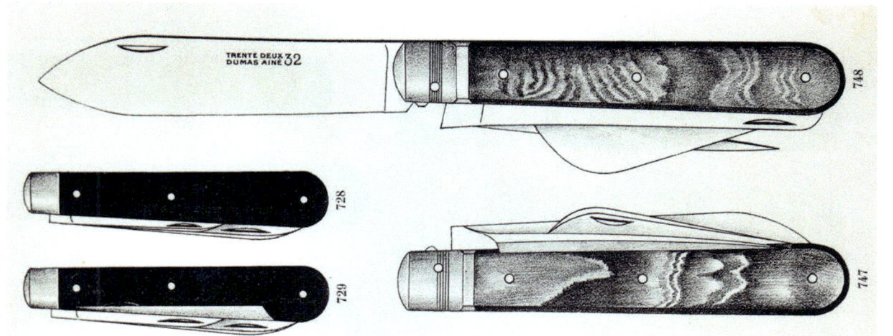

Breuvannes im handgemalten Katalog von 32 DUMAS (Thiers), oben aus dem Jahr 1923, unten von 1895.

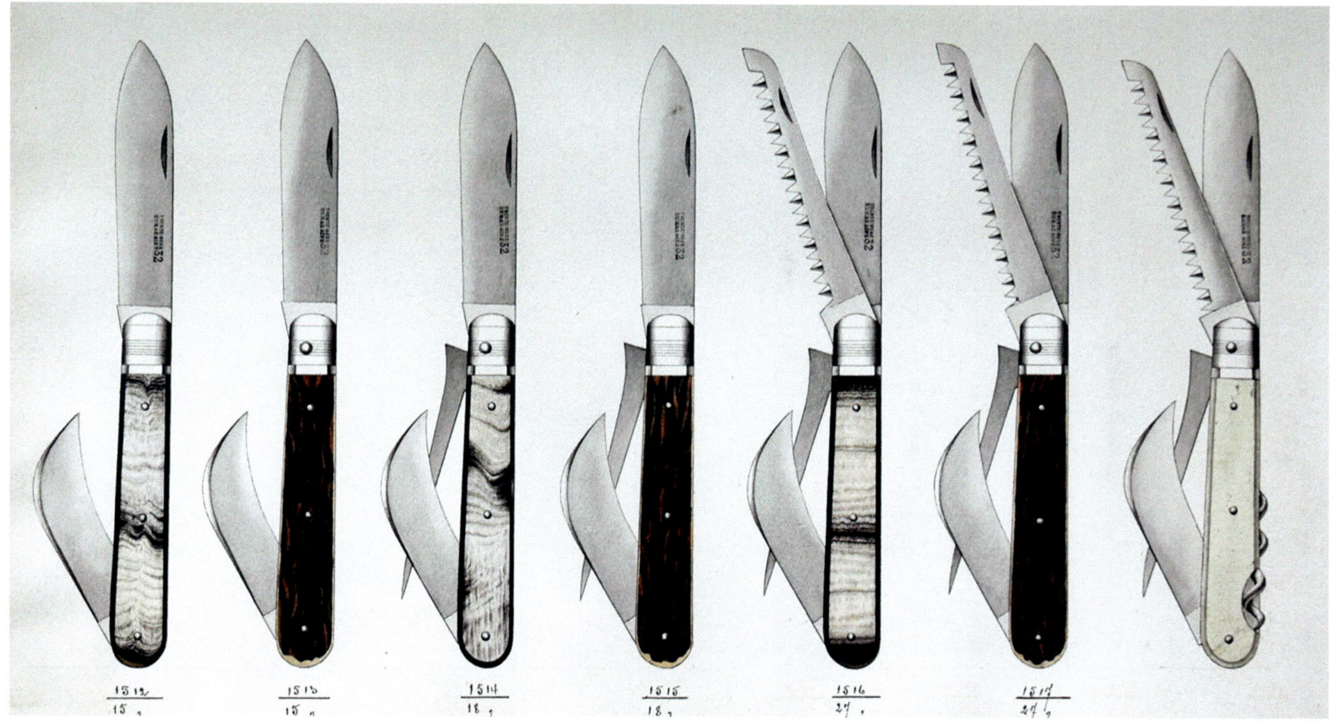

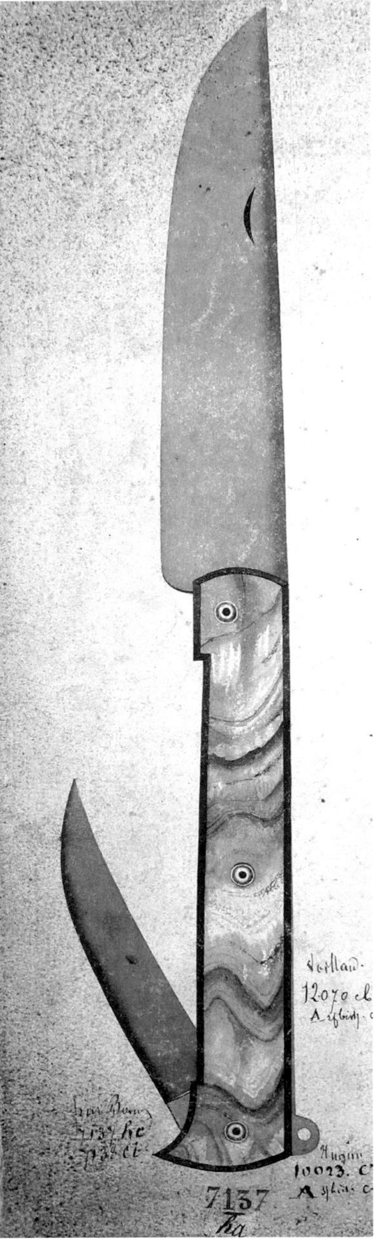

Oben links:
Berger (Schäfermesser).

Oben rechts:
Charretier (Fuhrmannsmesser) und Mineur (Bergmann- oder Metzgermesser), handgemalter Musterkatalog, anonym, Nogent, um 1860.

messer und andere mehrteilige Messer für Bauern in Heimarbeit her, deren Namen uns unbekannt sind. Sie alle waren in handgezeichneten und handgemalten Katalogen aus Nogent von 1850 bis 1870 enthalten, die ich einsehen konnte. Sie machten aber nur wenige Seiten aus, denn feine Besteckwaren dominierten die Kataloge.

Das Berger

Die Schäfer im Grand-Est (neue französische Großregion mit Elsass, Champagne, Ardennen und Lothringen) waren wichtige Kundschaft für Hirtenmesser aus Nogent und Langres. Die weiten Kreideflächen um Nogent, Langres, in Lothringen und zum Rhein hin waren der *Transhumance en pleine* (Beweidung in der Ebene) gewidmet. Die Beweidung mit den Schafen war nicht an eine Saison, sondern an die Verfügbarkeit von Weideflächen gebunden. Lothringen wurde vor 1870 von Herden durchstreift, die den Winter im östlichen Teil oder im Unterelsass verbrachten. Bis 1932 teilten sich rheinische und lothringische Schäfer diese Flächen mit den lokalen Herden. Deutschsprachige Hirten trieben ihre Schafe dorthin, begleitet von winzigen Hütten auf Holzrädern. Nach den Spannungen zwischen beiden Staaten wurde diese Praxis unterbrochen, 1918 bis in die 1930er-Jahre dann fortgesetzt, bis neue Vorschriften ihr wieder ein Ende machten.

In der Schafzucht war die Überwachung der Hufe eine wichtige Aufgabe. Die Schäfermesser besaßen deshalb neben der Hauptklinge eine zweite, gebogene *Piétin*-Klinge. Piétin war eine übertragbare, bakterielle und lokale Erkrankung der Schafshufe. Ein Schäfer musste deshalb regelmäßig die Klauen seiner Tiere untersuchen und infizierte Weiden meiden. Er erkannte befallene Schafe an ihrem lahmen Gang und geringen Appetit. Um die Klauenfäule vom infizierten Fuß zu entfernen, griff der Schäfer zu seinem Messer und fixierte das Tier auf dem Rücken. Ein kleiner Riss am Ursprung des Hufs? Das war die Klauenkrankheit. Mit der gebogenen Piétin-Klinge entfernte unser Mann den infizierten Hufbereich in kleinen, aufeinanderfolgenden Schnitten. Die Hornabfälle wurden verbrannt und der Schäfer ließ das Schaf ein Fußbad in einer Mischung aus Wasser und Zink- oder Kupfersulfat nehmen.

In dem handgeschriebenen Heft der Schmiede Tarrérias Frères in Thiers wurde ein Taschenmesser mit *Boucher* (Metzger) genannter Klinge als deutscher Bergmann oder Schäfer bezeichnet. Der Rücken der Klinge war gerade, während die Schneide in einer langen Kurve zur Spitze hin nach oben verlief. Der Rücken des Griffs war zu seinem Ende hin leicht gebogen, der Bauch hatte einen kurzen, geraden Ansatz, bevor er in einer langen Kurve zum Ende verlief und einen vorspringenden Winkel bildete. Ein Messer gleicher Form war in Solingen in Deutschland bei Henckels und Sohn erhältlich, wo es im Katalog von 1927 als Schlachtmesser bezeichnet wurde, was mit *Couteau de boucher* (Metzgermesser) übersetzt werden kann.

Einige Puristen glaubten, einen Unterschied zwischen *Couteau mineur* (Bergmannsmesser) und *Couteau de berger* (Hirtenmesser) machen zu können. Ob der kurze Längsansatz am Griff vorhanden ist oder nicht, ist kein relevantes Kriterium, denn in den alten Katalogen von Nogent fand man unterschiedslos die Bezeichnung Hirtenmesser für beide Griffformen. Wenn das Messer eine Piétin-Klinge hatte, war es ein Hirtenmesser, unabhängig von der Griffform.

Was die Bezeichnung *Mineur allemand* (deutscher Bergmann) angeht, muss sie mit der Zeit von 1871 bis 1918, als das Elsass-Moselgebiet Teil des Deutschen Reichs war, in Zusammenhang gebracht werden. Der Deutsche Kaiser hatte der Französischen Kaiserin zugesichert, dass die Annexion nur dazu diente, dem Deutschen Reich ein strategisches Vorfeld zu bieten, während die Minen von Briey eine ebenso begehrte Mitgift darstellten. Diese sogenannten Minen- oder Hirtenmesser wurden sowohl in Nogent als auch in Langres und später in Thiers hergestellt, wo sie zu sehr erschwinglichen Preisen verkauft wurden. Preise, mit denen die Messerschmiede in Ostfrankreich nicht konkurrieren konnten.

Das Langres

Langres war im 15. Jahrhundert berühmt für seine luxuriösen Schwerter und Dolche. Die Erinnerung an die kostbaren

Schafherde auf den lothringischen Plateaus.

Berger aus Lothringen, von Bouilleaux, um 1875.

Werkstatt eines Messerschmieds in Langres, Haute-Marne (Ende des 19. Jahrhunderts).

Stücke, die von Konsuln der Stadt als Geschenk an die mächtigen Familien in Burgund und Lothringen überreicht wurden, wird in Archiven bewahrt. Die Stadt Langres besaß eine lange Tradition in der Herstellung feiner Schneidwaren. Die Statuten, die den Beruf der Messerschmiede regelten, spielten dabei eine wichtige Rolle bei der Aufrechterhaltung der hochwertigen Messerschmiedekunst. Die Stadt unterstand zwei verschiedenen, wenn auch kirchlichen, Autoritäten. Für drei Viertel ihres Gebiets hatte sie den Bischof von Langres als Herrn, für den restlichen Teil die Domherren des Kapitels. Die Statuten der Maîtres-Couteliers im Zuständigkeitsbereich des Bischofs waren die älteren. Sie stammten aus dem Jahr 1454 und waren, was die Herstellung betraf, nicht sehr präzise.

Die Regelungen und Statuten der Messerschmiede im Bezirk des Kapitels der Regularkanoniker von Langres wurden 1577 verkündet. Diese Statuten waren als Schutz konzipiert, weshalb die Couteliers des Kapitels nur Schneidwaren verkaufen durften, die auf dem Gebiet des Kapitels hergestellt wurden. Die Statuten stellten hohe Anforderungen an die Qualität der Klingen. Sie schrieben vor, dass insbesondere auf mögliche Mängel geachtet werden musste, die durch eine schlechte Härtung oder ein zu langes Erhitzen beim Ausschmieden entstanden waren. Die Regeln beschrieben alle Arten von Rissen, ihre Form und das richtige Verhalten und gingen sogar so weit, dass der Messerschmied seine Klingen zerbrechen musste, wenn sie nicht perfekt waren. Regelmäßig kamen Juroren vorbei, um den Klingenbestand zu überprüfen, und wenn ein Verstoß festgestellt wurde, wurde der Sünder mit einer Geldstrafe belegt und musste seine Klingen zerstören.

Um sich gegen neue Konkurrenten zu schützen, hatten die Messerschmiede von Langres extrem diskriminierende Bedingungen für den Zugang zum Meistertitel im Messerschmiedehandwerk verfasst. Ein Geselle musste, wenn er nicht in Langres geboren oder Sohn eines Messerschmiedemeisters aus Langres war, 16 Sols an Gebühren zahlen und auf eigene Kosten vor zwei Juroren ein luxuriöses Stück anfertigen, ohne sicher sein zu können, angenommen zu werden. Die Juroren genossen den Ruf, eher ungerecht als anspruchsvoll zu sein. Sie missachteten die Qualitäten von Gesellen, die es mehr als verdient gehabt hätten, den Meistertitel zu erlangen, und versperrten Fremden den sozialen Aufstieg in die Gesellschaft der Couteliers. Die Söhne der Meister hingegen stellten nur zwei einfache Messer her und zahlten nur die Hälfte der Summe, die von anderen verlangt wurde. Alle, die aufgenommen wurden, mussten ihren zukünftigen Kollegen ein Bankett bezahlen. Für die Söhne von Messermeistern aus Langres wurden die Kosten für das Fest durch das Reglement klein gehalten.

Die Messerschmiedemeister aus Langres, die auch als Händler agierten, besaßen ein Quasi-Monopol für den Verkauf ihrer berühmten Schneidwaren und verfügten zudem über ein leistungsfähiges Netzwerk von Händlern, die Kunden in ganz Frankreich belieferten. Darüber hinaus exportierte man auch in die Schweiz, den Vorderen Orient, nach Italien, Nordafrika und Spanien.

Die handeltreibenden Messermeister glaubten, durch ihre Statuten geschützt zu sein. Aber Arbeiter, die den *Poinçon* (Markenstempel) des Meisters verwahrten, begannen Messer zu verkaufen, die mit der Marke des Messerschmieds gefälscht waren. Auch *Marchands-clincaillers* (Metallwarenhändler) setzten sich in Langres über das Monopol der handeltreibenden Messermeister hinweg und wurden daraufhin verklagt. Die Clincaillers machten den Richtern gegenüber geltend, dass die Statuten weder vom Parlament noch durch Patentbriefe bestätigt worden waren, und verlangten die Anerkennung der Nichtigkeit der Statuten. Aber viel zu spät, denn Ende des 18. Jahrhunderts begannen die Maîtres-Couteliers von Langres, neue Statuten zu entwerfen, um sich vor Praktiken zu schützen, die ihrer Zunft und dem Ruf der Messerschmiede in Langres schadeten. Das Edikt von Turgot 1776 unter Ludwig XVI setzte den Zünften ein Ende und liberalisierte den Handel. Die Zahl der Messerschmiedemeister in Langres ging daraufhin stark zurück. Die Revolution war nicht mehr weit und brachte weitere Umwälzungen mit sich.

Am Vorabend der Revolution gab es in den ländlichen Gebieten um Langres noch etwa 60 Werkstätten, in denen 500 bis 600 Menschen beschäftigt waren. Im Jahr 1838 gab es nur noch 24 kleine Werkstätten mit etwa 100 Beschäftigten, die aber weiterhin feine Schneidwaren sowie Schäl-, Küchen- und Tafelmesser herstellten. Um 1850 waren die meisten Messerschmieden in Langres verschwunden. Es gab nur noch die Firmen Beligné und Guerre, die beide im Großhandel tätig waren. Diese Handelshäuser sicherten den Absatz der Produktion aus Nogent und Langres. Zwei weitere Grossisten verschwanden, ein oder zwei handwerkliche Messerschmiede versorgten noch eine Zeitlang die Nachfrage vor Ort. Heute ist die Familie Beligné, die von den berühmten *Couteliers du Roi* (Messerschmied des Königs) abstammt, die einzige Vertreterin jener Messerschmiedekunst, die einst den Ruf der Stadt Langres begründete.

In Langres gab es ein Messer, das den Namen der Stadt trug: das Langres. Im Musée D'Art et d'Histoire der Stadt, in der Vitrine eines Pariser Antiquitätenhändlers und bei einem Sammler konnte ich Exemplare aus dem 18. Jahrhundert untersuchen. Es handelte sich um sehr sorgfältige Produkte, die man im Gegensatz zu den Messern für die Bauern als *bourgoise* (bürgerliche) Messer bezeichnen kann.

Das Langres war ein Messer mit Stylet-Klinge, bei dem alle Elemente der Längsachse folgten, was den Eindruck der Anmut dieses Messers noch verstärkte. Schneide und Rücken des Messers verliefen parallel, und der Griff endete in einer eleganten Rundung. Zwei vergoldete oder messingfarbene Mitres und eingelassene Rosetten betonten den Griff, für den im 18. Jahrhundert Ebenholz bevorzugt wurde. Als das Messer gegen Ende des 19. Jahrhunderts in Thiers in Produktion ging, nahm es paradoxerweise die Attribute eines Volksmessers an. Das Ebenholz wurde durch Horn ersetzt.

Ein Langres mit vergoldeter Mitre und Edelholzgriff, Langres, Haute-Marne (Ende des 18. bis Anfang des 19. Jahrhunderts).

Langres im handgemalten Katalog 32 DUMAS (Thiers), 1895.

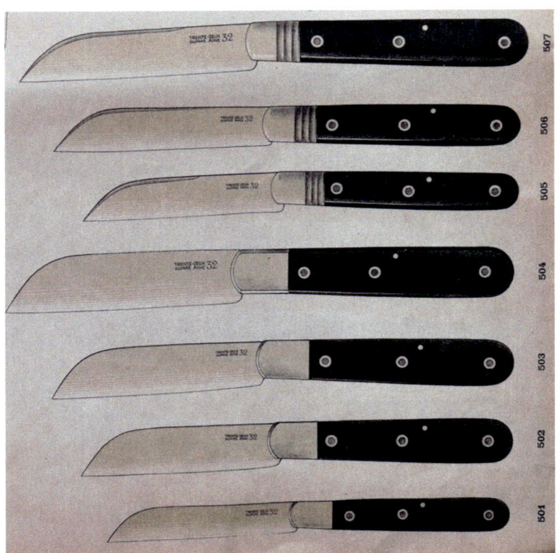

Langres mit flachem und rundem Griff von 32 DUMAS, gedruckter Katalog (Thiers), ca. 1895.

In Thiers wurde es von vielen Herstellern produziert, die den Verkauf nicht mehr allein auf den Osten beschränkten, wodurch sich das Langres zu einem beliebten Messer und einem Bestseller bis in den Südwesten Frankreichs entwickelte. Seine Schärfe, seine Form, die sich gut für den Mehrzweckgebrauch eignete, und sein moderater Preis sorgten dafür, dass man es in den Taschen vieler Landbewohner wiederfand.

LOTHRINGEN, LAND DER SCHÄFER

In Lothringen war das Hirtenmesser König, wahrscheinlich wurde es dort geboren, obwohl es bereits früh in Langres und Nogent und später in Thiers hergestellt wurde. Eine Gruppe lothringi-

Langres aus Thiers, Marke Jailler (20. Jahrhundert).

scher Dörfer im Chée-Tal um Louppy-le-Petit im Süden der Argonne, zwischen der Champagne und Nancy, schickte einen Teil ihrer Bevölkerung, die vor Ort kein Einkommen fand, in die großen Städte Mittel- und Ostfrankreichs, wo sie als Scherenschleifer arbeiteten. Diese Leute, die sich in einer vorübergehenden Migration befanden, nahmen auch von einem Dutzend örtlicher Werkstätten Messer mit, die sie am Zielort verkaufen wollten.

Das Chée-Tal lag mitten im Hirtengebiet. Hier wurden bereits im Ersten Empire (1804–1815) Messer für Bauern hergestellt. Die Taschenmesser der lothringischen Schäfer mit ihrer zweiten Piétin-Klinge zur Behandlung der Hufkrankheit wurden dort am besten verkauft.

Camille Pagé (zu diesem Zeitpunkt Bürgermeister der Gemeinde Naintré) erkundigte sich 1890 bei Herrn Parisot, dem Bürgermeister von Louppy-le-Petit, nach dem Messergewerbe vor Ort. Dieser richtete einen Brief an ihn, den ich in den Privatarchiven von Camille Pagé einsehen konnte:

Louppy-le-Petit, den 22. Mai 1890
Sehr geehrter Herr Bürgermeister!
Ich habe die Ehre, auf Ihren Brief vom 18. des Monats zu antworten. Unsere Region ist seit undenklichen Zeiten für ihre Schneidwaren bekannt, die man als Coutellerie de Lorraine (lothringische Schneidwaren) bezeichnete; noch bekannter ist sie jedoch durch ihre Schleifer, die man in ganz Frankreich antrifft.

Vor 50 Jahren zog zum Beispiel fast die Hälfte der Bevölkerung von Louppy-le-Petit in der schönen Jahreszeit aus, um in den Städten oder vielmehr in den großen Dörfern zu schleifen, und selbst die Kinder folgten ihren Eltern.

Die Schleifer waren jedoch keine Nomaden, jeder hatte seine eigene Region. Die begehrtesten Gegenden waren Brie, Champagne, Beauce, Belgien und die Schweiz. Es gab nicht nur in Louppy, sondern in allen umliegenden Gemeinden, vor allem in Condé en Barrois, Louppy-le-Château und Laheycourt, Schleifer.

Unsere Gemeinde, die damals sehr bevölkerungsreich war, war das Zentrum dieser Region und stellte im Übrigen das größte Kontingent.

Da die meisten der Schleifer auch Händler waren, wurden die Messerschmiede in der Umgebung nach und nach dazu gebracht, ihnen die gewünschten Waren herzustellen: Taschenmesser für Schäfer und Metzger, Scheren etc.

So entwickelte sich in unserer Region die Messerschmiedekunst für die Schleifer, die jedes Jahr für die schlechte Jahreszeit zurückkehrten, um ihre Einkäufe zu tätigen.

Viele dieser Schleifer ließen sich schließlich als Händler und Messerschmiede in den Städten nieder. So kam es, dass viele der Händler und Messerschmiede in Nord- und Zentralfrankreich aus Lothringen stammten. Die anderen, die ihren Beruf nicht lukrativ genug fanden, gaben ihn schließlich auf. Heute gibt es nur noch sehr wenige, die weiterhin auf Reisen gehen.

Die Schleifer verschwanden und die Couteliers, die sie belieferten, verschwanden ebenfalls. In der Umgebung gibt es nur noch einige wenige, die die wenigen verbliebenen Schleifer auch weiterhin beliefern.

Brief des Bürgermeisters von Louppy-le-Petit an Camille Pagé, datiert 1890. Slg. MCT.

Die Schneidwarenfabrik in Louppy-le-Petit, die das Debakel überstehen konnte, hat übrigens keinen anderen Ursprung. In der Hoffnung, dass Ihnen diese Informationen von einigem Nutzen sein werden, habe ich die Ehre, Herr Bürgermeister, Ihr Diener zu sein.
Gezeichnet: Parisot.

Als Parisot „Taschenmesser von Schäfern, Metzgern…" schrieb, musste man lesen, dass er keine semantische Zäsur machte, die den Leser hätte denken lassen können, dass das Metzgermesser kein Klappmesser ist. Andernfalls hätte er gesagt „Taschenmesser des Schäfers, Metzgermesser". Es sei daran erinnert, dass in den nahen deutschsprachigen Gebieten Schlachtmesser ein Klappmesser bezeichnete, das die gleiche Form hatte wie das, was manche als Mineur bezeichneten. In Thiers, bei Forges Tarrérias Frères, schrieb man 1930 *Berger ou Mineur allemand* (Schäfer oder deutscher Bergmann), um dieses Messer zu bezeichnen, wodurch eine Verwechslungsmöglichkeit entstand.

Im 19. Jahrhundert waren vor allem in Louppy-le-Petit, aber auch den Nachbargemeinden Vavaincourt, Louppy-le-Château, Laimont, Villotte-devant-Louppy und Vaubecourt handwerkliche Messerschmiede anzutreffen: Nicolas François Baillot (1801–1876), Louis François Douillot (1801–1869), Louis Joseph Douillot (1803–1860), Nicolas Auguste Lelouvier (1803–1868), Jean Joseph Ronfault (1806–1881), Louis Joseph Jolly (1811–1862), Pierre Victor Cabouat (1813–1867), Joseph François Maucoulot (1814–1840), Pierre Frédéric Maucoulon (1817–1864), Jean François Martinet (1822–1847), Eugène Cabouat (1823–1885), Nicolas Constant Aubry (1826–1878), François Sommelet (1827–1853), Pierre-Charles Hacquin (1828–1885), Félix Nicolas Couturier (1832–1892) und Auguste Musson, Messerschmied und -arbeiter (1852–1891).

Im Jahr 1891 waren nur noch die Taschenmesserwerkstätten von Hacquin in Villotte-devant-Louppy und Couturier in Vaubecourt in Betrieb. Sie stellten fünf- bis sechsteilige, klappbare *Couteaux de charretier* (Fuhrmannsmesser) sowie Hirtenmesser her. 1927 stellte die Fabrik von Jules Sommelet in Laimont Schafscheren, Serpettes und Metzgerklingen her.

BURGUND

Autun und Tiré-Droit oder Galvacher

Viele Familienoberhäupter im Morvan waren Bauern, die nur mit ihren kleinen Höfen ihre Familien nicht ernähren konnten. Sie zogen dann zeitweise entweder mit einer *Attelage* (einem kompletten Fuhrwerk mit Ochsengespann) hinaus und übernahmen Fuhren für andere oder sie zogen als *Galvacher* (Fuhrmann) herum, wenn sie kein eigenes Fuhrwerk besaßen, nur mit ihren abgerichteten Ochsen, um die Fuhrwerke anderer Leute zu ziehen. Sie lebten sehr eng mit ihren Tieren zusammen und flüsterten ihnen einen sanften, geheimnisvollen Gesang ins Ohr, der *Tiolage* genannt wurde. Sie konnten ihre Tiere so führen, ohne einen Treibstock benutzen zu müssen.

Die Messer *Tiré-Droit* (Zieh' gerade!) und Galvacher waren für diese Männer bestimmt, die ihren Ochsen vorsangen. Die alten Morvandiaux (Bewohner des Morvan) nannten es manchmal *Affutiau*, was im Patois, dem lokalen Dialekt, so viel heißt wie Ding. Ein Affutiau konnte eine Hose ebenso sein wie ein Messer. Ihr Verbreitungsgebiet beschränkte sich auf das Burgund, das Morvan und die Saône-et-Loire. Es waren an die Fuhrmannstätigkeiten angepasste, mehrteilige Messer mit Mitres vorne und hinten, einer Klinge mit nach unten gerichteter Spitze, einem Dorn zum Durchstechen der Lederriemen eines Gespanns, einer Säge und einem Hufkratzer. Ein Galvacher ohne sein Affutiau war, wie man dort sagte, „kein Mann", was Mann von geringem Wert bedeutete.

Berger mit der Marke Henri Causeret in Langres (Haute-Marne), um 1920.

Tiré-Droit, das Messer der Galvachers, Marke Brossard-Daché, Thiers (erste Hälfte des 20. Jahrhunderts).

Für unseren Fuhrmann, der sein karges Land im Morvan verlassen hatte, um in Paris oder im Berry zu arbeiten, war es sein Arbeitsmesser, das er zum Überleben brauchte. Oft schlief er bei seinem Ochsenpaar unter freiem Himmel, wo ihm das Galvacher dann als Campingmesser diente. Von Anfang Mai bis Mitte November war er auf Wanderschaft. Der Verkauf dieser Messer erfolgte also im Winter, wenn die Galvachers in ihre Heimat zurückkehrten.

Antonin James war ein junger Mann aus dem Burgund, eines von neun Kindern. 1891 hatte er eine Ausbildung zum Messerschmied begonnen und träumte davon, an der Tour de France der Couteliers teilzunehmen, um seine Kenntnisse zu erweitern. Sein Vater, Gastwirt in Semelay im *Depart*ement Nièvre, beherbergte auch Handelsreisende. Als er einen von ihnen fragte, ob er von einer Lehrstelle für seinen Sohn wisse, war es zufällig ein Handelsreisender für Schneidwaren, der ihm eine Empfehlung für einen Messerschmied in Autun gab. Als der junge Antonin zum ersten Mal mit dem Zug fuhr, behielt er eine staunende Erinnerung: „Überall war Eis!" In Autun angekommen, begab er sich zur Messerschmiede Vauthier, hatte dort aber noch nicht einmal Zeit, sein Bündel abzustellen, denn der Patron befahl ihm „An die Arbeit. Ich schleife, du drehst das Rad".

Louis Vauthier war ein angesehener Messerschmied, hatte aber keine Nachkommen, die sein Geschäft übernehmen konnten. In dem jungen Antonin erkannte er im Laufe der Zeit die Leidenschaft für das Handwerk, seine schnellen Fortschritte und den Fleiß des Lehrlings. Als Antonin seine Lehrzeit bei Monsieur Vauthier beendet hatte und sich verabschiedete, um seinem Wunsch folgend auf die Tour zu gehen, sagte der Patron zu ihm: „Die Tour de France kannst du hier machen. Wenn du bei mir bleibst, bringe ich dir alle Geheimnisse unseres Handwerks bei, alles, was meine Meister mir während meiner

Der Galvacher war ein gemieteter Fuhrmann.

Antonin James schärft mit seinem Hund Klingen auf dem Jahrmarkt in Autun (Saône-et-Loire), ca. 1905.

Autun, eine burgunder Etappenstadt auf der Tour de France der Messerschmiede.

Tour de France vermittelt haben. Du bist ein aufrechter Kerl. Bleib, und du kannst meine Nachfolge antreten!" Vauthier sollte sein Angebot nicht bereuen. Er lehrte Antonin all die kleinen Geheimnisse, die ihn zu einem exzellenten Messerschmied gemacht hatten, und der Schüler wurde dem Meister allmählich ebenbürtig. Als der Tag gekommen war, hielt Vauthier sein Wort und auf dem Firmenschild war ein neuer Firmenname zu lesen: *Fabrique de Coutellerie James, Nachfolger von Vauthier-Asselineau*. Man sagt, Vauthier habe ihn noch ein ganz spezielles Schmiedegeheimnis gelehrt: das Grillen von Hühnchen in der Esse der Schmiede.

In der Werkstatt James in Autun wurden Messer und kleinere Schneidwaren hergestellt. Neben dem Patron, der selbst schmiedete, gab es einen angestellten Coutelier und zwei Lehrlinge. Die Räumlichkeiten waren beengt. Die Schmiede hatte mit ihrer Esse und dem großen Blasebalg den besten Platz, denn Klingen, Ressorts und Platinenplatten wurden von Hand geschmiedet. Für diese wurde der *Tas* benutzt, ein kleines, auf den Amboss gesetztes Gesenk, in dessen Negativformen man das rotglühende Eisen einschmiedete, sodass es im Gesenk die Form der vorderen Mitre annahm. Aus dem überstehenden Eisen wurde anschließend die Platine ausgeschmiedet. Man brauchte ein gutes Auge, um genügend Material für die hintere Mitre übrig zu lassen. Danach wurden die Klingen geschmiedet, dann folgte deren Grundschliff. In einer kleinen Rumpelkammer saß der Coutelier auf der Bank des Schleiftroges. Durch ein Loch in der Trennwand führte ein Seil zu einem großen Rad, das ein Lehrling mit der Kurbel drehte, um den Schleifstein anzutreiben. Jedes Mal, wenn der Messerschmied die Klinge etwas zu fest auf den Schleifstein drückte, beschwerte sich der Lehrling. Antonin: „Wenn ich auf dem Markt mit dem Hund schleife, dann beschwert der sich wenigstens nicht!"

Tatsächlich hatte Antonin James zwei große Hunde. Er benutzte sie aber nur auf den Märkten, auf denen sich die Bauern aus dem Morvan drängten. Der Stand der Familie James war ein großes Zelt mit allen Messern, Scheren und Rasierern, die sie herstellten. Antonin und seine Lehrlinge bauten dort zwei Laufräder auf und die Hunde drehten die Schleif- und Polierscheiben zum Schärfen und für kleinere Reparaturen. Die

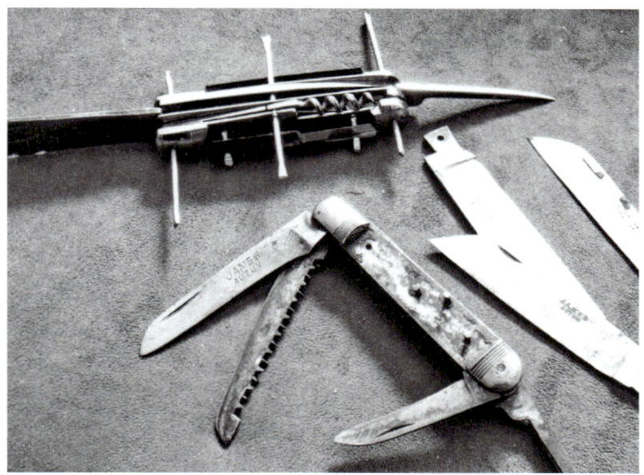

Oben, von links nach rechts: Tiré-Droit auf der Werkbank von Henri James in Autun, die erhaltene Schmiede im Geschäft von James, kleiner Amboss (Tas genannt) zum Schmieden von Mitres bei James.

Hunde, die nur auf dem Jahrmarkt arbeiteten, weil das Laufrad für die Werkstatt zu groß war, verrichteten dort nicht nur ihre Arbeit, sondern sorgten effektvoll für die Unterhaltung und Aufmerksamkeit der Besucher. Der Verkauf der Galvacher lief auf den Viehmärkten gut – bis der LKW die Ochsen ersetzte.

Der Coutelier James in Autun stellte die Produktion von Galvachers kurz nach dem Ersten Weltkrieg ein, in der Zeit, als man zu Lastkraftwagen überging, die den Tod der *Galvache*, dem Transport mit Ochsen, bedeutete. Zeitgleich versiegte auch die Nachfrage nach diesen Messern. 1944 trat Henri James, der Sohn von Antonin, die Nachfolge seines Vaters an. Galvachers wurden zwar keine mehr hergestellt, aber bis 1970 führte man die Schmiedetätigkeit für die Taillanderie, der Herstellung kleiner Eisenwaren und Werkzeuge, fort. In der Zwischenzeit hatte Henri James eine Waffenabteilung aufgebaut und setzte die Reparatur von Messern fort. Sein Sohn, Jean-Claude James, wurde von seinem Vater, einem diplomierten Messerschmiedemeister, und seinem Großvater in die Messerherstellung eingeführt. Als er den Meisterbrief als Messerschmied machen wollte, verlangte sein Vater von ihm, bei der Prüfung Klinge und Ressort des Prüfungsmessers von Hand zu schmieden. Jean-Claude begeisterte sich für Mechanik und Büchsenmacherei und ließ sich in Saint-Étienne zum Büchsenmacher ausbilden. Er baute den Verkauf von Jagdwaffen aus, behielt aber eine Abteilung für Messer. Esse und Amboss wurden im Andenken an die Messerschmiede James bewahrt und thronen in der Mitte des Geschäfts in Autun, das immer noch existiert.

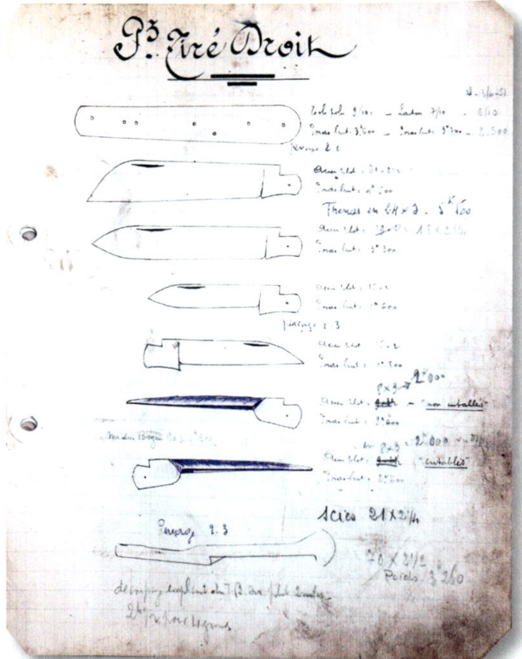

P³. Tiré Droit

Kalkulation für die Herstellung von Tiré-Droit, handschriftliches Notizbuch Forges Tarrérias (Thiers), ca. 1930.

Das Charlois

Charolles war die Hauptstadt der ehemaligen Grafschaft Charolais, die zusammen mit Autun, Châlon und Mâcon den Herzögen von Burgund gehörten. Das Charolais ist die Hochburg der Charolais-Rinder, einer Rasse, die für ihr Fleisch

Zweiteiliges Tiré-Droit, Parapluie à l'Épreuve (Thiers), um 1900.

Einteiliges Charlois aus dem 18. Jahrhundert.

Charlois mit Dorn, Thiers (Anfang des 20. Jahrhunderts).

berühmt ist. In Charolles fanden die wichtigen Viehmärkte statt, gleichzeitig ist die Stadt der Geburtsort eines Messers, das Charlois oder Charolais genannt wurde. Im 18. Jahrhundert nannte man es auch *Couteau à la charloise* oder *de Charolles*.

Landrin beschrieb es in seinem Handbuch für Messerschmiede von 1835 wie folgt: „Das Messer à la Charolaise wird so genannt wegen der unteren Rundung seines Griffs und weil es von einem Coutelier in Charolles erdacht wurde. Es besteht aus einer Klinge, einem Griff, einem Ressort und drei Nieten. Manchmal wird am anderen Ende des Griffs noch ein Dorn oder Korkenzieher angebracht. Dann wird das Ressort mit einem einzigen Niet in der Mitte befestigt, während, wenn das Messer nur über eine Klinge verfügt, das Ressort von zwei Nieten gehalten wird, von denen der eine in der Mitte und der andere an dem der Klinge gegenüberliegenden Ende ist."

Das Charlois besaß zwei Mitres und ein abgerundetes Griffende. Rücken und Schneide der Klinge vom Typ Stylet verliefen parallel. Meist war es das Messer der Landbevölkerung, wurde aber auch zum Messer der Bürger.

Dieses Messer war eines der ersten mit territorialem Ursprung außerhalb der Auvergne, das bereits im 18. Jahrhundert in Thiers in großen Mengen hergestellt wurde. Einige Messerschmiede in Thiers hatten sich sogar darauf spezialisiert und boten es in verschiedenen Formen und Materialien an. So konnte ich in den Archiven des *Tribunal du Seigneur de Thiers* die Inventare eines verstorbenen Messerschmieds in den Bergen um Thiers und eines Besteckherstellers in Viscomtat aus dem Jahr 1765 finden. Der Messerschmied stellte ausschließlich Messer *à la charloise* her. Er besaß ein Lager mit Dutzenden, nicht montierter Klingen und Ressorts, einteilige und zweiteilige, sogar bis zu vierteilige Messer mit Korkenzieher. Die Griffe waren aus Knochen oder Horn.

Charlois-Messer aus der Zeit um 1830 fand ich nicht weit von ihrem Geburtsort entfernt bei dem Maître-Coutelier Foucou in Moulins. Er hatte ihnen mit Mitres aus Silber, Griffen aus Elfenbein und den Initialen ihrer Besitzer einen Status von bürgerlichen Messern verliehen. Ein halb versenk-

Seltenes Modell eines Charlois mit versenktem Korkenzieher, Marke Brossard (Thiers), um 1910.

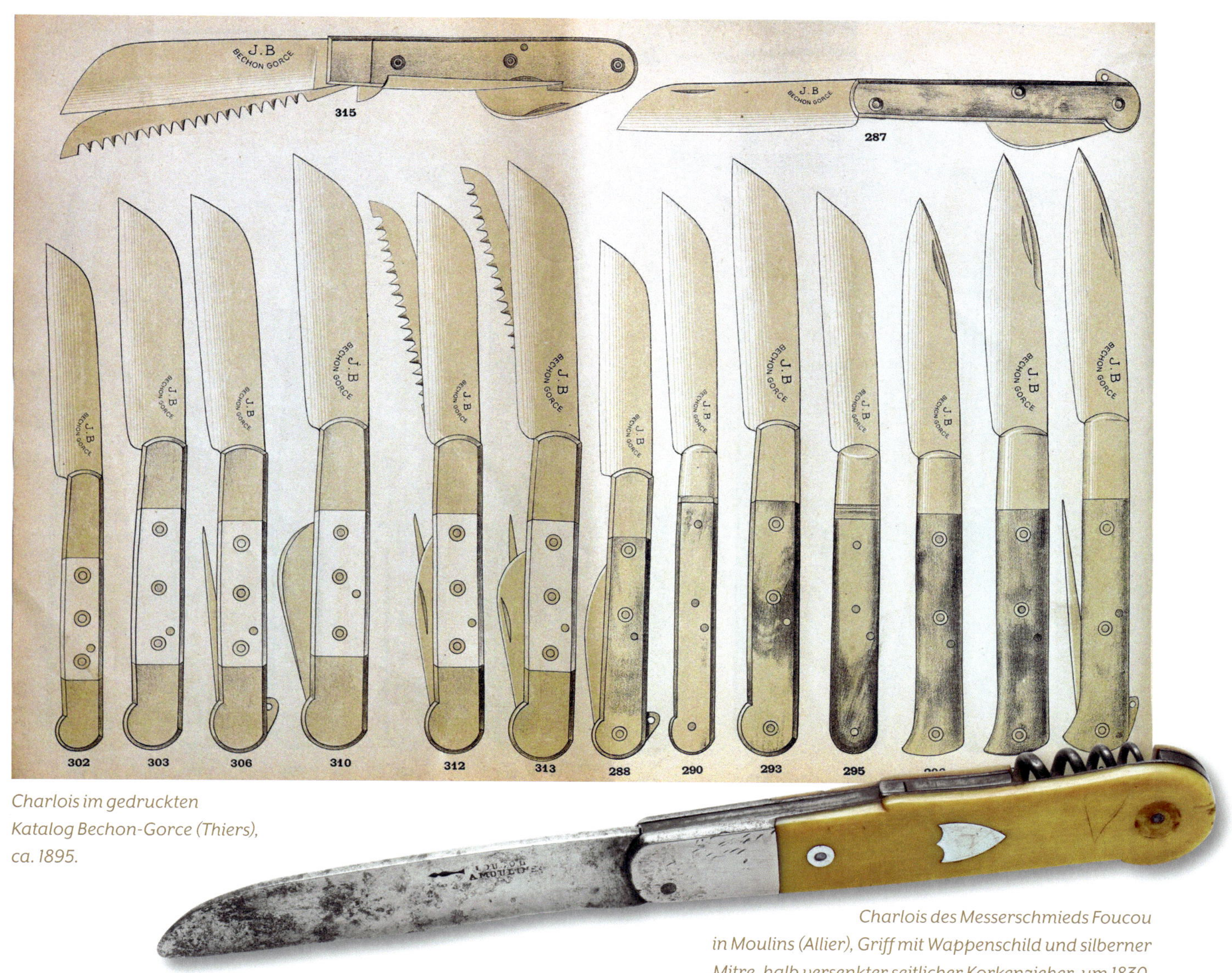

Charlois im gedruckten Katalog Bechon-Gorce (Thiers), ca. 1895.

Charlois des Messerschmieds Foucou in Moulins (Allier), Griff mit Wappenschild und silberner Mitre, halb versenkter seitlicher Korkenzieher, um 1830.

ter Korkenzieher befand sich auf der rechten Seite des Rückens. Das Ressort hatte einen unauffälligen Haken, um Platz für die Klinge zu schaffen und um das Ressort nicht zu sehr verschlanken zu müssen. Verständlich, dass, nachdem Thiers schon sehr früh Charlois herstellte, die Messerschmiede von Charolles keine große Zukunft mehr hatten. Im Jahr 1836 zählte ich nur noch zwei Couteliers in Charolles: François Aumaitre, 28 Jahre alt, und Étienne Micheron, 36 Jahre alt.

Das Seurre

In seinem *Guide pittoresque du voyageur en France* schrieb Eusèbe Girault de Saint-Fargeau 1838: „Seurre ist eine vorteilhaft und sehr angenehm gelegene Stadt am linken Ufer der Saône, die dort

EIN REGIONALES MESSER EROBERT SPANIEN

Als ich die Lieferlisten von Chassaigne in Thiers durchforstete, fand ich für das Jahr XII des republikanischen Kalenders* Verkäufe von Charolais-Messern. Für 1814 entdeckte ich Lieferungen nach Spanien mit Bourbonnaise- und Stylet-Klingen. 1815 fand ich auch bei Guillemot, einem anderen Schmied und Händler in Thiers, große rote Charolais nach Spanien. Dabei handelte es sich um helles Horn, das innen mit *Potée de Fer* gefärbt war, einer Mischung aus Eisenoxid und Siliziumdioxid, das als Rückstand beim Schleifen anfällt. Bei der Analyse der Register von Sabatier Frères in Thiers zwischen 1856 und 1870 fand ich vor allem den Verkauf nach Bourges, Sancerre und den Westen Burgunds. Ab Ende des 19. Jahrhunderts fand sich dieses leicht herzustellende Messer in den Katalogen zahlreicher Hersteller in Thiers.

* Kalender der Französischen Revolution, erschaffen 1789, galt offiziell ab dem 22.09.1792 bis zum 31.12.1805.

Seurre mit zwei Stiften, Marke Décros (19. Jahrhundert).

schiffbar ist, in einer herrlichen Ebene von größter Fruchtbarkeit. Von der Brücke über die Saône aus verliert sich der Blick auf die Berge der Côte-d'Or: In einer Ausdehnung von vier Lieues herrschen heitere Hänge, verschönert und bevölkert von zahlreichen Dörfern, die von riesigen Wiesen gesäumt sind."

Seurre war ein aktiver Flusshafen, in dem Weizen, Futtermittel und Holz gehandelt wurden. Burgunder Weine verschiffte man in die Schweiz und das Elsass. Am Kai lagen vier Zimmereien zum Bau von Frachtschiffen und die Gebäude der Schiffer. 1837 gab es in Seurre drei Besteckwerkstätten, die von Nicolas Leheureux, 32 Jahre, Pierre Chardroise, 29 Jahre, und Gilbert Michard, 42 Jahre, mit seinem Messerschmied Pierre Bacheul, 51 Jahre.

Das Seurre war ein Messer mit Schaffußklinge, das heißt mit einer noch stärker nach unten weisenden Spitze als bei einer Stylet-Klinge. Der Rücken der Klinge und das Ressort verliefen in einer geraden Linie. Dabei verbreiterte sich die Silhouette von einem schmalen Griffende ausgehend nach vorne kontinuierlich, wodurch ein sehr charakteristisches Aussehen entstand. Die ältesten Modelle hatten, wie die Montpelliers, kein Ressort, sondern einen Griff mit zwei Nieten.

In Thiers wurde es nicht in großen Mengen hergestellt. 7 Guionin Aîné und Brossard-Daché präsentierten es in ihren gedruckten Katalogen aus dem ersten Drittel des 20. Jahrhunderts.

Oben: Hafen und Werft von Seurre an der Saône im Burgund (Ende des 19. Jahrhunderts).

Links im Bild das Atelier und Geschäft des Couteliers Charvot in Seurre, um 1910.

Seurre von Brossard-Daché (Thiers), Coll MCT, um 1920.

Unten: Seurre von 7 Guionin Aîné (Thiers), um 1920.

Die Messer im Südosten

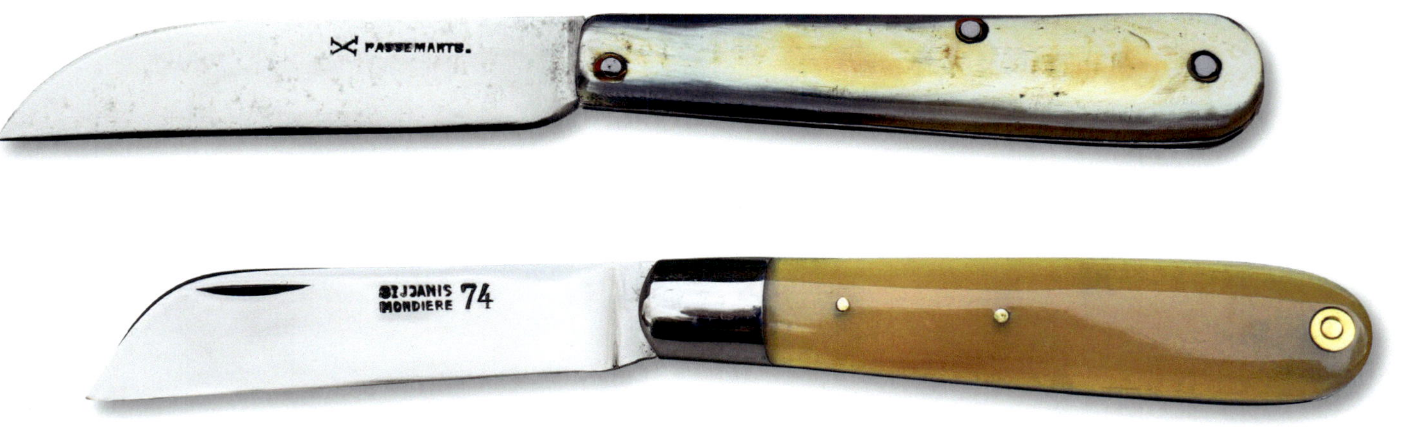

Zwei Ronds aus Thiers, eines von Passemarts (Ende des 19. Jahrhunderts), das andere von 74 Saint-Joanis, um 1930.

Das Rond

Dieses kleine Messer mit Ressort ist, wie der Name sagt, rund. Es fühlt sich gut an und gleitet ohne zu hakeln in die Hosentasche. Ihm einen präzisen Geburtsort zuzuordnen, ist schwierig: Man kann nur das geographische Gebiet eingrenzen, in dem man es in der Tasche hatte. Zu diesem Zweck habe ich die Rechnungsbücher von 74 Saint-Joanis-Mondière im Weiler Les Martinets in der Gemeinde Thiers durchgesehen, der der wichtigste Hersteller des Rond war. Robert Saint-Joanis-Thérias verließ das Haus Brossard-Daché, wo er als Handelsreisender angestellt war, und gründete 1926 sein eigenes Großhandelsunternehmen in Thiers in der Rue Conchette, wo er die Marke von seinem Vater Alphonse Saint-Joanis-Mondière übernahm. Die Einsicht in seine Rechnungsbücher von 1928 bis 1933 erlaubte, seine Vertriebsgebiete für das Ronde und das Tonneau zu rekonstruieren.

Das Rond wurde im Osten des Departements Allier, im Departement Loire um Charlieu und Feurs, im Westen und Süden des Departements Rhône und im Nordwesten des Departements Isère bis nach Bourgoin-Jallieu verkauft. Einige Lieferungen gingen auch nach Sancoin im Departement Cher, einem Marktflecken, in dem wichtige Viehmärkte stattfanden. Michel Saint-Joanis, der Enkel von Annet Thérias aus Membrun (Thiers) und Alphonse Saint-Joanis-Mondière, belieferte seine Kunden bis Anfang der 1990er-Jahre.

Das Tonneau

Dieses sympathische, fassförmige Messer, das an gutes Leben und die Huldigung lokaler Weine denken lässt, wurde hauptsächlich in der Rhône-Region rund um Lyon, der Hauptstadt der Gastronomie, und im Beaujolais verkauft. Die Messerschmiede der Familie Micheron in Chalon-sur-Saône (Südburgund) stellten Ende des 19. Jahrhunderts diese Messer her, deren Form an ein Fass erinnert. Der erste Messerschmied der Familie wurde 1801 in Tours geboren und war Coutelier in Charolles. Nachkommen aus dem charollaiser Zweig wurden in Generationenfolge Messerschmiede in Chalon: Étienne, gefolgt von Jules, dann Louis und schließlich Jacques, die auch chirurgische Instrumente schmiedeten. Die Fabrikanten in Thiers vermarkteten das Tonneau auch im Norden der Loire, im Allier und bis in die Creuse und den Cher.

Tonneau, Marke Lunier in Chazelles-sur-Lyon, Loire (Anfang 20. Jahrhundert).

Rechte Seite: Hühner in der Bresse, hochgeschätzter Bestandteil unseres Kulturerbes.

Valle aus Nantua im Ain (Mitte des 19. Jahrhunderts).

Bauernhof in der Bresse, in Pont-de-Vaux im Ain (Ende des 19. Jahrhunderts).

AIN, BRESSE, DOMBES UND BUGEY

In der Bresse verschafften die Teiche der Bevölkerung ein zusätzliches Einkommen, hinzu kamen die Jagd und die Herstellung von getrockneten Torfziegeln, mit denen die großen Schornsteine der Höfe beheizt wurden. Das natürlich gehaltene Geflügel der Bresse ist bis heute eine der wichtigsten Einnahmequellen der Bauernhöfe. Ihre Eier verschickte man nach Lyon. Die Zucht halbwilder Arbeitspferde, die sich in den Sümpfen und Teichen tummelten, zog auf den jährlichen Auktionen die Pferdehändler aus den Departements Cher, Indre, Allier und Yonne an. In den Bergen des Bugey um Nantua befanden sich Drechslereien, Baumwollspinnereien, Papier- und Kammfabriken sowie Ledergerbereien.

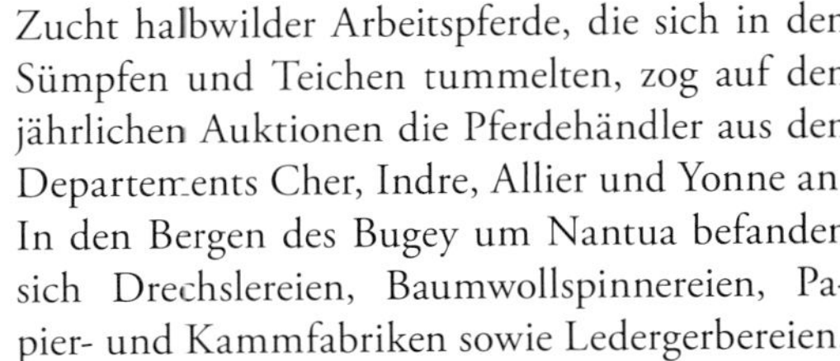

Nantua profitierte von einer langen Messerschmiedelinie, die von der Familie Valle begründet wurde. Antoine Valle war während der Revolution aus dem Puy-de-Dôme geflohen, wahrscheinlich vor der Zwangsrekrutierung der Messerschmiede, die in Werkstätten in beschlagnahmten Kirchen die Säbel der Republik schmieden mussten, und richtete seine Messerschmiedewerkstatt in Nantua ein. Sein Sohn Blaise Valle trat seine Nachfolge an, und nach seinem Tod im Jahr 1846 übernahmen Michel, der 1862 starb, und sein Bruder Étienne, der 1882 starb, die Geschäfte. Der Sohn von Étienne Valle, Blaise-Joseph, beendete die Familiengeschichte der Messerschmiede, als er 1895 starb.

Das hier gezeigte Valle-Messer stammt aus der ersten Hälfte des 19. Jahrhunderts. Bei der Form kann man den Einfluss von Messern aus angrenzenden Regionen erkennen: das Fass für den langen Griff und die lange Mitre eines Rumilly. Im Gegensatz zum Rumilly, bei dem der

Rechte Seite: Gedruckter Katalog von Martouret in Saint-Étienne, ca. 1880. Slg. MCT.

Niet am Griffende sowohl das Ausklappen von Klinge und Säge ermöglicht, dreht sich hier die Säge am hinteren Niet des Griffs.

Das Eustache

Das Eustache war das Messer einfacher Leute und bestand aus nur drei Teilen: einer handgeschmiedeten, gut schneidenden Klinge, einem extrem einfachen Griff aus Holz oder Horn und einem Niet als Achse der Klinge. Kein Ressort. Benutzern während des Ancien Régime war aufgefallen, dass auf dem Griff der Messer des Couteliers Eustache Dubois aus Saint-Étienne in großen Lettern die Aufschrift *Véritable Eustache Dubois* (echtes Eustache Dubois) eingraviert war. Sie beanstandeten die Verwechslungsmöglichkeit des Namens Dubois mit du bois (aus Holz), und so ging das Wort Eustache unfreiwillig in die Geschichte ein.

Die Klingen wiesen eine große Vielfalt auf: tiefe Spitze, türkische Spitze, zentrierte Spitze und Yatagan-Klingen wie die späteren Laguioles. Der Stahl für die Klingen kam aus Rives in der Isère. Er wurde in Hammermühlen am Fluss, sogenannten *Martinets*, gestreckt und zu Stahlstäben weiterverarbeitet, die von den Klingenschmieden leichter zu handhaben waren. Praktisch alle waren in Le Chambon, einem kleinen Dorf in der Gegend von Saint-Étienne, ansässig.

Die Herstellung der Klingen erfolgte vollständig von Hand. Die Schmiedewerkzeuge waren einfachster Art, aber gut durchdacht, sodass man mit ihnen schnell und in großen Stückzahlen produzieren konnte. Ein Familienvater schmiedete täglich 12 bis 14 Stunden lang, während die Kinder Kohle oder das Wasser zum Abschrecken holten. Die meisten Schmiedegattinnen waren Bandweberinnen. Wenn sie ihren Männern nicht beim Ziehen des Blasebalgs halfen, arbeiteten sie an ihren Webstühlen.

Um bei der Arbeit effektiv voranzukommen, fertigten sich die Schmiede geniale Form-Ambosse, sogenannte Tas, die auf dem Schmiedeamboss befestigt wurden und in deren Form die Klingen geschmiedet werden konnten. Je nach Auftrag wurde der passende Tas zum Schmieden von *Talons à deux clous* (Talons mit zwei Nieten) oder von Klingen mit *Lentilles* (Linsen) angebracht, die bei Eustaches als Anschlag der Klingen auf dem Rücken des Griffs dienten.

Jede Klinge wurde sechsmal angefeuert und erhielt bei jedem dieser Vorgänge zwölf Hammerschläge. Der Schmied hatte seinen Hammer also 864 Mal je ein Dutzend gefertigter Klingen erhoben. So hatte unser Mann am Ende eines langen, harten Arbeitstags den Stahl 7000 Mal in 50 bis 75 heißen Schlägen bearbeitet, um bis zu zehn Dutzend Klingen zu schmieden, und all das für ein karges Einkommen. Die Schmiede waren sogar so arm, dass sie ihre Werkzeuge wie Amboss und Blasebalg mieten mussten. Um über die Runden zu kommen, musste es schnell gehen.

Stéphanois à lentille, Descos à La Clef, bemaltes Holz (19. Jahrhundert).

Yatagan-Stéphanois à lentille (18. Jahrhundert).

8

FABRIQUE DE COUTELLERIE

Ancienne Maison **RENODIER** Père & Fils

J. Martouret Successeur

8, Cours St. Paul, 8.

St. ÉTIENNE (Loire.)

. Vaton (Autographie)

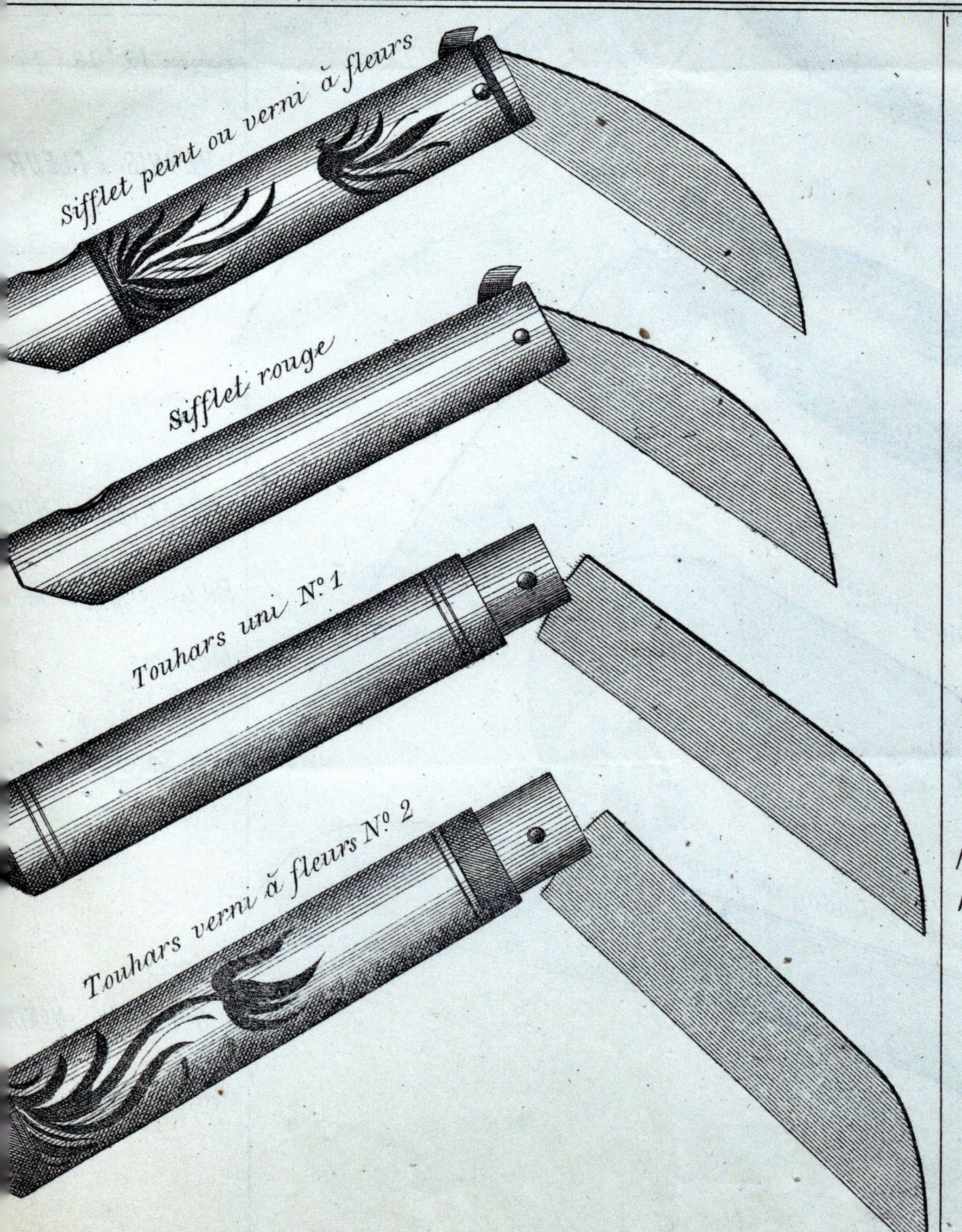

COUTEAUX SIFFLET

Peints à fleurs	la grosse	4, 50
Vernis	„ „	4, 75
Rouge uni	„	4, 50

COUTEAUX THOUARS

A VIROLE FER

No. 1 manche noir, rouge ou jaune	la grosse	7, fr.
No. 2	„	8,
No. 1 manche vernis à fleurs	la grosse	7, 25
No. 2	„ „ „ „	8, 25

Stéphanois à la dauphine, verblasste Marke (19. Jahrhundert).

Nach der Härtung wurden die Klingen zum Fluss an die Ufer des Furan, der Ondaine, der Valcherie oder des Chevanelet in eine der *Moulières* getragen, wo sie ihren Schliff erhielten. Dort lagen die Klingenschleifer auf einem Holzbrett direkt über den Mühlsteinen und schärften pro Tag jeweils 500 Klingen.

Saint-Étienne exportierte mehr als die Hälfte seiner Messerproduktion in die italienischen Fürstentümer und Königreiche, in die Levante, die Schweiz und nach Portugal. Im Jahr 1807, als wegen der Revolution und der Kriege des Ersten Kaiserreichs die Absätze auf den Märkten der europäischen Nachbarstaaten eingebrochen waren, ging die Zahl der Messerschmiede in Le Chambon auf nur noch 48 Klingenschmiede zurück. Die Geschäfte lagen in den Händen einer Händlerkaste, die den Ton angeben konnte, weil sie den Messerschmieden sowohl die Rohstoffe verkaufte als auch die Messerproduktion für den Weiterverkauf im Großhandel abnahm.

Indem die Händler zunächst bei der Belieferung der Schmiedewerkstätten und dann am Verkauf der Messer profitierten, verdienten sie zweimal. Die Messerschmiede aus Saint-Étienne standen ihrerseits auf Kriegsfuß mit den Händlern, weil die ihnen das Material oft vorfinanzierten und das zum Anlass nahmen, ihnen durch niedrige Entlohnung die Daumenschrauben anzusetzen. Die Kirche wurde auf die Händler aus Saint-Étienne aufmerksam, beschuldigte sie des Wuchers und drohte ihnen mit Exkommunikation.

Während des Ancien Régime schrieb das Reglement vor, dass die Verarbeitung vollumfänglich in Saint-Étienne stattfinden musste. Die Griffe aus Horn, Buchen- oder Buchsbaumholz wurden heiß in ihre endgültige Form gepresst, wodurch das kostenintensive manuelle Formen und Polieren vermieden wurde.

Die Couteliers in Saint-Étienne stellten auch gedrechselte Holzgriffe her, was sich durch die Verknappung der örtlichen Holzressourcen allerdings zum Problem entwickelte. Nach dem Ende des Ancien Régime erhielten sie wieder die Erlaubnis, Erzeugnisse aus den Departements Ain und Jura in Saint-Claude zu beziehen.

Ab der zweiten Hälfte des 16. Jahrhunderts wurden Stéphanois-Messer mit drehbaren Virolen als Klingensperre ausgestattet, lange bevor die Messermacher aus Nontron oder den Savoyen sie einführten.

Als die Waffenherstellung in Saint-Étienne ihren Aufschwung nahm, wechselten die Messerschmiede nach und nach in das neue Metier über. Die Messerherstellung hatte über 1000 Heimarbeiter als Klingenschmied, Schleifer, Griffhersteller und Monteur beschäftigt. Im ersten Viertel des 19. Jahrhunderts waren es nur noch 600, die Produktion sank auf 200.000 Messer pro Woche. Die dominanten Messerhändler hatten nie erwogen, Innovationen oder Maschinen einzuführen. Warum auch. Warum sollten sie investieren, wenn sie Messer von Hand zu niedrigen Löhnen herstellen lassen konnten?

Im Jahr 1841 gab es in Le Chambon nur noch 15 Maître-Couteliers, die ihre Produkte ausschließlich in die ländlichen Gebiete Frankreichs verkauften. Durch ihre Gier, ihren Starrsinn und die Ablehnung sozialen und technischen Fortschritts beschleunigten die Händler den Niedergang der Coutellerie in Saint-Étienne. Am Ende verlagerte Martouret, der letzte Hersteller von Eustaches, seine Produktion von

Stéphanois, Descos à La Clef (18. Jahrhundert).

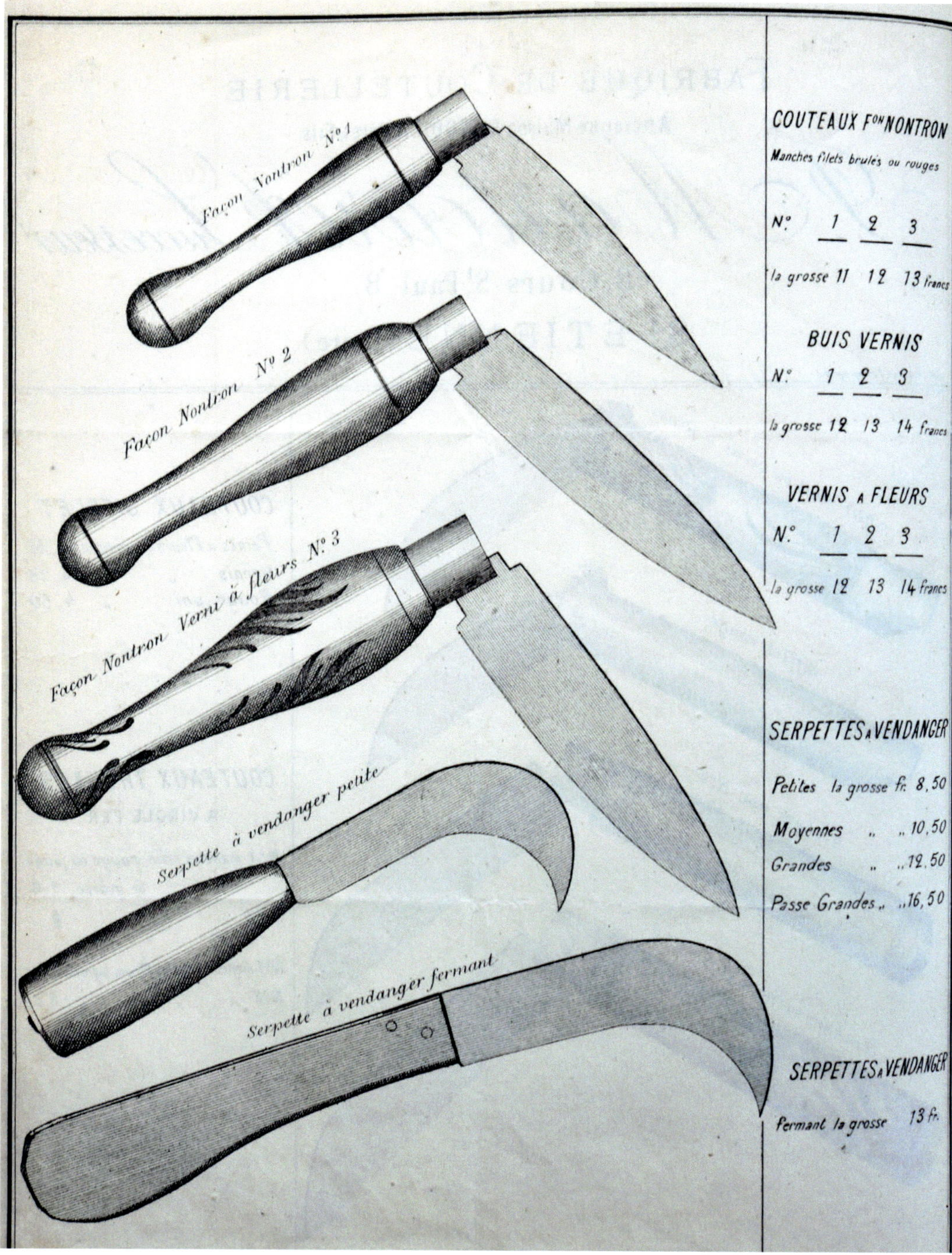

Nontronkopien, Katalog von Martouret In Saint-Étienne, um 1880. Slg. MCT.

Saint-Étienne nach Monistrol-sur-Loire. Sein Hauptgeschäft wurde die Herstellung von Schlössern und anderen Eisenwaren. Für die letzten Eustaches beschäftigte er in seiner Fabrik nur noch vier Arbeiter und stellte die Produktion 1889 ganz ein.

Saint-Étienne war das erste bedeutende Messerschmiedezentrum, in dem Messerkopien hergestellt wurden, die in anderen Städten entstanden waren: Montpelliers, Genouillats, Capucins und Nontrons. Das Nontron tauchte allerdings erst im 19. Jahrhundert auf, kurz bevor die Taschenmesserproduktion in Saint-Étienne eingestellt wurde. Bis ins 20. Jahrhundert gab es in Saint-Étienne nur noch eine Handvoll Hersteller von Küchenmessern und Florettklingen.

Gehöft in einem Weiler in den Hochsavoyen (19. Jahrhundert).

HAUTE-SAVOIE

Savoyen, das jahrhundertelang zwischen französischen, schweizerischen und italienischen Interessen schwankte, bot seiner Bevölkerung viele natürliche Ressourcen: Wald für die Holzkohle, Wasser zum Antrieb der Schmiedehämmer sowie Erz für die Schmelzöfen. Dies waren somit ideale Voraussetzungen für metallverarbeitende Tätigkeiten neben der Landwirtschaft auf den Höfen, von der man kaum autark leben konnte. Alle Rahmenbedingungen waren also vorhanden. Tatsächlich gab es bereits im Mittelalter eine Vielzahl von kleinen metallverarbeitenden Betrieben, Eisenöfen und Schmieden in Savoyen.

Das Herzogtum Savoyen mit seiner Hauptstadt Turin war als einer der abhängigen Staaten unter Sardischer Herrschaft in das Königreich Sizilien-Sardinien eingegliedert. Von der Revolution bis 1815 gehörte Savoyen zu Frankreich, kehrte aber als Folge des geschlagenen und gefallenen Napoleon bis 1860 zum Sardischen Regime zurück. In dieser Zeit stützte sich die königliche Macht auf zwei regionale Hauptstädte: Annecy und Chambéry.

Im 15. Jahrhundert waren 36 Messerschmieden in Annecy ansässig, deren Klingen für ihre Qualität berühmt waren. Dies schrieb man der Härtung in dem kalten, mineralhaltigen Wasser des Thioux zu. Messer und Blankwaffen aus Annecy wurden in ganz Savoyen und der Lombardei vertrieben. Ab dem 17. Jahrhundert war die lokale Messerproduktion im Niedergang begriffen, man zählte nur noch 23 aktive Werkstätten. Im Jahr 1760 gab es in Annecy nur noch fünf Messerschmiede, eine Zahl, die im gesamten 19. Jahrhundert konstant blieb. Die Messerschmiede von Annecy und Chambéry wurden jeweils zusammen mit Schmieden, Nagelschmieden, Schleifern, Büchsenmachern, Schwertfegern, Schärfern und Spenglern in der *Confrérie de Saint Eloy* zusammengeschlossen, deren Einflussbereich jeweils auf drei Lieues (zwölf Kilometer) um diese beiden Städte herum begrenzt war.

In Chambéry konnte ich im Archiv der Herzöge von Savoyen die Statuten der Confrérie einsehen. Die eine Hälfte regelte die Einhaltung der Religion innerhalb des Berufsstandes, die soziale Hilfe und die Solidarität im Todesfall. Die andere legte gemeinsame Regeln für die Berufsausübung der einzelnen Metallberufe fest.

Savoyen war ein offenes Land für ausländische Arbeiter, die sich dort niederlassen wollten. Dafür musste man lediglich einen guten Leumund nachweisen, der durch das Zeugnis eines Pfarrers oder, noch besser, eines Bischofs bescheinigt war, und musste Nachweise der vorherigen Arbeitgeber vorlegen, in denen man von seinem Arbeitsplatz entlassen worden war. Bevor sich ein Lehrling um den Status eines Messerschmiedemeisters bewarb, musste er fünf Jahre bei einem Meister gearbeitet und die Prüfung des Meisterstücks vor zwei Messerschmiedemeistern abgelegt haben. Wenn sie nicht bestanden, mussten sie zwei weitere Lehrjahre absolvieren und auf eine neue Prüfung warten. Die Söhne eines Meisters gingen für eine auf zwei Jahre verkürzte Zeit in die Lehre, die sie in der Werkstatt eines anderen Meisters absolvieren mussten. Ein Meister durfte nur dann Arbeiter einstellen, wenn diese von ihren vorherigen Arbeitgebern freigestellt worden waren. Von dem Kreis der Kollegen gewählte Meisterinspektoren kontrollierten mehrmals im Jahr die Werkstätten ihrer Kollegen. Diese Inspektoren hatten das Recht, nach einem Verfahren Messer von schlechter Qualität vernichten zu lassen, wenn sie solche fanden: „Wenn sie nicht von der Kunst sind, werden sie konfisziert." Die Bestimmungen und Vorschriften hatten die Aufgabe, den Ruf des Berufsstandes zu wahren.

Andere Berufe, zum Beispiel die Schuhmacher, waren nicht in einer *Confrérie* (Bruderschaft), sondern in einer *Corporation* (Zunft) organisiert. Auch die Messerschmiede sahen darin Vorteile und stellten 1777 den Antrag, ebenfalls eine Zunft gründen zu dürfen. Sie forderten Statuten, die strikt auf ihr Handwerk zugeschnitten waren, und hoben die Notwendigkeit hervor, gegen importierte Waren zu kämpfen: „Die Messerschmiedemeister machen die gleichen Vorstöße wie die von Annecy, die im Land einen guten Ruf haben und sich durch den niedrigen Preis der Waren, die man dort einführt, diskreditieren." Die sardische Regierung verweigerte ihnen die Umwandlung von einer Bruderschaft in eine Zunft, weil sie der Ansicht war, dass die Notwendigkeit einer solchen Änderung nicht gegeben sei. Die *Confréries de Saint Eloy* in Chambéry und Annecy übten ihre Funktion von 1648 bis 1855 aus. Während der ersten französischen Periode zwischen der Revolution und 1815 waren ihre Aktivitäten ausgesetzt.

Nachdem Savoyen wieder an Frankreich gefallen war, wurde der Marquis de Lescheraines (in der Nähe von Annecy) von den Revolutionären der Französischen Revolution dazu verurteilt, bei einem Messerschmied eine bürgerliche Lehre zu absolvieren. Es wurde zu einer vollkommenen Überraschung und die Strafe verwandelte sich in einen Segen, denn der Marquis entwickelte eine Vorliebe für Schmiedearbeiten und die Kunst der Messerschmiede. Schließlich fand er darin seine neue Berufung und Napoleon erteilte ihm im Jahr 1812 die Erlaubnis, „auf der Seite der Berge Stahl zu machen". Allerdings war die Genehmigung sofort wieder hinfällig, weil Savoyen zurück unter sardische Herrschaft fiel. Die Turiner Machthaber erlaubten ihrerseits dem Marquis die Herstellung von Messern und Werkzeugen und verlangten, dass er auch Sägen herstellte. Außerdem wurde ihm dringend empfohlen, seine Schmiede, die beiden Öfen und den Hammer mit Steinkohle statt Holzkohle zu betreiben, weil die Ressourcen der savoyischen Wälder erschöpft waren.

Der Herr Machard errichtete 1822 eine Manufaktur mit bis zu 40 Arbeitern an den Standorten Annecy und Cran. Der Fluss lieferte Energie für zwei Wasserräder und die Werkstatt, in der Messer, Besteck und Kämme hergestellt wurden. Die kürzlich geschlossene Messerschmiede Gurcel in der Altstadt von Annecy war vom 18. bis zur Mitte des 20. Jahrhunderts im Besitz derselben Familie.

Die Messerproduktion in Annecy war im 19. Jahrhundert hauptsächlich im Viertel Faubourg de Bœuf angesiedelt. Dort gab es 1861 sechs Werkstätten: Jean-Baptiste Dubbetier, Michel Dunoyer, Joseph Gurcel, Nicolas Dubettier, Jean-Louis Rosset und Jean-Claude Rosse, wobei anzumerken ist, dass weder die Brüder Rosset noch die Dubettiers in gemeinsamen Werkstätten der Geschwister arbeiteten.

Rumilly, Chapuisat in Rumilly (Hochsavoyen), um 1810.

Schornsteinfeger aus den Savoyen.

Das Petit Savoyard und die Bauernmesser

Auch im Chablais-Massiv zwischen Genfer See und Cluses basierte der Lebensunterhalt der Landbevölkerung auf deren Eigenversorgung. Im Winter schmiedeten viele Bauern deshalb Messer, vor allem rund um die Dörfer Bogève, Villard, Boëge, Bellevaux, Habère-Poche und Salles, um sich ein zusätzliches Einkommen zu erwirtschaften. Auf allen Höfen gab es mindestens einen Jugendlichen, der als Saisonarbeiter auswanderte. In Gruppen und zu Fuß zogen sie dann als Schornsteinfeger über Land. Andere, etwas ältere Jugendliche zogen mit kleinen Schleifsteinen durch die Gegend, die sie an Gurten auf dem Rücken trugen, sodass deren ganzes Gewicht auf ihren jungen Schultern lastete. Sie alle versuchten, die auf den Höfen geschmiedeten, vorwiegend feststehenden, schlichten Messer und einfachste Klappmesser zu verkaufen.

In Rumilly, einem Marktflecken mit 4000 Einwohnern, etwa 20 Kilometer von Annecy entfernt, erfassten die Statistiken des Sardischen Regimes im Jahr 1860 die Gewerbezweige, in denen der Großteil der Bevölkerung beschäftigt war: Gerbereien, Spinnereien, Webereien für Leinen, Hanf und Baumwolle, Mühlen und Sägewerke. Die Messerherstellung war damals bereits in Vergessenheit geraten, obwohl die Messer bei den Kunden in den Savoyen einen guten Ruf genossen *(Petits Savoyards sind in Frankreich bis heute ein feststehender Begriff. Opinel hat sich diesen Begriff für eines seiner Messer markenrechtlich schützen lassen. Anm. d. Übers.).*

Das Rumilly

Das Rumilly nur als ein Messer mit Hirschhorngriff, einer Klinge und einer Säge zu beschreiben, ist stark verkürzt. Ein Rumilly war mehr, seine Mechanismen waren vielfältiger: Zwangsverzahnung, Parallelressorts und so weiter, deren Entriegelung man durch abwechselndes Betätigen des jeweils anderen Teils zum Anheben der Mouche und Lösen der Arretierung bewirkte. Als Griffmaterial fand man bei alten Rumillys Horn oder Holz. Die Anzahl seiner Bestandteile konnte bis zu sechs Teile betragen: Klinge, Schuhsohlenkratzer, Ahle, Säge, Splintsonde, Serpette, Dorn, la Flamme für den Aderlass, Korkenzieher. Was die Klingen betrifft, so reichten deren Varianten vom starken Yatagan über Bourbonnaise-Klingen mit nach unten gerichteter Spitze bis hin zu Stylet-Klingen. Ihre Längen reichten von acht Zentimeter für Kinder bis 20 Zentimeter für große Hände.

Bei den meisten Rumillys musste der Benutzer, wenn er abwechselnd Klinge oder Säge am selben Kopfniet öffnen wollte, das jeweils andere Teil halb öffnen. Damit hob er die Arretierung an und konnte so das eine Teil, Klinge oder Säge, freigeben. Wehe demjenigen, der beide Teile gleichzeitig öffnete! Damit blockierte er beide geöffneten Teile, und man hätte sehr schlau sein müssen, sie wieder ohne ein Hebelwerkzeug zu schließen. Messer dieser Art fanden sich in den Taschen savoyardischer Bauern und Jäger. Dieses Verriegelungssystem hatte bei der Verwendung in den Bergen einen Vorteil, denn unter winterlichen Bedingungen im Wald war es leichter zu

Messer links: einteiliges Rumilly aus Rumilly. Die Marke mit der gekrönten Hand ist älter als die berühmte Marke aus Savoyen (Anfang des 19. Jahrhunderts).

Messer rechts: Dreiteiliges Rumilly mit seitlichem Korkenzieher und Säge, unbekannte alte Marke aus Rumilly (Mitte 19. Jahrhundert).

Vierteiliges Rumilly mit zwei Klingen, Korkenzieher und Dorn von Chapuisat in Rumilly (Haute-Savoie), um 1860.

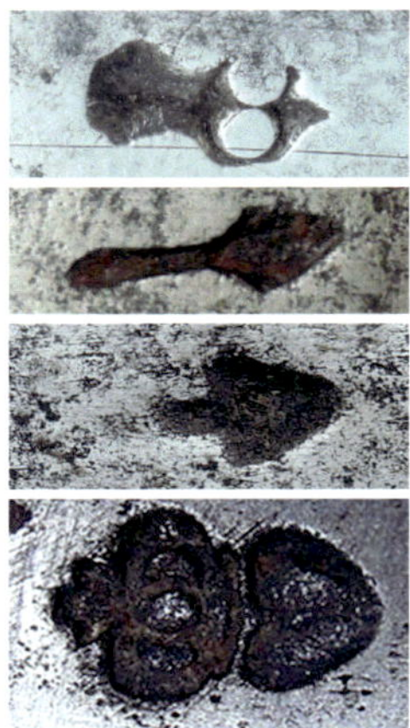

Alte Marken der Couteliers in Rumilly.

bedienen als eine herkömmliche Arretierung. Die sehr lange Fliege der Feder verlieh diesem Messer einen gewissen Charme. Das Rumilly genoss einen guten Ruf wegen seiner Robustheit, seine Verarbeitung war jedoch eher rustikal. Es wurde in kleinen Familienwerkstätten in reiner Handarbeit von Messerschmieden hergestellt und war als robustes Messer für den Einsatz in der nassen und kalten Bergwelt der Savoyen konzipiert.

Die Messerschmiede und Griffmacher aus Rumilly hatten gut erkannt, dass Horn in der feuchten Kälte der Alpen ein ungeeignetes Griffmaterial war und zogen gleich aus mehreren Gründen Hirschhorn vor. Zum Ersten war es feuchtigkeitsresistent, zum Zweiten besaß es ein natürliches Relief, das die im Winter durch Kälte und Schnee tauben Hände der Jäger besser greifen konnten, und zum Dritten kam hinzu, dass Hirsche in den Wäldern des Clergeon-Massivs, dessen Hänge sich bei Rumilly erheben, gejagt wurden. Das Rohmaterial war also ganz in der Nähe verfügbar, leicht zu beschaffen und damit ideal geeignet. Die Messerschmiede und Griffmacher, alles Heimarbeiter, schliffen die Griffoberflächen nicht glatt, sondern ließen das Relief erhaben stehen.

Die Jagd war die wichtigste Beschäftigung einiger Savoyarden und eine wertvolle Ressource für die Couteliers. Die Jäger verkauften die Geweihe an die Messermacher. Dabei half ihnen die Säge am Messer bereits beim Zerteilen des Geweihs und mit der Ahle konnten sie die Häute der erlegten Tiere in Partien aufhängen, um sie dann an Gerber zu verkaufen.

Rumilly war Geburtsort und Wiege dieses ganz besonderen Messers, auch wenn es in anderen Städten der Region ebenfalls hergestellt wurde, zum Beispiel in La Roche-sur-Foron, Seyssel, Annecy, Bellet, sogar in Carouge und Genf, das während der ersten französischen Periode zwischen 1792 und 1815 Teil des Departements Mont-Blanc und damit Vorläufer des Departements Savoyen war.

Großes vierteiliges Rumilly mit langem Dorn und Säge, unleserliche Marke (Mitte 19. Jahrhundert).

Großes mehrteiliges Rumilly mit gewölbten Rosetten von Chapuisat in Rumilly (Haute-Savoie), Dekor, um 1860.

Feilarbeit eines Messerschmieds aus Rumilly, um den harmonischen Schluss der Teile im Griff zu gewährleisten.

In einem Mitteilungsblatt von Alba war aus der Feder eines Lokalhistorikers zu lesen, dass „die Messerschmiede von Rumilly im 18. Jahrhundert in einer Zunft zusammengeschlossen waren, dass sie entlang eines in der Stadt fließenden Bachs, dem Nant Dadon, angesiedelt waren". Diese Information ist falsch und wurde von einige Autoren ohne Überprüfung übernommen. Ich habe Tage damit verbracht, Manuskripte und alte Register der Taille, der Gabelle und der verschiedenen Steuern auf Handwerksberufe, Heiratsregister und Beschlussfassungen der *Consuls* zu durchforsten. Von Anfang bis Ende des 18. Jahrhunderts fand ich in Rumilly keinen einzigen Messerschmied, sondern nur Schmiede und Taillandiers.

Die Hypothese, dass es im 18. Jahrhundert eine Messerschmiedezunft gab, ist phantasievoll, aber dazu hätte es in Rumilly mehrere Messerschmiedemeister geben müssen. Nur, die Archive belegen es, es gab keinen. Darüber hinaus ist zu bedenken, dass die sardische Regierung die Niederlassung von Messerschmieden in Savoyen abgelehnt hatte. Messerschmiede gab es im 18. Jahrhundert nur in Croisy und Sales, zwei Nachbardörfern von Rumilly.

Jean-Louis Chapuisat war der erste Messerschmied, der sich um 1785 in Rumilly niederließ. Er war der Sohn von Jaques Chapuisat, einem

Mehrteiliges Rumilly-Gärtnermesser mit Serpette-Klinge, Chapuisat in Rumilly (Haute-Savoie), um 1880.

Messerschmiedemeister in Chambéry. Seine Lehre als Messerschmied absolvierte er in Annecy, wo ich ihn in den Salzsteuer-Registern fand. Er heiratete dort 1782. Während der Revolution fand ich ihn im Register der Berufspatente der Stadt Rumilly wieder. Er war der Begründer der Messerschmiededynastie Chapuisat, die bis 1900 Messer für die Einwohner von Rumilly schmiedete. Auf Jean-Louis Chapuisat folgten Joseph, Pierre und Jean-Pierre (geb. 1838), dieser war bis 1900 Messerschmied, verstarb 1919 und war der letzte Messerschmied dieser Dynastie.

Nach der Revolution hatte sich die Zahl der Messerschmiede in Rumilly nicht erhöht. Durch den Fall Napoleons und die Rückkehr Savoyens zur sardischen Herrschaft war ein kleiner Aufschwung zu spüren: 1819 gab es zwei Werkstätten, in denen jeweils der Patron und zwei Arbeiter beschäftigt waren. Im Jahr 1837 wurde der Höhepunkt erreicht, als zwölf Personen an der Messerproduktion beteiligt waren. Die Werkstätten waren Familienbetriebe, in denen Vater und Sohn arbeiteten, manchmal konkurrierten zwei Brüder in getrennten Werkstätten miteinander. Im Jahr 1861, nach der Vereinigung Savoyens mit Frankreich, gab es nur noch sechs Werkstätten. Im Jahr 1876 sank die Zahl auf vier, ein Bestand, der bis 1881 konstant blieb, dann auf eine einzige Werkstatt, die der Brüder Bouvier, die in der Zwischenkriegszeit geschlossen wurde. Danach montierte der Scherenschleifer Maure noch einige Messer, bevor er zum Messerhändler wurde. Im örtlichen Gedächtnis ist die Erinnerung an einige *Chamoiseurs* (Sämischgerber) haften geblieben, die Hirschgeweihe zu Messergriffen verarbeiteten und abends in Heimarbeit Messer montierten, um sich ein zusätzliches Einkommen zu verschaffen.

Es gab auch weniger bekannte Werkstätten, die Messer herstellten. Zu ihren

Dreiteiliges Rumilly mit Ahle von Jacquet in La Roche-sur-Foron (Haute-Savoie), um 1905.

Großes Rumilly mit langer Mouche und Cran d'arrêt à anneau, Jacob in Annecy (Haute-Savoie), um 1870.

Großes, fünfteiliges Rumilly mit Korkenzieher und zwei Ressorts, Bouvier in Rumilly (Haute-Savoie), um 1900.

Vierteiliges Rumilly, Bouvier in Rumilly (Haute-Savoie), um 1890.

Besitzern und Arbeitern zählen: André, Bounoux, Baud, Bonnoure, Croizillat, Cottin, Croisolet, Deplante, Gallet, Gavard, Maure, Prume, Perret, Perreau, Ruffat und Rosset.

Antoine Bouvier wurde 1820 Messerschmied und war der erste Messerschmied der Familie Bouvier, dem bis 1930 die Messerschmiede Jean-Pierre, Bernard, Marie, Pierre-Marie, Claudius-François, Joseph und Louis folgten. Sie waren die bekannteste Familienlinie, die mit den beiden Brüdern Joseph und Louis um 1930 die Geschichte der Messerschmiede in Rumilly beendete. Ein Datum, das auch von der Familie Bouvier bestätigt wurde. Eine im Jahr 1939 für die Präfektur der Hochsavoyen erstellte Namensliste der Handwerker verzeichnete in der Stadt keinen Messerschmied mehr. Louis und Joseph Bouvier wandten sich um 1930 anderen Berufen zu, einer der beiden trat in die *Société du Lait Mont-Blanc* ein.

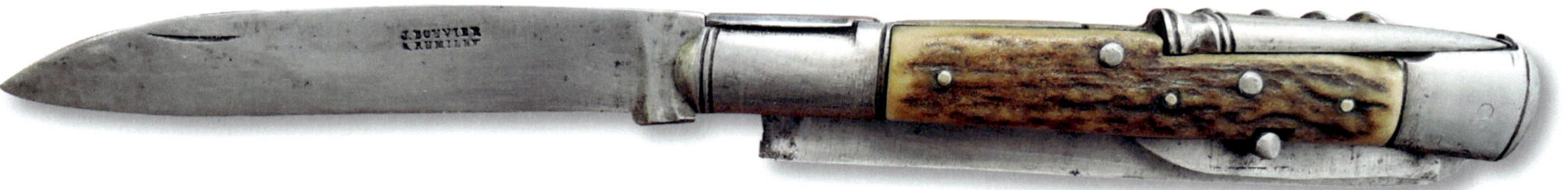

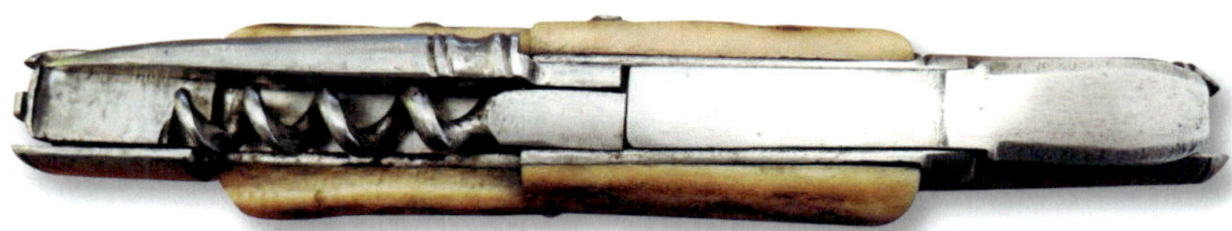

Fünfteiliges Rumilly von Joseph und Louis Bouvier in Rumilly (Haute-Savoie), um 1920.

Die savoyardische Coutellerie musste sich ab 1875 mit der Konkurrenz aus Thiers auseinandersetzen. Bertry-Guionin, der mit *au Q couronné* markte, gehörte zu den ersten Herstellern sogenannter Rumilly-Messer aus Thiers. Ab 1890 schmiedeten Jean-Baptiste und Jean-Marie Thérias in Barbarin und später in Membrun in den Thiernoiser Bergen eine ganze Reihe von Rumillys für Rousselon Frères, deren Zulieferer sie waren. In Handarbeit fertigten sie vom zweiteiligen mit Säge über dreiteilige mit Ahle oder Korkenzieher bis hin zu fünfteiligen Messern in vier Größen. All diese Angaben finden sich in den handschriftlichen Notizbüchern der beiden Brüder. Andere Hersteller aus Thiers begannen Ende des 19. Jahrhunderts mit dem Rumilly: Soanen-Mondanel, Tournilhac und Delotz unter der Marke 7 Guionin Aîné. Sie verkauften die Messer über ihre Reisenden in beide Savoyen.

DAS UNBELIEBTE RUMILLY

Bei den Monteuren in den Bergen von Thiers war das Rumilly verhasst. Sie sagten, es sei "eine wahre Zumutung zum Arbeiten". Um rentabel arbeiten zu können, wiesen die von Hand geschmiedeten Teile große Toleranzen auf, mit der Folge, dass sie mit den für ein ordentlich funktionierendes Messer notwendigen Korrekturen zu viel Zeit mit Feilarbeiten verloren. Für sie war es schlicht unrentabel. In den 1960er-Jahren wurde die Herstellung zweiteiliger Rumillys mit Säge eingestellt. Erst in jüngerer Zeit stellen es einige Handwerker in Thiers in sehr vereinfachter Form wieder her.

Zweiteiliges Rumilly von Soanen (Thiers), um 1890.

In dem kleinen Gebäude unterhalb befand sich die ursprüngliche Nagelschmiede von Victor-Amédée Opinel.

Messer mit einfacher Virole von Joseph (1845–1893), dem Bruder von Daniel Opinel, Gévoudaz, Gemeinde Albiez-le-Vieux (Savoyen), um 1870.

SAVOIE

Das Opinel, das Messer der Savoyarden

Die Geschichte Opinel begann in Maurienne am Ufer des Wildbachs Arvan, einen Steinwurf von den piemontesischen Pässen entfernt, die ins italienische Val de Suze führen. In dieser Bergwelt mit extrem harten Wintern wurde Victor-Amédée Opinel (1796–1856) geboren. Seine berufliche Laufbahn begann er als Hausierer. Nach den Erinnerungen der Familie blieb ihm von seinen Reisen der Aufenthalt bei einem Nagelschmied im Gedächtnis. Nach seiner Rückkehr in die Heimat Gévoudaz, einem Weiler der Gemeinde Albiez-le-Vieux nahe Saint-Jean-de-Maurienne, gründete er dort seine erste Schmiede, in welcher Nägel geschmiedet wurden. Diese Schmiede befand sich im Viertel du Colombier an einem kleinen Flusslauf, der vom Arvan abgezweigt worden war, oberhalb der alten Brücke und unterhalb eines Weges, der Gévoudaz mit La Brevière verband.

Zu dieser Zeit waren die Zugänge nach Saint-Jean und Basse-Maurienne extrem schwierig und unter dieser Abgeschiedenheit litt auch die Gruppe der Weiler um Gévoudaz. Außerdem musste man, um im Arvan-Tal überleben zu können, mehrere Berufe ausüben. Victor-Amédée Opinel findet man in den Urkunden zunächst als Landwirt und Nagelschmied. 1842 ändert sich sein beruflicher Status, er wird als Coutelier geführt und begann mit der Herstellung einiger kleiner Werkzeuge wie Serpettes.

Victor-Amédée zeugte ein stattliches Geschwisterpaar zukünftiger Messerschmiede und Schneidwarenhersteller. Zunächst Pierre (1829–1912), dann Daniel (1842–1923) und schließlich Joseph Opinel (1845–1893). Es war vor allem sein Sohn Daniel, der sich am stärksten in der Messerherstellung engagierte, denn Victor-Amédée starb recht jung und Daniel kaufte dessen Werkstattanteile.

Pierre verließ die Familienwerkstatt und gründete 1858 eine Taillanderie einige Kilometer von Gévoudaz entfernt in Fontcouverte am Plan des Rois. An der Brücke von Gévoudaz zweigte ein Fluss ab, der Wasser zu drei hydraulischen Anlagen führte, die Mühlen und Werkzeuge antrieben. In diesem Atelier wurden auch Schneidwaren hergestellt. Sein Sohn, Jean-Marie Opinel (1880–1949), ließ 1909 eine erste Marke *J-M Opinel* und 1914 die Marke *La Croix et Palme*, gefolgt von dem Namen Opinel, beim Handelsgericht Saint-Jean-de-Maurienne eintragen. Das Unternehmen wurde unter der Leitung von Jean-Maries Sohn Colbert (1916–1967) weitergeführt. 1945 investierte das Unternehmen in

neue Räume in Saint-Jean-de-Maurienne, um sein Geschäftsfeld zu erweitern. Aber schließlich fand der Umzug der Produktion nicht statt und die neuen Räumlichkeiten wurden nur für Lagerung und Versand genutzt. 1967 stellte die Fabrik ihre Tätigkeit ein.

Daniel Opinel arbeitete zusammen mit seinem Vater Victor-Amédée in der Familienwerkstatt weiter oben in der Nähe von Gévoudaz. Im Jahr 1856 bauten sie eine größere Werkstatt, die näher am Arvan lag, und legten einen neuen Zulauf an, der das Wasser in einer Windung unterhalb des Bachlaufs entnahm. Um den reißenden Bach nicht zu stören, hatte man kein Stauwerk genehmigt. Das Wasser des Wildbachs wurde im Mühlgraben kanalisiert, durchquerte eine Wiese und gelangte nach einer Biegung in die Werkstatt. Die Schmiede mit der Feuerstelle lag im Erdgeschoss. In Höhe der Decke kam das Wasser durch ein Holzrohr in die Werkstatt und trieb zwei im Raum liegende Wasserräder an. Das eine drehte die Achse mit den Nocken für die Schmiedehämmer, das andere die Schleifsteine für den Klingenschliff.

Oben links:
Daniel Opinel und seine fünf Kinder (Nachfolger Joseph Opinel oben links, 1872–1960).

Oben rechts:
Die Werkstatt der Coutellerie-Taillanderie Daniel Opinel in Gévoudaz (Savoyen).

Mauriennais des Coutelier-Taillandier Galopini, um 1900.

Ein Opinel mit der Marke Croix et Palme von Jean-Marie Opinel (1880–1949).

Die Manufaktur von Joseph Opinel (1872–1960) in Pont de Gévoudaz wurde 1901 eingeweiht.

Bei Opinel in Gévoudaz verwendete man in der Schmiede keine Blasebälge. Um Wind für die Esse zu erzeugen, benutzte man ein Venturi-Rohr, in dem das durchfließende Wasser den erforderlichen Luftstrom für die Glut erzeugte. Die Klingen von landwirtschaftlichen Geräten, Serpettes und Messern wurden unter dem *Martinet à picot* (Fallhammer) grob und dann auf dem freistehenden Amboss mit dem Handhammer des Schmieds ausgeschmiedet.

Die Schmiedewerkstatt wurde durch einen hölzernen Schuppen verlängert, in dem sich das zweite der Wasserräder befand, das die Schleifsteine antrieb. Bei Daniel Opinel lagen die beiden Schleifer auf ihrem Brett über dem Schleifstein. Dann legte der Schleifer die Klinge in ein *Bâton* (Haltevorrichtung aus Holz) und presste sie für den Schliff an den Sandstein. Ein kleiner Ofen beheizte mit Mühe den Raum. Das Wasser floss anschließend in einer Rinne an der Wand die Werkstatt entlang zurück in den Arvan.

Das Erdgeschoss bestand aus gekalkten Trockensteinen und diente als Unterbau für das Obergeschoss der Werkstatt, das wie die meisten Häuser in der Haute-Maurienne aus Holz gebaut war. In den ersten Stock stieg man vom Erdgeschoss über eine Außentreppe aus Holz, die vor allem den Schmieden den Weg zur Montage erleichterte. Oben arbeiteten etwa fünf bis sechs Personen, die Griffe herstellten und montierten. Es waren vor allem Einheimische, die im Ort wohnten oder zu Fuß von den anderen Weilern in Les Arves herunterkamen und dann bereits einen Fußmarsch von etwa einer Stunde hinter sich hatten. Abends stiegen sie wieder hinauf oder schliefen vor Ort in einer Scheune. Frauen, auch die Töchter der Familie Opinel, brachten ihnen auf dem kleinen Pfad, der vom Weiler zum Hammerwerk führte, das Essen, und so gelang es manchen, einen Ehepartner zu finden. Der Winter war für die Arbeiter die Zeit der Schmiedearbeiten und Montage der Griffe. Der Sommer war der Feldarbeit vorbehalten. Jeder besaß etwas Land, eine Kuh und ein paar Hühner, manchmal auch ein Maultier.

Die von Daniel hergestellten Messer weisen gewisse Familienähnlichkeiten mit den heutigen Opinel-Messern auf. Vergleichbare Messer wurden auch auf der anderen Seite des Passes, auf der italienischen Seite, hergestellt. Daniels Messer waren Bauernmesser für die Arbeit. Sie waren gerade, mit runden Griffen und einem Klingeneinschnitt bis zum Griffende, wodurch sie etwas weniger stabil waren. Für die Bauern der Gegend gehörten sie zu den Werkzeugen wie ihre Äxte. Mehr waren sie nicht.

Wenn sich die Familie richtig erinnert, dann glaubte Daniel Opinel nicht wirklich an die Messerherstellung. Nach seiner Meinung war sie keine ehrenhafte Arbeit und er sah keine besondere Zukunft für seine Werkstatt. Im Gegensatz zur Taillanderie, die nach seinem Dafürhalten ein großes Know-how erforderte, war die Herstellung von Messern keine ernsthafte Aufgabe.

Da die Schneidwaren der Familie Opinel jedoch einen guten Ruf hatten, kamen Kunden von weit her, fuhren sogar aus dem hochalpinen Oisans mit ihren Maultieren über die Pässe und blieben zwei, drei Tage im Haus, wo sie von der Familie Opinel bewirtet wurden. Die Zeit nutzten sie, um ihr Getreide in den Mühlen des Dorfs mahlen zu lassen und Werkzeuge und Messer zu kaufen. Es war wie eine jährliche Prozession, wenn die Pässe wieder zugänglich waren. Für die Opinels galt es dann, eine Unmenge von Bauern in der Umgebung zu beliefern, die ihr Handwerkzeug intensiv nutzten, was deshalb robust und haltbar sein musste. Die Produktion der Werkstatt wurde samstags auf dem Markt in Saint-Jean-de-Maurienne, auf Dorfmärkten in der Umgebung und von Hausierern verkauft.

Mit Schablone gedrechselte und gefräste rohe Holzgriffe.

Das Holz für die Griffe stammte aus dem Wald von Albiez-le-Vieux und wurde *brut de bois* (sehr roh) verarbeitet. Vor allem das im örtlichen Dialekt *le fayard* genannte Buchenholz, aber auch Esche, Kirsche, Wildkirsche und einige Obstbäume wie Birne und Apfel aus den umliegenden Gärten. Bauern aus der Umgebung schnitzten sie abends bei der Nachtwache mit dem *Paroir* (einem großen, scharfen Werkzeug, das gelenkig auf einem Holzsockel gelagert ist), um sich ein paar Münzen dazuzuverdienen. Für die Virole brauchte man kräftige Arbeiter. Vom Bandstahl schnitt man den Rohling ab und brachte ihn mithilfe einer speziellen Zange in Form.

Joseph, der erste mit diesem Namen und Daniels jüngerer Bruder, verließ die Werkstatt der Familie und machte sich selbstständig. Er pflegte gute Beziehungen zu den Besteckherstellern in

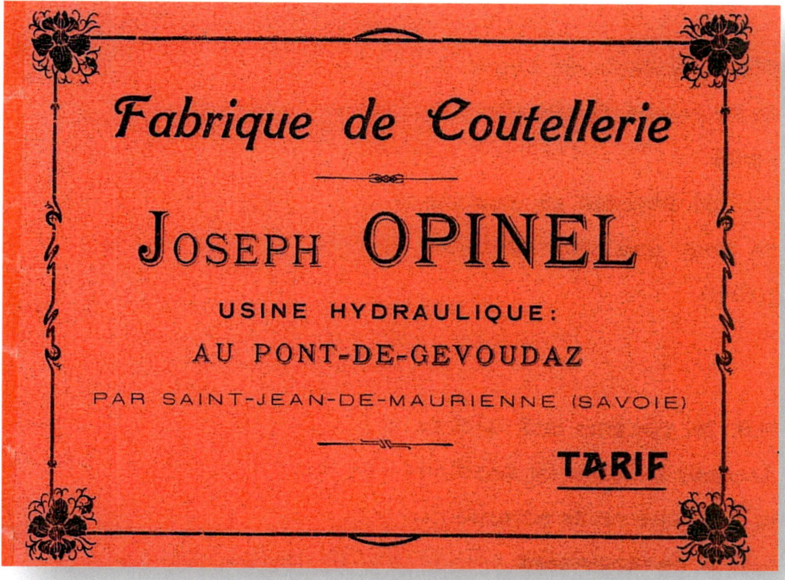

Fabrique de Coutellerie

JOSEPH OPINEL

USINE HYDRAULIQUE:

AU PONT-DE-GEVOUDAZ

PAR SAINT-JEAN-DE-MAURIENNE (SAVOIE)

TARIF

Titelseite der Preisliste von Joseph Opinel, Le Pont de Gévoudaz.

Joseph Opinel während seiner Lehre bei Lagarde in Thiers, 1897 (2. von rechts).

Thiers, insbesondere zu *Père* (Vater) Mallaret. Als ich das Archiv von Sabatier in Thiers durchforstete (eine Anregung der Ethnologin Chantal Somm), fand ich unter der Korrespondenz einen handgeschriebenen Brief von Joseph Opinel, in dem er schrieb:

Albiez le Vieux, 30. August 1874
Messieurs Sabatier,
dem Ruf Ihres Hauses folgend, kommt der Unterzeichnete, um Ihnen die folgende Bestellung zu machen, in der Überzeugung, dass ich als Messerschmied mit althergebrachter Reputation sowohl hinsichtlich des Preises als auch des Materials und der Härtung auf die tadelloseste Art und Weise bedient werde. Auf diese Weise werden wir lange und erfolgreiche Geschäfte fortführen.

Ich wende mich an Sie, auch unter der Schirmherrschaft von Père Mallaret, um Sie zu bitten, zunächst zwei Gros (zwölf Dutzend) von jedem der sieben hier aufgeführten Modelle von Messern und Serpettes zu beginnen, ein wenig kleiner als das Modell angibt. Später, wenn ich gut bedient werde, werde ich erwägen, Ihnen größere Bestellungen zu übermitteln. In der Zwischenzeit bitte ich Sie, mir mitzuteilen, wann ich diese Sendung und den Preis, den Sie für den gerechtesten halten, erhalten kann, auch mein Markenzeichen „J. OPINEL" zu beachten und dass das Ganze perfekt geschärft ist.

Was die besagten Messer betrifft, müssen Sie auf der Seite der Marke einen Schlag auf die Seite und bei den Fleischermessern einen kleinen Schlag auf die Spitze machen, um dem Fleisch den Eingang zu erleichtern. Aber für das Ganze merke ich an, dass es nur die Klingen sind, die ich für dieses Mal verlange. Später werde ich ganze Messer bestellen. Die Löcher, die Sie in die Klingen machen, sind von der Nummer 15.

Ich erwarte die Antwort umgehend und bezeichne mich als Ihren ergebenen Diener,
Opinel J. Messerschmied in Albiez le Vieux, Canton de Saint-Jean-de-Maurienne

Nachdem er eine positive Antwort von der Firma Sabatier de Bellevue erhalten hatte, bestätigte Joseph Opinel seine Bestellung in einem zweiten Schreiben:

Albiez le Vieux, den 18. September 1874
Monsieur,
ich bitte Sie, mir für dieses erste Mal von jedem Modell, das ich Ihnen geschickt habe, ein Gros zu schicken, mit Ausnahme der Serpettes, von denen Sie mir zwei Gros schicken werden. Ich bitte Sie, auf der Seite meiner Marke „Opinel Jh" eine Fase zu geben. Außerdem schicken Sie mir ein Dutzend gewöhnliche Messer mit drehbarer Virole, Sie werden sie mir per Nachnahme am Bahnhof in Saint-Jean-de-Maurienne so bald wie möglich zusenden.
Ich habe die Ehre, Sie zu grüßen,
Opinel Jh.

Anhand dieser beiden Korrespondenzen lassen sich mehrere interessante Punkte dokumentieren:

- die Herstellung von Opinel-Messern mit drehbarer Zwinge ist spätestens seit 1874 belegt
- die Kennzeichnung der Marke *Opinel Jh* ist mindestens seit 1874 auf Messern mit einer Virole vorhanden
- die Existenz von sieben Größen schließbarer Messer bei Joseph Opinel ist eindeutig seit 1874 vermerkt

Es ist wahrscheinlich, dass unser Handwerker eine kleinere Werkstatt hatte als seine Brüder und dass die Zulieferer aus Thiers seine savoyardische Produktion in Albiez-le-Vieux unterstützten, damit er die Aufträge seiner Kunden erfüllen konnte. Das gleiche Phänomen traf ich in jüngerer Zeit bei Aufträgen anderer Mitglieder der Opinel-Familie, als ich die Archive, die Buchhaltung oder die Fertigungsblätter der Werkstätten Jean Delaire und Forges Tarrérias durchforstete.

1882, während des sogenannten sardischen Regimes, waren die Savoyen und das Piemont Teil desselben Königreichs, und das Opinel-Messer begann sich zu verbreiten. Die Zeitung *Le Patriote Savoisien* berichtete eine bezeichnende Anekdote:

Mehrere Leute aus der Haute-Maurienne waren zu einem Besuch der Messe in Bolsanalo de Suze angereist, auf der sie ausstellten. Sechs von ihnen, Clément Tracy, Jean-Baptiste Fodéré, Séraphin Personnaz, Auguste Cimaz und Sébastien Boniface, allesamt ehrenwerte Leute, stiegen im Hotel du More ab, um zu Abend zu essen. Da sie wegen des großen Andrangs am Vorabend des Marktes keine Unterkunft mehr fanden, baten sie nach dem Essen darum, von der *Maréchaussée* (militärisch organisierte Polizeitruppe, Vorläufer der französischen Gendarmerie Nationale) beherbergt zu werden. Zu ihrer Überraschung

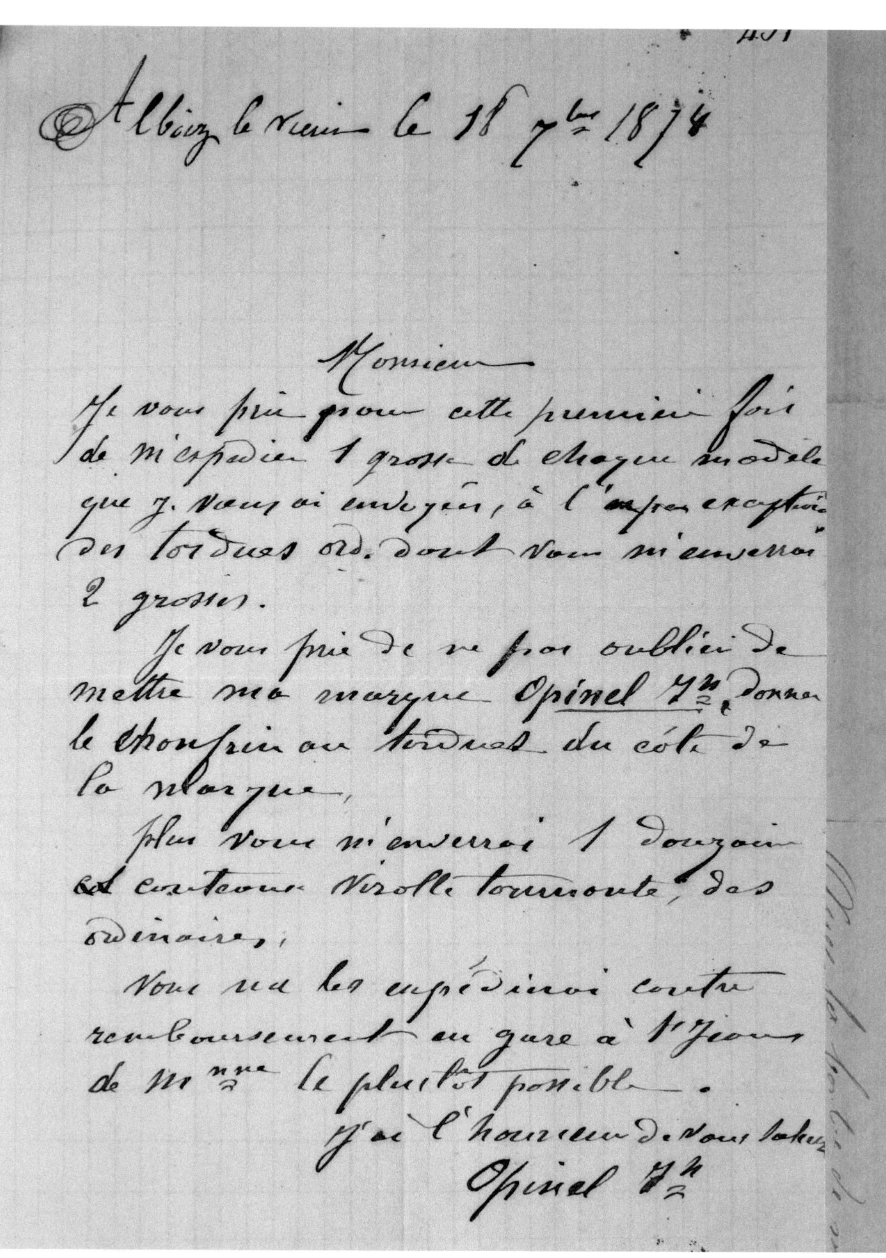
Albiez le Vieux le 18 7bre 1874

Monsieur
Je vous prie pour cette première fois de m'expédier 1 grosse de chaque modèle que je vous ai envoyés, à l'exception des tordues ord. dont vous m'enverrai 2 grosses.
Je vous prie de ne pas oublier de mettre ma marque Opinel Jh donner le chanfrein au tordues du côté de la marque,
plus vous m'enverrai 1 douzaine de couteaux virolle tournante, des ordinaires;
Vous me les expédierai contre remboursement en gare à St Jean de Mne le plutôt possible.
J'ai l'honneur de vous saluer
Opinel Jh

Brief von Joseph Opinel (des ersten mit Namen Joseph) an Sabatier Frères (Thiers), datiert vom 18. September 1874. Slg. MCT.

wurden sie hinter Gitter gesteckt. Am Morgen darauf wurden sie dank der Proteste ihrer unbescholtenen Landsleute und der Intervention des Stadtoberhauptes wieder freigelassen, mit Ausnahme von Jean-Baptiste Fodéré, den der Brigadier mit einem Opinel in der Tasche antraf. Laut diesem Brigadier überschritt das Opinel-Messer die in einigen Vorschriften maximal zulässige Länge um einen Millimeter, was Fodéré natürlich nicht wusste. Dieses friedliche Messer war 101 Millimeter lang, was ein schweres Verbrechen darstellte. Das Messer wurde als Beweisstück in der Tasche des Brigadiers aufbewahrt.

Daniel Opinel (1842–1923) hatte zwei Söhne. Der bekannteste, Joseph Opinel der Zweite (1872–1960), gründete eine eigene Fabrik und machte das Opinel aus dem Arvan-Tal zu einem Markenzeichen Savoyens und Frankreichs, vergleichbar mit dem Laguiole. Der Unterschied zwischen beiden besteht darin, dass das eine durch den Familiennamen des Herstellers bekannt wurde, das andere durch den Namen des Ortes, an dem es geboren wurde.

Ein Foto vom 16. August 1915, aufgenommen in Pont de Gévoudaz, kurz vor dem Umzug nach Cognin. Joseph Opinel steht im Türrahmen.

In der väterlichen Werkstatt hatte Daniel seinem Sohn Joseph einst eine Ecke eingeräumt, in der er mit Ideen zur Verbesserung des Messers herumexperimentierte. Sein Vater war der Meinung, dass er mit der Perfektionierung eines Messers, das damals nur nebenbei verkauft wurde, seine Zeit verschwendete. 1890 übernahm Joseph Opinel das Messer von seinem Vater, modifizierte es und verbesserte die Ästhetik. Er ersann und baute eine erste Maschine, um den Einschnitt für die Klinge so zu gestalten, dass das Griffende nicht gespalten wurde, wobei der Vorschub bei der Bedienung manuell erfolgte. 1897 wurde Joseph von seinem Vater nach Thiers geschickt, um dort seine Schmiedekenntnisse durch eine dreimonatige Messermacherlehre bei Lagarde zu erweitern. Joseph Opinel war einfallsreich und erfinderisch, und seine Leidenschaft führte ihn zur *Société Française de Photographie*, deren Mitglied er 1897 wurde. Seine erste Plattenkamera mit Balgen baute er selbst und nahm sie mit nach Thiers, wo er seine Lehre absolvierte. Joseph Opinel dokumentierte in einer Reihe von Plattenaufnahmen das Familienleben, die Arbeit in der Werkstatt und die Arbeiter seiner Equipe. Seine Aufnahmen liefern erste Informationen über seine Lehrzeit, später über das Leben des Unternehmens und der Familie Opinel um 1900. Man kann hier die Meisterschaft des Bildausschnitts bewundern, mit der Joseph es versteht, seinem fotografischen Talent mit viel einfacher Menschlichkeit eine so besondere Atmosphäre zu verleihen.

Joseph glaubte an die Zukunft seiner Messer, machte sich 1901 selbstständig und ließ nicht weit von seinem Vater entfernt eine eigene Werkstatt am Ufer des Arvan errichten. Das Hauptgebäude der Werkstatt war vollständig gemauert, die Räumlichkeiten waren deutlich größer und eine neue Leitung führte das Wasser heran. Man entnahm es weiter flussaufwärts, überquerte mittels Holzbrücken mehrere kleine Bäche und lenkte es dann in einem gemauerten Kanal zu einem Sammelbassin im Unterbau der neuen Fabrik, wo die Turbine installiert war, ein für die damalige Zeit Höhepunkt der Technik. Über Transmissionen und Lederriemen lieferte sie die Energie für die neuen Maschinen, die Joseph entwickelt hatte. Sie drechselten die Griffe mithilfe von Schablonen in Form der Standardgriffe und machten den Einschnitt für die Klingen oder die Schrägen am Griffende. Joseph erdachte Lösungen, um Messer in größeren Stückzahlen herzustellen. Der Dynamo in der neuen Werkstatt am Pont de Gévoudaz erzeugte Strom für die Maschinen und, wenn diese nicht in Betrieb waren, für die Beleuchtung des Dorfes. So gab es immer auch einen kleinen sozialen Aspekt.

Als er die neue Werkstatt eröffnete, produzierte Joseph Opinel mit drei Arbeitern 60 bis 65 Messer pro Tag, wobei die Arbeitstage wohl eher 15 als acht Stunden dauerten. An das Hauptgebäude wurde ein Holzbau angebaut, der eine Erweiterung der Werkstatt beherbergen sollte.

Während Amédée und Daniel nur Opinel auf die Klingen markten, verwendete Joseph seine 1901 eingetragene alte Marke *Opinel JH*. Dies schien kein Hindernis für eine spätere gemeinsame Anmeldung einer Marke *Opinel* mit seinem Vater Daniel und seinem Onkel Pierre im Jahr 1904 beim Handelsgericht von Saint-Jean-de-Maurienne darzustellen. Da Joseph den Ehrgeiz hatte, die Produktion zu steigern und sein Verbreitungsgebiet zu vergrößern, entwarf er eine neue Marke, die seinen Weltruhm begründen sollte: Die segnende Hand des Heiligen Johannes des Täufers, Wappen der Stadt Saint-Jean, und darüber die Herzogskrone, die daran erinnert, dass Savoyen früher ein Herzogtum war. Im Jahr 1909 meldete er *La Main Couronnée* (Gekrönte Hand) an. Die Eisenwarenhändler in der Region und die Hausierer sorgten für die Verbreitung dieser neuen Marke.

Nach und nach wurde das Opinel-Messer auch in den benachbarten Schweizer Kantonen und im nahe gelegenen italienischen Piemont bekannt. Joseph kam auf die Idee, die Savoyer

Joseph, zwei seiner Kinder und seine Arbeiter vor der Werkstatt in Pont de Gévoudaz, 1908.

Joseph Opinels Marke La Main Couronnée (gekrönte Hand) auf den Möbeln der Messe in Turin.

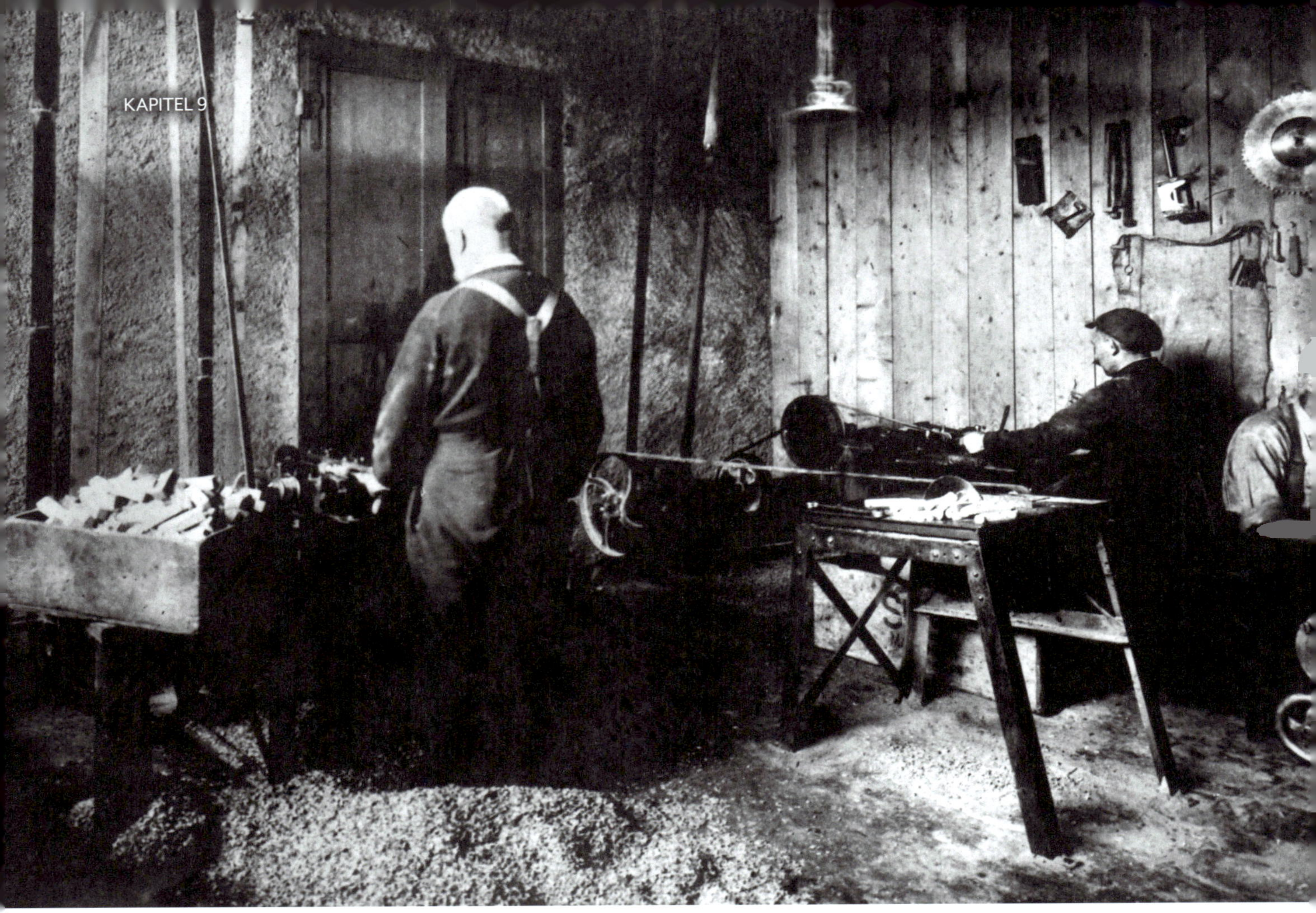

Zuschnitt des Holzes zu Kanteln für die Griffe in Pont de Gévoudaz.

Eisenbahner Messer mitnehmen zu lassen, um auch sie in anderen Gegenden zu verbreiten.

Und um seinen eigenen Bekanntheitsgrad weiter zu steigern, stellte er 1910 auf der Turiner Messe aus, wo er eine Auszeichnung für seine gesamte Produktpalette erhielt. Dies war eine so exzellente Werbung, dass er sie auf seine Briefbögen und Geschäftsunterlagen druckte.

Im Jahr 1911 eröffnete ihm der Erfolg auf der Internationalen Messe in Turin weitere Perspektiven. Seine Werkstatt zählte nun zehn Arbeiter. Zur Unterstützung holte Joseph aus Thiers Pierre Chassaing, der sein Werkstattleiter in Pont de Gévoudaz wurde. Die anderen Arbeiter stammten aus der örtlichen Bevölkerung und waren von Joseph ausgebildet worden. Joseph Opinel schmiedete, wie übrigens seine Cousins in den anderen Opinel-Werkstätten, neben Messern weiterhin kleine Schmiedearbeiten, Serpettes, Astscheren oder Messer für den Kabeljaufang.

Joseph erfand ein neues Messer mit Ressort, dessen Linienführung dem Messer mit Virole aus der Opinel-Familie ähnelte. Als er es auf der Turiner Messe ausstellte, war es bei den Besuchern sofort so beliebt, dass es in Thiers kopiert wurde und den Spitznamen l'Alpin erhielt.

In Thiers wurden auch Modelle mit Virole aus dem Hause Opinel kopiert. 7 Guionin Aîné scheute sich zum Beispiel nicht, *modèle opinel* auf seine Kataloge zu prägen, als wäre dies der gebräuchliche Name für ein Produkt. Dadurch eroberte man sich einen immer größeren Platz bei den Händlern in beiden Savoyen und begann, dem Hersteller auf die Füße zu treten. Um diesen Fälschungen ein Ende zu setzen und sich des lästigen Konkurrenten zu entledigen, nutzten

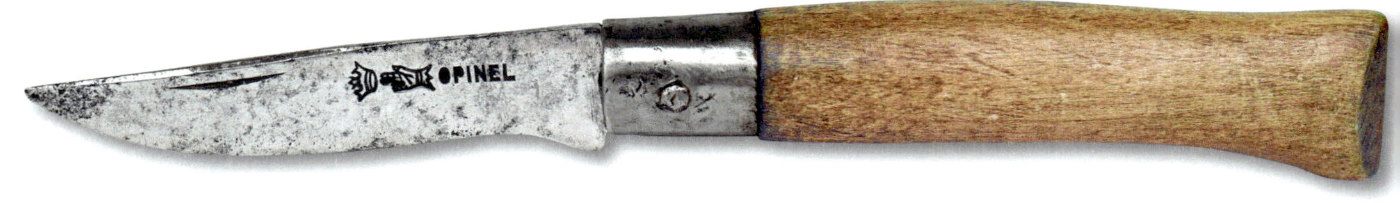

Opinel-Messer mit einfacher Virole, um 1930.

Vorbereitung der Griffe in der Manufaktur von Joseph Opinel in Pont de Gévoudaz.

Joseph Opinel (1872–1960) posiert mit einem großen Ausstellungsmesser.

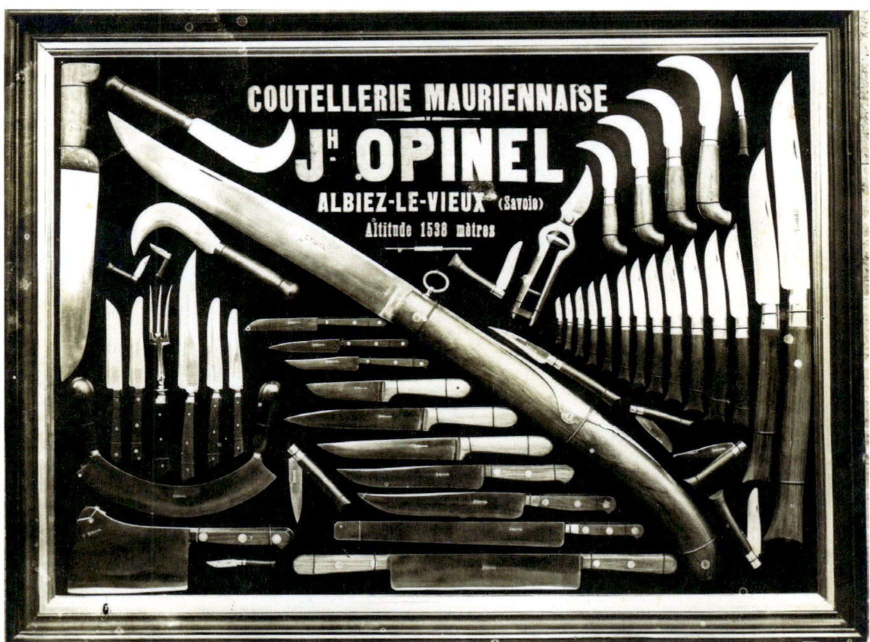

Das Sortiment der für die Turiner Messe 1911 vorgestellten Messer der Manufaktur Joseph Opinel in Pont de Gévoudaz, Gemeinde Albiez-le-Vieux (Savoyen).

Von oben nach unten: Alpins von 7 Guionin Aîné, Parapluie à l'Épreuve, Dumas à l'Obus, Kopien aus Thiers eines Messers mit Ressort von Joseph Opinel.

Ein Miniatur-Opinel Nr. 1, eine von Sammlern gesuchte Rarität.

Joseph Opinel und sein Sohn Marcel die Unentschlossenheit der Erben und kauften Markenrechte, Werkzeuge und den Lagerbestand, als der Messerschmied Guionin 1933 starb, von dem Thiernoiser Notar, der den Nachlass verwaltete. Joseph Opinel schloss das Unternehmen und man hörte nie wieder etwas von 7 Guionin Aîné, dessen Marke nach wie vor Eigentum der SAS Opinel ist.

Unser Joseph fühlte sich in Gévoudaz zu beengt und entschied 1915, an einen weniger abgelegenen Ort umzuziehen. Seine Wahl fiel auf Cognin in der Nähe von Chambéry. Er besichtigte eine alte Gerberei, die er in eine Fabrik für Schneidwaren umwandeln wollte, und da sie an einem Fluss lag, dessen Wasserkraft er nutzen konnte, war es Liebe auf den ersten Blick. Auf dem Weg zum Notar suchte er nach seiner Brieftasche, in der sich das gesamte Geld für den Kauf befand, konnte sie aber nicht finden. Voller Panik rannte er zurück zur Gerberei, wo sie an einer kleinen Stange über dem Wasser hing, die sie vor dem unwiderruflichen Sturz in den Fluss bewahrt hatte.

Der Umzug erfolgte auf die in der Maurienne übliche bäuerliche Art und Weise. Joseph, seine Familie und seine Arbeiter luden die Maschinen und das Lager auf Maultiere und Pferdekarren und machten sich auf den Weg nach Chambéry. Dort wurde die Werkstatt zunächst in einem der Gebäude der Gerberei untergebracht. Als diese 1926 einem Brand zum Opfer fiel, ließ Joseph

Das Haus der ehemaligen Gerberei, das von Joseph Opinel in Cognin erworben wurde.

Joseph Opinel erfand die gesamten Werkzeuge zur Herstellung der Griffe.

Opinel auf dem Gelände der Gerberei 1927 eine neue, viel größere und funktionellere Fabrik errichten.

Joseph Opinel war ein Visionär. Er erfand ein einfaches, solides, funktionales Messer von ansprechender Form, das gut schnitt und preiswert war. Das war der Beginn eines erfolgreichen Abenteuers für das kleine Messer, das am Ufer eines Gebirgsbachs in den Savoyen geboren wurde. Heute besitzt das Unternehmen SAS Opinel eine moderne Fabrik in La Revériaz in Chambéry. Die Nachkommen von Joseph Opinel haben das Unternehmen zu internationalem Erfolg geführt, ohne dabei die savoyische Identität zu verlieren, die den Erfolg von Opinel ausmachte.

Pierre Louis-Philippe Galopini wurde 1831 in Borgosessia nordöstlich von Turin in Italien geboren. Als er 1857 in Saint-Jean-de-Maurienne heiratete, war er Landwirt und Taillandier in Fontcouverte nahe Gévoudaz. Er produzierte Schneidwaren und Messer, die denjenigen aus den Werkstätten der verschiedenen Zweige der Familie Opinel ähnelten. Daniel, später Léon Galopini, übernahm die Leitung des Betriebs, der mittlerweile nach Saint-Jean-de-Maurienne umgezogen war. Das Unternehmen war bis in die Zeit zwischen den Kriegen aktiv.

Joseph Opinel (La Main Couronnée) hatte einen Bruder, Jean Opinel (1877–1943), der sich in Gévoudaz in einer Werkstatt neben seinen Cousins niederließ und die Coutellerie Savoisienne gründete. 1927 ließ Jean die Marke *Croix de Savoie* eintragen, über der die Herzogskrone schwebte. Das Unternehmen zog 1932 nach Saint-Jean-de-Maurienne. In der Werkstatt wurden, wie bei allen anderen Familienmitgliedern, Messer, kleine Schneidwaren, Serpettes und große Messer für die Fischerei hergestellt. 1974 kaufte die SAS Opinel den Betrieb ihres Cousins. 1986 wurde die Produktion der Messer mit der Marke Croix de Savoie eingestellt und produzierte als Zulieferer für Opinel in Chambéry. Zudem wurde beschlossen, die Produktion in Saint-Jean-de-Maurienne einzustellen.

Jacques Opinel begrüßte mich bei einem meiner Besuche in Gévoudaz, bei dem ich einen Plan der ehemaligen Opinel-Werkstatt erstellen wollte, im heutigen Opinel-Museum in Saint-Jean-de-Maurienne. Er erzählte mir folgendes:

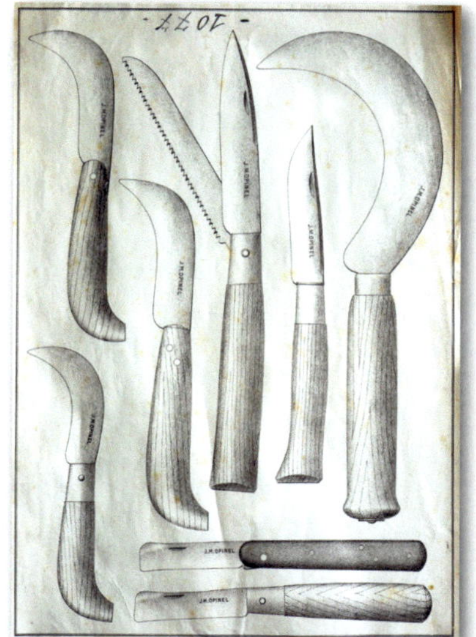

Druckproben eines Katalogs von Jean-Marie Opinel (1880–1949).

Oben ein Messer von Joseph Opinel mit einer der Marken, die er selten benutzte. Unten ein Messer mit der Marke Croix de Savoie, einem Cousin, dessen Firma 1974 von der SAS Opinel gekauft wurde.

Eine der ersten von Joseph Opinel entwickelten Maschinen für die Griffherstellung.

Authentische Atmosphäre im Opinel-Museum.

Jacques Opinel vor dem Eingang des Museums in Saint-Jean-de-Maurienne (Savoyen).

„Wir befinden uns hier in der Werkstatt von Jean Opinel (1877–1943), meinem Großvater, dem jüngeren Bruder von Joseph Opinel (1872–1960). Er durchlief dieselbe Lehre wie sein älterer Bruder Joseph, der das berühmte Messer konzipierte, und lernte den Beruf des Schmieds und Taillandiers bei seinem Vater, meinem Urgroßvater Daniel Opinel (1842–1923). Das heißt, er stellte Werkzeuge und Messer her und wollte, wie sein älterer Bruder Joseph, selbstständig sein.

Seine erste Werkstatt lag am alten Platz in Gévoudaz, einem kleinen Weiler in den Bergen, in der Gemeinde Albiez le Vieux, in kurzer Entfernung von den Werkstätten seines Vaters, der seines älteren Bruders Joseph und gegenüber der unserer Cousins. Da es zu diesem kleinen Weiler keine Zufahrtsstraße gab, ließ sich Jean Opinel in Saint-Jean-de-Maurienne nieder, errichtete in den 1930er-Jahren die Werkstatt, in der wir uns befinden, und stellte dort bis 1986 Messer her.

Mein Großvater Jean, Josephs jüngerer Bruder, verwendete als Markenzeichen das Savoyer Wappen zusammen mit der Herzogskrone, und meine Cousins in Plan des Rois, nur wenige Schritte entfernt, kennzeichneten ihre Opinel-Messer mit dem Kreuz und der Handfläche. Alle waren selbstständig und alle machten Opinel-Messer. Nachdem die Werkstatt in Saint-Jean-de-Maurienne geschlossen wurde, hatte ich 1986 die Idee, meine Werkstatt in ein Opinel-Museum umzuwandeln und eröffnete es 1989. Im Jahr 2013 vergrößerten wir uns zusammen mit meinem Sohn Maxime und mit Hilfe der Firma SAS Opinel. Wir modernisierten auch die Gestaltung des Museums und heute empfangen wir hier jährlich mehr als 50.000 Besucher."

Wenn Sie durch die Savoyen reisen, ist es doch eine schöne Idee, Ihre Reise mit Kultur zu verbinden und selbst einen authentischen Eindruck von der Arbeit, den Werkzeugen, den Handgriffen des Schmiedens, dem Geräusch auf den Ambossen und dem Schweiß der Männer in den Gebäuden zu bekommen, die sie früher beherbergten.

Ein Bauernhof in den Cevennen an der Ardèche.

CÉVENNES

Das Cévenol

In Montpezat-sous-Bauzon in der Ardèche, zwischen Langogne und Aubenas, zwischen dem Bas-Vivarais und den Bergen der Ardèche, wurde Seiden gesponnen und gewebt, Landwirtschaft auf kleinen Parzellen betrieben, Hanf gesponnen und einfache Westen für die Bauern hergestellt. Der Felsuntergrund von Montpezat filterte klares, kühles Wasser, das dem Vernehmen nach die Stahlhärtung begünstigte.

Im Ancien Régime und zu Beginn des 19. Jahrhunderts beherbergte das Dorf mehrere Waffenschmieden und auch die Messerherstellung war noch sehr lebendig. In der Blütezeit der Coutellerie gab es 24 Werkstätten, die im Familienverbund arbeiteten, sodass es sich um eine rein handwerkliche Produktion handelte. Der Verkauf fand auf den lokalen Vieh- und Wochenmärkten und den Märkten im Bas-Languedoc statt, wo die Messer einen Ruf für ihre Robustheit erworben hatten. Montpezat produzierte Serpettes für die Winzer des Rhône-Tals und feststehende Messer, das Sanadou und das Poudé, für den Gebrauch auf dem Bauernhof und eine Variante des Ardèchois, wie die von Pierre Teyssier, einem der letzten Messermacher des Dorfes am Ende des 19. Jahrhunderts. Die Mitres dieser Ardèche-Messer waren nicht wie bei anderen Cevennen-Messern spitz *en tête de diamant*, sondern leicht abgerundet. Der Mechanismus

Der Messerschmied Teyssier vor seiner Werkstatt in Montpezat-sous-Bauzon (Ardèche).

Großes Messer mit Cran d'arrêt von Joseph-Victor Coste in Montpezat-sous-Bauzon (Ardèche), um 1850.

war ein Cran d'arrêt mit einer quadratischen Mouche. Die Silhouette des Griffs nahm die typischen Linien des Ardèchois auf: eine lange Mitre, gerader Rücken und Bauch sowie ein Griffende in Form eines Bec de corbin. Teyssier brachte seit dem Anfang des 19. Jahrhunderts mehrere Generationen von Messermachern hervor: André, Pierre, Claude, Pierre-Louis und schließlich Pierre. Als sein Vater Pierre Teyssier 1897 starb, war sein Sohn Pierre (der jüngste Pierre) 26 Jahre alt. Er war der letzte Coutelier der Familienlinie.

Bauernfamilie der Cevennen, Ende des 19. Jahrhunderts.

Im Jahr 1904 beschrieb Victor Eugène Ardouin-Dumazet in *Voyage en France* seinen Besuch beim letzten Messerschmied des Dorfes (zumindest glaubte er das):

„Auch jetzt noch überlebt der Ruf und man rühmt die Produkte von Montpezat. Aber es gibt nur noch einen einzigen Hersteller, einen alten Mann, der allein in seiner Werkstatt arbeitet, die ihm als Schlaf- und Esszimmer dient. Er hatte kein einziges Messer mehr hergestellt, außer einem halben Dutzend, das in einer kleinen Vitrine ausgestellt war. Jedes wurde mir für 50 Centimes überlassen. Es sind robuste Werkzeuge mit sorgfältig vernieteten Horngriffen und einer kurzen, scharfen Klinge. Der Handwerker produziert sie von Tag zu Tag und verkauft sie an Schausteller; wenn er geht, wird sich die Messerschmiede von Montpezat überlebt haben, so wie die bedeutende Wollfabrik, die hier einst in Betrieb war."

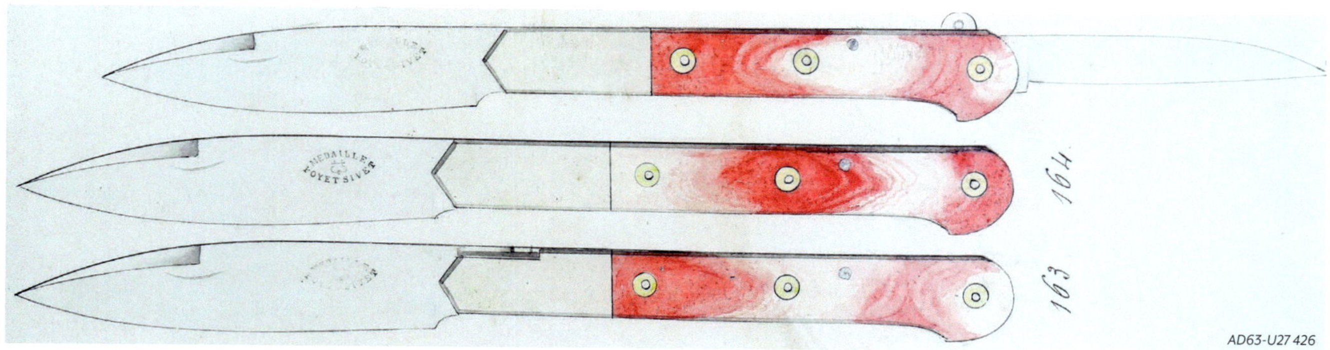

Cévenols, darunter eines mit Mouche, handgemalter Katalog Poyet-Sivet (Thiers), um 1870.

1911 gab es nur noch einen einzigen Messerschmied im Dorf: Marius-Pierre Coste, 34 Jahre alt, der vor dem Ersten Weltkrieg aufhörte.

Das Genouillat

Im Jahr 1515 gab es im Dorf Génolhac bereits sieben Messerschmiede. Die Agrarwirtschaft in den Gardoiser Cevennen basierte auf einer nahezu autarken Landwirtschaft mit Anbauflächen auf *Faïsses* (durch Terrassierung stabilisierte Anbauflächen), Esskastanienwäldern, Wein und dem Anbau von Maulbeerbäumen. Die Viehzucht sicherte eine nachwachsende Rohstoffquelle in Form von Wolle, die von den Bewohnern zur Herstellung von Kleidungsstücken, den sogenannten *Cadis*, verarbeitet wurde. Im Jahr 1715 wurde der Name des Dorfes auf der alten Karte der Diözese Uzès als Genouillac (Ginolhac in der lokalen Sprache) geschrieben. Der alte Name gab den hier hergestellten Messern ihren Namen Genouillat. Es handelte sich um sehr einfache Messer, ähnlich denen aus Saint-Étienne, mit ziemlich rustikalen Holz- oder Horngriffen. Gewissermaßen eine Art Eustaches mit gebogenem Griff, zwei Nieten, ohne Ressort und mit einer Klinge mit heruntergezogener Spitze. Ihr Preis war moderat und an die lokale Kundschaft angepasst, die nicht mit Gold um sich warf.

Um die Bedeutung der Messerschmiede in Génolhac Mitte des 18. Jahrhunderts einschätzen zu können, habe ich auf eine Steuererhebung zurückgegriffen und das Register der Diözese Uzès für das Jahr 1748 eingesehen, denn jede Werkstatt musste eine Steuer auf ihre handwerkliche Tätigkeit abführen, die als *dixième de l'industrie* (Industriezehntel) bezeichnet wurde. Dort zählte ich 19 Werkstätten, deren Inhaber im handschriftlichen Register aufgeführt waren: Montagnon, Caizuel, Jacques Coulet, Jean Chaldier, Jean Bertrand, Henri Roure, Jacques Bertrand, Pierre Verrac, Jean Verrac, Coulet père, Antoine Roure, Charles Doschet, Pierre Fossat, Platon aîné, Platon cadet, Jean Bondurand, Jean-Antoine Bondurand, Volpelière und Sauvaire.

In einer Erhebung aus dem Jahr 1788, die im Archiv von Montpellier aufbewahrt wird, wo sich auch das Archiv des Languedoc befindet, fand ich die Berichte der für die Wirtschaft zuständigen Subdelegierten an den Verwalter über den Zustand der Schmieden und Öfen in der gesamten *Generalité* (Verwaltungsregion). Darin werden in Génolhac 30 Messerschmieden erwähnt (ein Anstieg im Vergleich zu 1748). Die Subdelegierten erwähnen explizit, dass die Messerschmiede in Génolhac nur noch Steinkohle verwenden. In der Tat war Holz in der gesamten Provinz zu

Zwei in Thiers hergestellte Cévenols, 108 Girodias und eines mit unleserlicher Marke, um 1920.

Génolhac in den Cevennen.

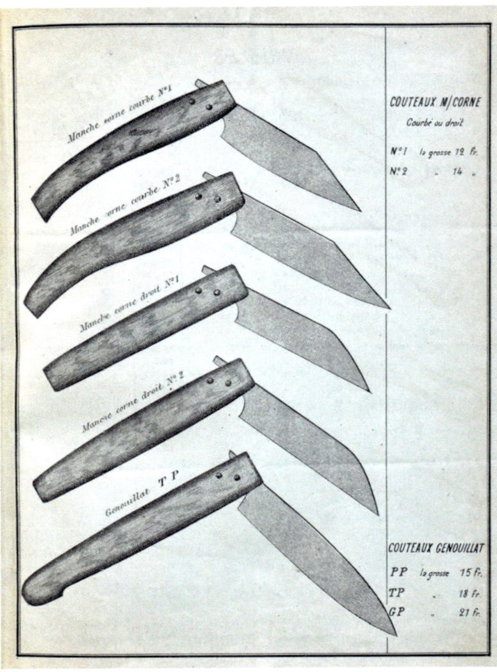

Kopien von Genouillats im Katalog von Martouret, ca. 1880. Slg. MCT.

einem seltenen Rohstoff geworden, *à cause des deffriches que l'on fait* (wegen der Rodungen). Um die Probleme der Entwaldung im Zusammenhang mit der Metallverarbeitung in der Provinz zu beschreiben, fügte einer der Subdelegierten hinzu: „Es wird bald die Zeit kommen, in der es in diesem Land eine Holzknappheit geben wird, obwohl es ein Land des Holzes ist."

Schon während des Ersten Kaiserreichs befand sich die Messerherstellung in Génolhac auf einem absteigenden Ast. Im Jahr 1859 erwähnte der *Almanach du Commerce* unter den erwähnenswerten Messerschmieden den Sieur Platon. Im 18. Jahrhundert, als dieser Maître-Coutelier Louis Platon in den Registern erwähnt wurde, folgte der Coutelier Pierre, dann Joseph in Pont de Rastel in der Gemeinde Génolhac. 1877 berichtete Joseph Chabalier in seinem Reisetagebuch *Vals et ses environs*, dass er in Génolhac ein kleines Messer im Eustache-Stil gekauft habe, zu einem Zeitpunkt, als die Messerherstellung in

Messer von Lucien Guiraud in Lodève (Hérault), um 1860.

dem Dorf fast ausgestorben war. Die Konkurrenz der Messerschmiede in Saint-Étienne, die im 19. Jahrhundert auch Genouillats aus den Cevennen kopierte, hatte der lokalen Produktion in den Gardoiser Cevennen den Todesstoß versetzt. Der 1826 geborene Frédéric-Louis Bouty war einer der letzten in Génolhac. Er starb 1899.

L'HÉRAULT

Das Montpellier

Das Messer aus Montpellier, nach seinem Geburtsort Montpellier genannt, besitzt kein Ressort. Die Klinge verfügt über zwei Nieten, der eine bildet die Klingenachse, der andere stoppt sie in geöffnetem Zustand. Der trapezförmige Griff besteht meist aus Horn.

Montpellier, die Hauptstadt des Languedoc, war eine Stadt der Kaufleute, die man vom Meer aus über den Roubine-Kanal durch die Lagunen erreichte. Nach und nach verschlammten die Lagunen und der Meereshorizont rückte immer weiter in die Ferne. Im 16. Jahrhundert gab es in Montpellier zwölf Coutellerien, deren Messerschmiedemeister sich über die Statuten ihres Berufsstandes beklagten, weil sie ihnen nicht den verdienten Schutz gewährten. Tatsächlich wurde ihnen das Monopol und die Exklusivität ihrer Berufsausübung nur im Quartier der Rue de la Coutellerie gewährt, in dem sie sich zusammengeschlossen hatten. Grund der Klage war der Wettbewerb mit Saint-Étienne, wo man enorme Fertigungskapazitäten aufgebaut hatte und die Montpelliers kopierte. Die Lage hatte sich derart verschlechtert, dass die Zahl der Werkstätten auf sieben sank. Sie beschwerten sich beim Verwalter: „Man wird feststellen, dass die Meister, die Läden führen, keine ihrer Waren mehr verkaufen, da es in der Stadt eine große Anzahl von Hausierern und Händlern gibt, die dort entweder Messer, Scheren, Rasiermesser, Taschenmesser und alle anderen Waren des Messermetiers verkaufen, wobei viele der Meister nicht in der Lage sind, sich von ihrem Beruf zu ernähren und kurz davor stehen, ihren Laden zu schließen."

Bereits im Mittelalter befand sich in Montpellier eine der renommiertesten medizinischen Hochschulen. Ihrer Einbindung in die Herstellung von Instrumenten für Chirurgie und Medizin verdankten die Messerschmiede in Montpellier ihr Überleben, einige sogar ihren Erfolg. Angesehenen Messermachern, wie dem 1829 verstorbenen Antoine Bourdeaux und seinem ältesten Sohn Jacques Bourdeaux, ist es zu verdanken, dass das Montpellier-Messer weiterhin in Montpellier geschmiedet wurde. Hauptsächlich als Lanzette für die Chirurgie, aber auch als Taschenmesser in einer luxuriöseren Ausführung. Die Stähle korrodierten, wenn sie nicht regelmäßig abgerieben und gefettet wurden, aber für den medizinischen Bereich wurde Rostfreiheit verlangt, damit das Gewebe während einer Operation nicht verunreinigt wurde. Die Messerschmiede unterzogen die Messer deshalb einer von Perret in der zweiten Hälfte des 18. Jahrhunderts entwickelten Spiegelpolitur mit extrem feinem Korn und einer speziellen Paste. Danach waren die Klingen spiegelblank und die Reduzierung der Mikro-Unebenheiten verhinderte, dass sich, mit nur etwas Pflege, Rost bilden konnte. Diese Montpelliers für den medizinischen Bereich hatten mitunter Griffe aus Ebenholz und ihre Klingen waren rasiermesserscharf.

Jacques Bourdeaux arbeitete auf gekonnteste Art und Weise und exportierte bis in die Levante, nach Italien und Spanien. Seine Werkstätten beschäftigten 35 Arbeiter mit relativ vielseitiger

Montpellier des Messerschmieds Bourdeaux in Montpellier, um 1840.

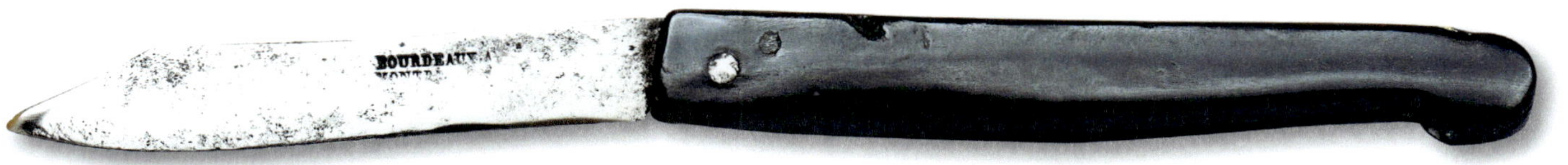

Produktion: 300 große Rasiermesser und 2000 bis 3000 Schneidwarenartikel pro Jahr. 1827 wurde ein anderer Messerschmied aus Montpellier namens Milhaud, der ebenfalls medizinisches Besteck und Montpelliers herstellte, auf der *Foire Exposition* in Toulouse mit einer Silbermedaille ausgezeichnet. Bourdeaux kam 1844 zu Ruhm, als die Jury der Weltausstellung ihm eine Bronzemedaille verlieh. Nach seinem Tod wurde die Messerschmiede dieser angesehenen Linie von Sieur Darette übernommen und existierte bis 1892 unter demselben Namen in der Rue Argenterie weiter. Drei weitere Messerschmieden waren verzeichnet: Victor Dejean, 2 rue Logis Saint-Paul, Marc Mallet, 4 rue du Faubourg du Courreau, und Laubure, rue du Consulat.

Die Produktion der billigen Montpelliers für die Seefahrt blieb innerhalb des Departements, wanderte aber nach Pézenas aus. Sie wurden dort auf den umliegenden Märkten und Häfen verkauft. Allerdings verhinderte die komplett handwerkliche Struktur der Betriebe in Pézenas die Erschließung größerer Märkte. In der ersten Hälfte des 19. Jahrhunderts gab es neun handwerkliche Messerschmieden, die jeweils nur aus dem Patron, seinem Sohn und ein oder zwei Arbeitern bestanden. Im Jahr 1836 konnte ich die Werkstätten von Jean Prosper Tarniquet, Henri Rouquier, François Perret (aus Béziers, Neffe von Jean-Jacques Perret, dem Autor von *L'Art du Coutelier*), Antoine Bringuier, Joseph Marie Perret, Antoine Baume, Louis Brouliet, Étienne Bonis und Victor Combes erfassen. Der letzte Messerschmied aus der Perret-Linie in Pézenas war Pierre François Hypolite, der 1895 verstarb.

Die Messerschmiede waren alle in einem Quartier angesiedelt, in dem der Klang der Hammerschläge auf den Ambossen widerhallte. Hier wurden Montpelliers sowohl mit geraden als auch mit gebogenen Klingen hergestellt. Die geraden waren für die Seeleute in den Häfen von Sète und Marseille bestimmt, die gebogenen für den Rebschnitt (Pézenas ist von den Weinbergen des l'Hérault und Languedoc umgeben). Im Occitain war das Montpellier das Schneidwerkzeug der Winzer schlechthin, ein Alltagsmesser, das für das Essen zu Hause oder in den Weinbergen der regionale Konkurrent des Capucin war. Wie dieses war es ein einfaches Messer, für das nur ein wenig Stahl, zwei Nieten und ein kaum bearbeitetes Horn verwendet wurden, damit die Herstellungskosten niedrig blieben. Die Messerschmiede in Pézenas arbeiteten unter beengten Platzverhältnissen, was sie zwang, sich geeignete Lösungen auszudenken, um das Beste aus dem Platzmangel zu machen.

So hatte Tarniquet seine Schmiede am Ende einer Gasse eingerichtet. Sie teilte sich in zwei Hälften und wurde von einem mit Talg bestrichenem Seil durchzogen, das die kleine Schleifscheibe im hinteren Teil antrieb. Die Kurbel für

Lanzettförmiges Montpellier von Milhaud in Montpellier, um 1840.

Sehr großes Montpellier von Milhaud in Montpellier, um 1840.

Montpellier aus Pézenas, um 1900.

den Antrieb wurde von einem Gehilfen bedient und befand sich im vorderen Teil der Werkstatt. Tarniquet war der letzte Messerschmied, der in Pézenas Montpelliers herstellte.

Wenn man heute an ein Montpellier denkt, verbindet man es zu Unrecht nur mit Stylet-Klingen oder solchen mit gerade nach unten zeigender Spitze und einem trapezförmigen Griff. Die Klingen- und Griffformen waren weitaus vielfältiger: Salbeiblattform, Stylet, Yatagan.

Für die zweite Hälfte des 18. Jahrhunderts fand ich bei der Durchsicht alter Aufzeichnungen von Kaufleuten, darunter auch die jährlichen Inventare dieser Häuser, die Herstellung sogenannter Montpellier-Messer aus Saint-Étienne. Dort hatte man die Bezeichnung Montpellier beibehalten, stellte sie aber nach Stéphanoiser Art her. Bei der Durchsicht der Register von örtlichen Händlern, die auf den großen Messen in Beaucaire und Bordeaux und im Exportgeschäft tätig waren, konnte ich bereits für den Anfang des 18. Jahrhunderts zahlreiche Lieferungen tausender Montpelliers, gepackt in jeweils zwei oder drei Fässer, finden. Diese Messer wurden auch in die französischen Königlichen Kolonien und auf die Westindischen Inseln zur Ausrüstung der Seeleute geliefert sowie nach Louisiana für den Kolonialhandel und den Handel mit den Einheimischen. Über den Hafen von Marseille und mithilfe französischer Händler in Cádiz oder Sevilla wurden große Ladungen dieser Messer nach Südamerika, damals *Indes d'Espagne* genannt, verschifft.

Die Messerschmiedemeister in Saint-Étienne arbeiteten bereits sehr früh in Arbeitsteilung. Schmiede, Hornverarbeiter, Monteure und Schleifer führten bei der Herstellung nur jeweils einen Arbeitsgang aus. Indem man den ganzen Tag lang die gleichen Handgriffe wiederholte, ließen sich die Erträge steigern: immer im Takt, Takt, Takt! Bei den Montpellier-Messern führte das zu einem konkurrenzlos günstigen Preis.

Wenn man von Seglermessern spricht, sollte man nicht Segelmachermesser meinen. Im 18. und 19. Jahrhundert waren die getakelten Segel der Handelsschiffe und der königlichen Marine von so schwerer Qualität, dass es kaum vorstellbar ist, dass man einen größeren Stapel Segeltuch mit einem zehn Zentimeter langen Montpellier und einer bestenfalls eineinhalb Millimeter dicken Klinge schneiden kann. Die Bordinventare der Ausstatter der königlichen Marine und der Indienkompanie, die ich in Rochefort und Lorient einsehen konnte, enthielten für die Ausstattung des Segelmeisters nie ein schließbares, sogenanntes Segelmachermesser, sondern ein feststehendes Messer von großer Stärke. Das *Voilier* (Segelschiff) genannte Messer war für den persönlichen Gebrauch eines Seemanns bestimmt, der sich eventuell in der Matrosenausbildung befand, mal ein Tuch zuschnitt, um eine *Banette* (Hängematte des Seemanns) oder einen Sack zu reparieren. Vor allem diente es der Ernährung an Bord.

Im Jahr 1811 stellte man bei dem Matrosen Tréguier auf dem Dreimaster *L'Austerlitz* eines dieser Montpellier-Messer sicher. Er wurde wegen des Verdachts auf versuchten Mord festgenommen, dann aber aus Mangel an Beweisen freigesprochen, denn zum Glück besaß er ein

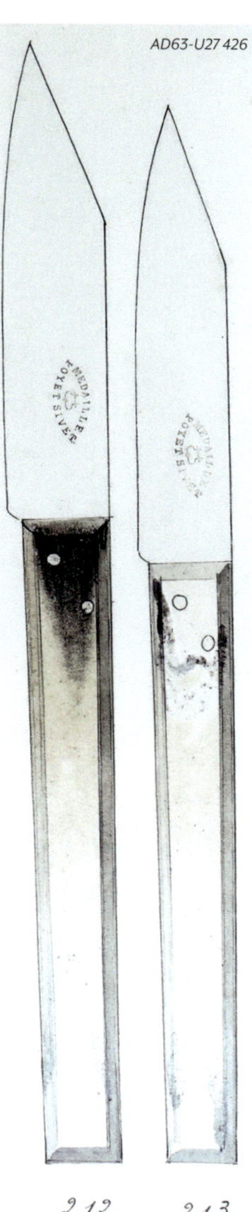

Zwei Montpelliers im handgemalten Katalog von Poyet-Sivet (Thiers), um 1870.

Schäfer in den Montagne Noire im Nord-Westen des Hérault, um 1900.

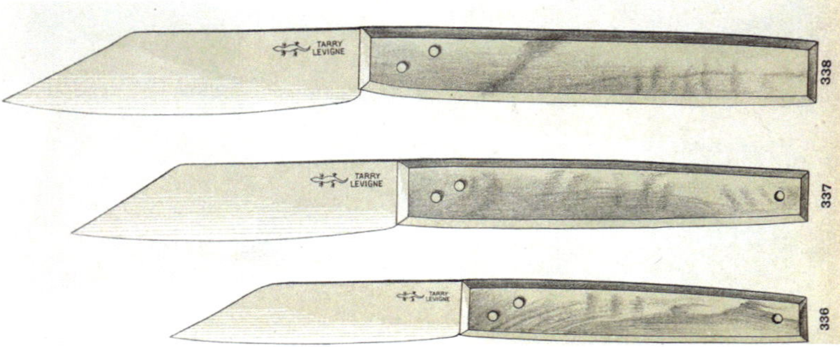

Montpelliers von Tarry-Levigne in einem Thiernoiser Katalog, 1895.

Zwei Montpelliers von Soanen (Thiers), um 1890.

friedliches Messer. Die Offiziere und *Boscos* (Decksmeister) sahen das Messer mit Wohlwollen, da es aufgrund der Konstruktion und Form der Klinge die Streiterei nicht hätte verschlimmern können. Da das Messer kein Ressort besaß, das die Klinge arretierte, hätte sich der Seemann im Handgemenge eher selbst verletzt. Durch das Rollen des Schiffes konnte es aber vorkommen, dass ein Matrose mit geöffnetem Messer beim *Casse-croûte* unfreiwillig auf einen anderen Matrosen geschleudert wurde. Aber auch hier war die Gefahr gering. Denn wegen des fehlenden Ressorts neigte das Messer beim Aufprall dazu, sich von selbst zu schließen.

Noch aus einem anderen Grund war das Montpellier bei den Seeleuten und Schiffsjungen beliebt: es diente zum Anzünden der Pfeifen. Montpelliers für die Matrosen wurden mit einer *Poli de campagne* versehen, mit nur einem minimalen Überschliff nach dem Schmieden. Zum einen aus Preisgründen, zum anderen, um die Rauheit zu erhalten. Mit einem Feuerstein ließen sich wie auf einer Reibfläche Funken erzeugen, mit denen man eine Zunderschnur entzünden konnte, die jeder Matrose in der Tasche hatte. Meeresluft, die auf den Zunder blies, hielt die Glut in Gang, bis sie den Tabak in der Pfeife angezündet hatte. Dieser Brauch wird durch einen Brief bestätigt, den einer meiner Freunde fand. Der Kaufmann Pugnaire aus Marseille schrieb am 21. März 1830 an seinen Freund Frédéric in Montpellier: „Ich komme, um Sie zu bitten, mir von einem der besten Messerschmiede Ihrer Stadt ein Gros (zwölf Dutzend) Ihrer Taschenmesser schicken zu lassen, von denen, wie sie die Matrosen haben. Die Messer müssen viel Feuer machen, etwas, das die Schiffsjungen besonders verlangen. Alle unsere Händler hier verkaufen die *de Montpellier* genannten Messer, es gibt kein einziges, das hier hergestellt wurde."

Dieses Messer wurde 250 Jahre lang in den Taschen der Seeleute gefunden und war Gegenstand öffentlicher Beschaffungsaufträge zur Ausstattung der Matrosen.

In den 1840er-Jahren begannen die Fabrikanten in Thiers mit der Produktion von Montpellier-Messern. Der Aufschwung führte dazu, dass sich einige Heimschmiede ganz auf die Herstellung von Montpellier-Klingen spezialisierten. Das Gleiche galt für einige Griffmacher und deren Horngriffe. Man vereinfachte die Griffform, indem man die abgeschrägten Facetten aufgab, produzierte sie in glatter, trapezförmiger Form

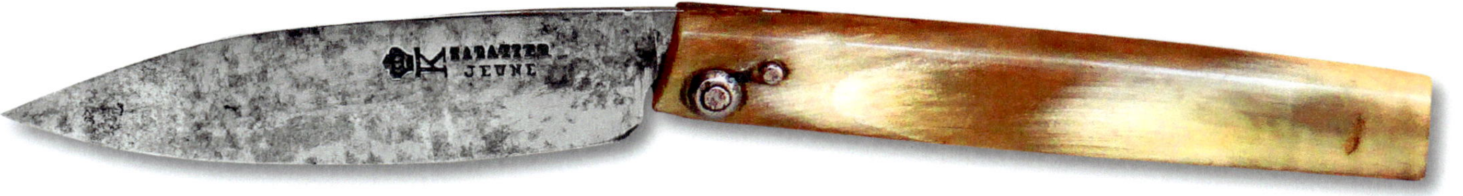

Montpellier mit Salbeiblattklinge von Sabatier-K, Thiers (Ende des 19. Jahrhunderts).

und konnte sie dadurch billiger und schneller herstellen: „Ein Schlag Erhitzen, ein Einpressen, ein Schlag mit der *Écouenne* (Hornraspel) und hopp, der Griff ist fertig!" Thiers übernahm von Saint-Étienne die Märkte, auf denen die großen Mengen sogenannter Segelschiffmesser für die Marine gehandelt wurden: 1860 sandte Sabatier in einer einzigen Lieferung 660 Montpelliers für Matrosen an Gensollen in Toulon. Gleiche Mengen erhielten die Häfen Bayonne und Marseille.

Am 5. Dezember 1891 schrieb Auguste Roux, ein Agent für Marine- und Kriegsversorgung, an Sabatier Jeune in Thiers, dass der Hafen von Toulon 12.000 Messer für Seeleute ausschrieb und dass der Auftrag wiederholt werden könnte. Der Griff sollte aus hochwertigem Holz sein, die Marine würde ein Mustermesser liefern. 1901 gab Bizet-Dessaigne, ein anderer Hersteller in Thiers, ein Angebot an die Hafenbehörde der Marine in Toulon ab und gewann den Auftrag für ein Segelschiffmesser, genannt Montpellier. Die Herstellung von Segelschiffmessern hielt in Thiers bis zur Mitte des 20. Jahrhunderts an.

Das Montpellier nur auf den Verkauf in die französischen Häfen und die Bewohner des Languedoc zu beschränken, wäre eine Fehleinschätzung. Ich habe die Verkaufsbücher von Sabatier Frères von 1853 bis 1880 und von Sabatier Jeune bis 1920 eingesehen. Das Messer war bei den Bauern ein großer Erfolg, sowohl im Südwesten wie in der Dordogne und sogar bis ins Aveyron. Es war der Konkurrent des Capucin, das ebenso günstig und ebenfalls ohne Ressort ist. Mit dem allgemeinen Interesse an den regionalen Messern hat auch das Interesse an dem Montpellier, dem Messer aus dem Languedoc, zugenommen, sodass es in Thiers wieder hergestellt wird.

Aus Saint-Pons-de-Thomières, im Mittelgebirge zwischen Béziers und Castres, fanden die Gips- und Kalkprodukte sowie das Tuch der Spinnereien nur schwer ihren Weg in die Küstenstädte, wo sie gebraucht wurden. In der Statistik des Departements Hérault aus dem Jahr 1823 steht, dass der schlechte Straßenzustand den Transport jeglicher Waren stark erschwere. Wenn Fuhrwerke nicht mehr durchkamen, mussten Maultiere den Transport übernehmen, wie zum Beispiel in den Mittelgebirgen des Tarn. Die *Muletiers* (Maultiertreiber) fanden vor Ort bei ihren Taillandiers große Messer, sogenannte *Couteau de muletier*, die sie im Notfall benutzten, wenn die Ladung eines ihrer Tiere Gefahr lief zu kippen und das Tier an einem Abhang umzufallen oder abzurutschen drohte. Wenn der Maultiertreiber blitzschnell den Gurt durchtrennte, mit dem die Ladung am Packsattel befestigt war, konnte er Tier und Ware retten, die sonst unweigerlich in die Schlucht gestürzt wären. Die Abbildung rechts zeigt ein Messer mit Ressort von ca. 1890, wie es die Maultiertreiber benutzten. Es gleicht in seiner Form einigen Messern aus dem benachbarten Tarn. Und da die Sitten nicht immer friedfertig waren, ließ schon der Anblick eines so großen Messers wohl manchen auf den Wegen umherstreifenden Schurken zögern.

L'AUDE

In Quillan, im Razès-Gebiet im Herzen der Ausläufer der mediterranen Pyrenäen, finden sich ganz unterschiedliche Gewerbearten: Viehzucht, Weberei, Wollverarbeitung, Hut- und Tuchfabriken, Herstellung von Buchsbaumkämmen und

Großes Messer der Maultiertreiber von dem Taillandier Vieu in Saint-Pons-de-Thomières (Nord-Westen des l'Hérault), um 1890.

Großes Messer mit türkischer Klinge und zwei Stiften von Jean-Jacques Jouret in Quillan (Aude), um 1840.

Capucin von Jean-Baptiste Jouret in Quillan (Aude), um 1870.

kleinen Glöckchen für die Schafherden, Handel mit Holz, das auf dem Fluss Aude geflößt wurde, und schließlich kleine Schmiedebetriebe. Ein Messerschmied in diesem einst sehr aktiven Ort war also mehr als gerechtfertigt.

Der Weinbau in den Mittelgebirgen um Quillan brachte feine, aber wenig ertragreiche Weine hervor. Ein Messerschmied konnte mit kleinen Schneidwaren und Serpettes also auch den Bedarf der Winzer befriedigen. Auch hier waren Maultierpfade die einzige Möglichkeit, die Dorfgemeinschaften zu erreichen und die Produkte ins Tal hinunter zu bringen. Die beiden bevorzugten Messer waren das Capucin (wie in anderen Gebieten mit sommerlicher Schafweide in den Pyrenäen) und das Couteau de muletier. Das Capucin, ein einfaches Hirtenmesser mit seiner Salbeiblatt-Klinge, besaß zwei Nieten, die eine als Klingenachse, die zweite als Klingenanschlag in geöffnetem Zustand. Das Couteau de muletier war ein großes Messer mit Ressort und hervorstehenden Rosetten auf dem Griff.

Eine Familie von Messerschmieden hat sich durch ihre lange Tätigkeit in diesem Teil von Aude besonders hervorgetan, und zwar in den Orten Quillan, Chalabre, Puivert sowie im nahen Fougax in der Ariège. Die Familie Jouret war bereits im 16. Jahrhundert in Fougax in der Coutellerie tätig. Der Messerschmied Bernard Jouret starb dort im Pluviose des Jahres 13 (1805). Seine Söhne Mathieu und Baptiste Jouret traten seine Nachfolge an, danach Jacques Jouret, der 1870 starb. Ein weiteres Familienmitglied, Jean-Pierre, hatte um 1870 eine Besteckwerkstatt in Chalabre. Ein anderer Zweig war in Puivert ansässig: Vincent Jouret, dann Pierre Jouret und Jean-Antoine um 1836 und Justin Jouret um 1876. Im Jahr 1907 belegt ein Dokument, dass das Haus Jouret in Puivert auch Capucins herstellte und Holz für die Griffe seiner Serpettes und Sicheln drechselte. Der letzte Zweig schließlich, der ebenfalls aus Fougax stammte, war seit 1830 in der Coutellerie in Quillan tätig: Jacques Jouret, der 1863 verstarb, danach ab 1860 Jean-Baptiste.

NARBONNE UND LANGUEDOC

Narbonne, nur einen Steinwurf von der Lagune und dem Mittelmeer entfernt, lebte von der Tuchherstellung und vom Weinhandel. Der Ursprung der Familie Perret, die seit dem 16. Jahrhundert in der Messerherstellung im Languedoc tätig war, ist in Béziers zu finden. Ihr Familienname taucht in der Stadt Biterroise mit Jacques Perret (1664 – 1726) auf, einem Messerschmiedemeister, der in der Pfarrei Saint-Félix in Béziers ansässig war. Einer seiner Söhne, Jean-Jacques Perret (1704 – 1784), trat in die Compagnonnage der Messerschmiede ein und nahm an der Tour

Messer mit türkischer Klinge von Joseph-Esprit Perret in Narbonne. Das Horn des Griffs trägt einen handgeschriebenen Wahlspruch auf französisch und languedocisch (okzidentale Ursprache), um 1830.

de France teil. Sein Talent war so beachtlich, dass er schnell in der Pariser Schneidwarenszene aufstieg, er wurde zum *Juré* (Juror) seiner Zunft gewählt und vom König zu seinem Messerschmied ernannt. Er war der Autor des Buches *L'Art du Coutelier* (1771), einer Technikbibel, die nach wie vor als Standardwerk gilt. Ein Zweig der Messerschmiedefamilie Perret aus Béziers (aus dem der Zweig Perret aus Narbonne hervorgegangen ist) wanderte nach Pézenas aus. François Joseph-Esprit Perret wurde 1808 in Pézenas geboren und war Messerschmied in Narbonne, wo er 1856 starb. Das hier abgebildete, kleine volkstümliche Messer von ihm trägt einen Spruch im languedocischen Patois und auf der anderen Seite auf Französisch, *mourir pour toi* (für dich sterben), der an die Inschriften auf den Klingen der spanischen Navajas erinnert.

KATALONIEN

Das französische Katalonien brachte Messer mit einer völlig atypischen Form hervor. Das bevorzugte Gebiet für die Navalla beschränkte sich auf zwei Täler rund um die Städte Céret, das Tal des Tech, das nach Arles-sur-Tech führt, und das Tal, das Perpignan mit der Cerdagne verbindet, wo die Litera und der Tech zusammenfließen. Es ist ziemlich schwierig, die Entstehung dieses Messers bis zum Beginn des 19. Jahrhunderts zurückzuverfolgen, da seine Herstellung hauptsächlich von kleinen Dorfschmieden, den *ferrer de tall* (katalanisch für Taillandier), betrieben wurde.

Die Navalla

Die Navalla war eher ein *Coltell de faixa*, das die Katalanen in eine Falte ihres Stoffgürtels steckten. Das Messer war um ein Halbressort mit Mouche gefertigt, dessen Arretierung durch einen Ring gelöst wurde. Dieses Halbressort endete vor dem Griffende. Das Ende selbst war von einem in der Mitte abgesägten Horn umschlossen, das mit einem aufgerollten Messingblech umwickelt wurde. Alle Arbeiten wurden handwerklich ausgeführt, am Schraubstock, der als Bigorne und Amboss diente, mit einem Hammer, einer Messingschere, einer Schraube für die Bohrungen und einer Zange. Die hohle Mitre wurde durch Hämmern aus einem Messingblech hergestellt, das zuvor mit einer Schere zugeschnitten und an einem Ende des Schraubstocks

Navalla catalane von Mellot in Perpignan (Pyrénées-Orientales), um 1890.

Navalla catalane von Berdagué in Prades (Pyrénées-Orientales), um 1880.

Gegenüberliegende Seite: Katalanischer Bauer aus dem Tech-Tal in Vallespir (Pyrénées-Orientales) und sein Reittier, um 1900.

Details einer Navalla, mit Halbressort und Mouche mit Ring, Mitres aus Messingblech, Dekor durch Punzierung.

gewölbt worden war. Zwei Plaketten verstärkten den mittleren Teil des Horngriffs. Die gesamte Stabilität des Messers beruhte auf dem festen Sitz des zentralen Stifts. Einige Navallas wurden auch mit Holzgriffen ausgeführt. Die katalanischen Navallas waren in volkstümlichem, auf geometrischen Mustern beruhendem Stil verziert, der durch Punzierungen erzeugt wurde. Die Klinge hatte die Form eines Salbeiblatts. Im Gegensatz zu den spanischen Navajas befand sich auf den Klingen der Navallas kein Motto. Die Navallas waren für die Bauern in den katalanischen Bergen bestimmt. Die großen Modelle wurden zu den Stoffgürteln der *Trajinaires*, der Hausierer und Maultierhändler, getragen.

Eigene Eisenerzminen, katalanische Öfen und Hammerwerke bildeten in Arles-sur-Tech den Kern der Metallverarbeitung. Ein weiterer Wirtschaftszweig des Ortes war die Weberei von katalanischem Leinen. Im Gedächtnis sind die Namen der Taillandiers geblieben, die Serpettes, Beile und Navallas herstellten. Einer von ihnen, Michel Coll, starb 1919, sein Vater war Hufschmied. Francis Louis Michel Marrot, geboren 1876, war 1927 noch aktiv, sowie der Taillandier Jean-Baptiste Michel Jauze, geboren 1847. Im letzten Viertel des 19. Jahrhunderts waren alle drei in Arles-sur-Tech noch aktiv.

Auch in Prades gab es eine aktive Taillanderie. Emmanuel Berdaguer (1770–1818) war Messerschmied und Taillandier. Sein Sohn Emmanuel (1805–1887) war in Figueres in Spanien geboren und folgte ihm als Taillandier. Er war um 1835 aktiv. François Ville, 1845 in Mosset geboren, war zwischen 1859 und 1900 Taillandier. Weitere Beispiele in Prades sind Baptiste Ville und Joseph Serre, die als Taillandiers und Messerschmiede arbeiteten.

Im Têt-Tal, in Millas, war Bonaventure Deville Taillandier und Schmied von Navallas. Er starb im Jahr 1889. Man kann noch weitere Hersteller katalanischer Messer in anderen Dörfern benennen: Mary in Céret, Pelissier in Rivesaltes, Auter in Saint-Laurent-de-la-Salanque

und Jérôme Marrot, der um 1870 arbeitete, in Argelès. Sein Sohn, der ebenfalls den Vornamen Jérôme trug, übte diesen Beruf noch in den 1920er-Jahren aus.

Die Zeit zwischen den beiden Weltkriegen war für das katalanische Messer ein Wendepunkt. Die Produktion von Navallas in den Bergdörfern des Vallespir und des Conflent war nur noch ein Schatten ihrer selbst. Im Allgemeinen war die katalanische Messerproduktion nie ein Wirtschaftszweig von großer Bedeutung. Ihre Produktion reichte jedoch für den lokalen Bedarf der katalanischen Bauern und Bergbewohner aus.

In Perpignan waren Navallas sowohl die Domäne einiger Taillandiers als auch von Messerschmieden, für anspruchsvollere Modelle sogar von Büchsenmachern. Ein Beispiel ist François Martin, geboren 1872, der zusammen mit seinem 1873 geborenen Bruder Laurent, der wie sein Vater Scherenschleifer war, einige katalanische Messer herstellte. Ihr gemeinsames Geschäft trug das Schild *Martin Frères*.

Zu den Taillandiers in Perpignan gehört auch die Werkstatt von Félix Sébastien Joseph Llaty, der 1872 in Estagel geboren wurde und gemeinsam mit seinem Vater noch in den 1920er-Jahren als Taillandier arbeitete. Mit ihm verbindet sich eine lustige Anekdote, denn obwohl er sein ganzes Leben lang eine Schmiedewerkstatt betrieb, war er wegen Muskelschwäche ausgemustert worden.

Zwei katalanische Ganivets mit Mouche und Cran d'arrêt (19. Jahrhundert).

Das Ganivet

Das Ganivet, das andere katalanische Messer, war eher in der Ebene und am Mittelmeer zu finden. Sein Griff war aus einem Stück, meist aus Horn, flach, und besaß bei den älteren Modellen hervorstehende Rosetten. Das Ressort endete in einer Mouche ohne Ring, die durch Anheben mit zwei Fingern entriegelt wurde. Während man Navallas an der Hüfte trug, steckte man Ganivets in die Tasche.

Thiers stellte auch katalanische Messer her, die Navallas kopierten. Wie ich anhand der handschriftlichen Register von Sabatier Frères ermitteln konnte, wurden 1865 zudem *Catalans de table* (Tafelmesser) hergestellt, die einen schwarzen Griff oder einen Griff aus Horn mit Messingverzierungen besaßen. Und noch andere Hersteller aus Thiers, wie Batisse 31 Besset, fertigten katalanische Messer.

Im Katalog von Manufrance in Saint-Étienne waren ebenfalls katalanische Messer zu finden, aber diesen eher industriellen Modellen fehlte der handwerkliche Charakter und der ländliche Charme der Messer aus den Bergen des Conflent und des Vallespir. Manufrance stellte sie im Übrigen nicht selbst her, sondern vergab die Produktion an Subunternehmer in Thiers, weil das Unternehmen selbst keine Messer, sondern nur Waffen und Fahrräder fertigte.

Gegenüberliegende Seite, oben: Katalanische Dorfbewohner, um 1920.

Gegenüberliegende Seite, unten: Die Trajinaires (Lastenträger) trugen ihre Navallas im Gürtel.

ZU UNRECHT SCHLECHTER RUF

Die französische Presse berichtete im 19. Jahrhundert über verschiedene Ereignisse, bei denen Catalan-Messer im Spiel waren. Die Bezeichnung war falsch und schadete dem Ruf der Catalans. Die Untersuchung der Gerichtsprotokolle in den Gerichtsarchiven und der Beschreibungen der inkriminierten Messer ergab, dass nur sehr wenige dieser Messer tatsächlich Navallas waren. In Wirklichkeit waren es echte Thiers-Messer, die heute als Navajas Thiernoises bezeichnet werden. Oder große Messer à cran d'arrêt à palme (mit einem hebelartigen Entriegelungssystem).

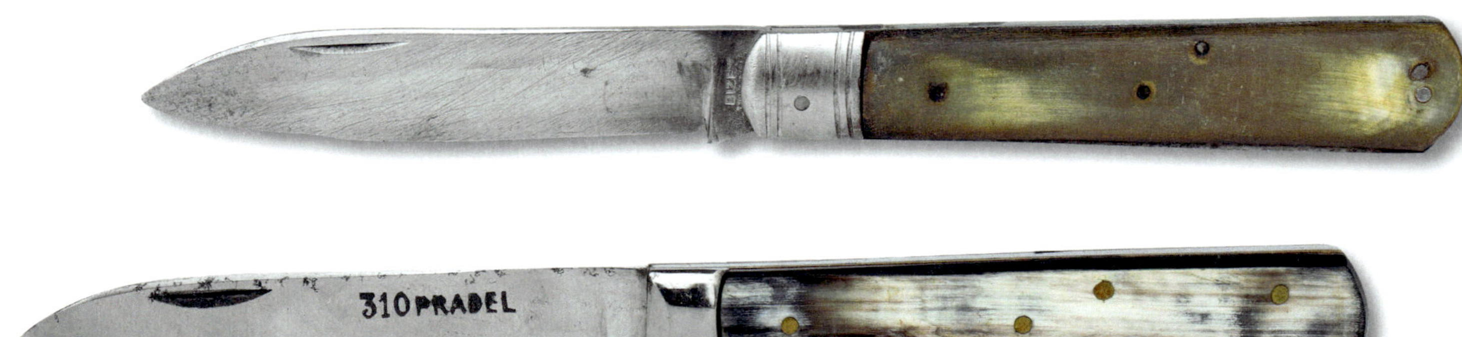

Falsche Freunde

Pradel, ein erfolgreiches Messer aus Thiers, das von englischen Messern inspiriert wurde und im Westen Frankreichs verbreitet war (Marken aus Thiers: Véritable Pradel, Bizet, 310 Pradel).

Rechte Seite: Pradel in verschiedenen Versionen, Katalog Bechon-Gorce (Thiers), um 1895.

Bereits Ende des 19. Jahrhunderts finden sich in den Auslagen der Geschäfte Modelle, von denen man meinen könnte, sie seien in ihren jeweiligen Regionen entstanden. Messerhändler nahmen sie ganz selbstverständlich in ihr Sortiment auf, denn sie stellten sowohl die einheimischen Kunden wie die Touristen zufrieden. Faux amis (Falsche Freunde) habe ich sie getauft.

Das Pradel

In der ersten Hälfte des 20. Jahrhunderts verlor das Rouennais in der Normandie an Bedeutung, und die Vielfalt der bretonischen Messer wurde kleiner. Diese Messer aus der Mayenne, der Bretagne und der Normandie wurden durch ein Messer aus Thiers ersetzt, das Étienne Pradel-Chomette in der zweiten Hälfte des 19. Jahrhunderts auf seinen Briefköpfen als „Seemannsmesser, englische Art" beschrieb.

Sein Pradel mit der Marke *À l'Ancre des Mers* auf der Klinge war in den Hafenstädten und Dörfern im Landesinneren Westfrankreichs so beliebt, dass die Konkurrenz begann, ebenfalls dieses Modell herzustellen. Étienne Pradel-Chomette glaubte, die Rivalen für sein Messer eindämmen zu können, indem er 1887 den Markennamen *Véritable Pradel Ancre des Mers* (Echtes Pradel Anker der Meere) schützen ließ. Im Jahr 1896 leitete er sogar ein Gerichtsverfahren gegen all jene ein, die er für Fälscher hielt. Er argumentierte mit der Verbindung zwischen Messerform und dem Namen des Herstellers. Aber er unterlag. Seine Gegner führten an dass sein Modell selbst eine Kopie eines auf der anderen Seite des Ärmelkanals hergestellten Messers sei und Pradel-Chomette sich selbst als Spezialist für englische Modelle bezeichnete. Am Ende ging das Gericht in seinen Beschlüssen sogar noch weiter und erklärte das Wort Pradel für ein Messer dieses Modells für Allgemeingut.

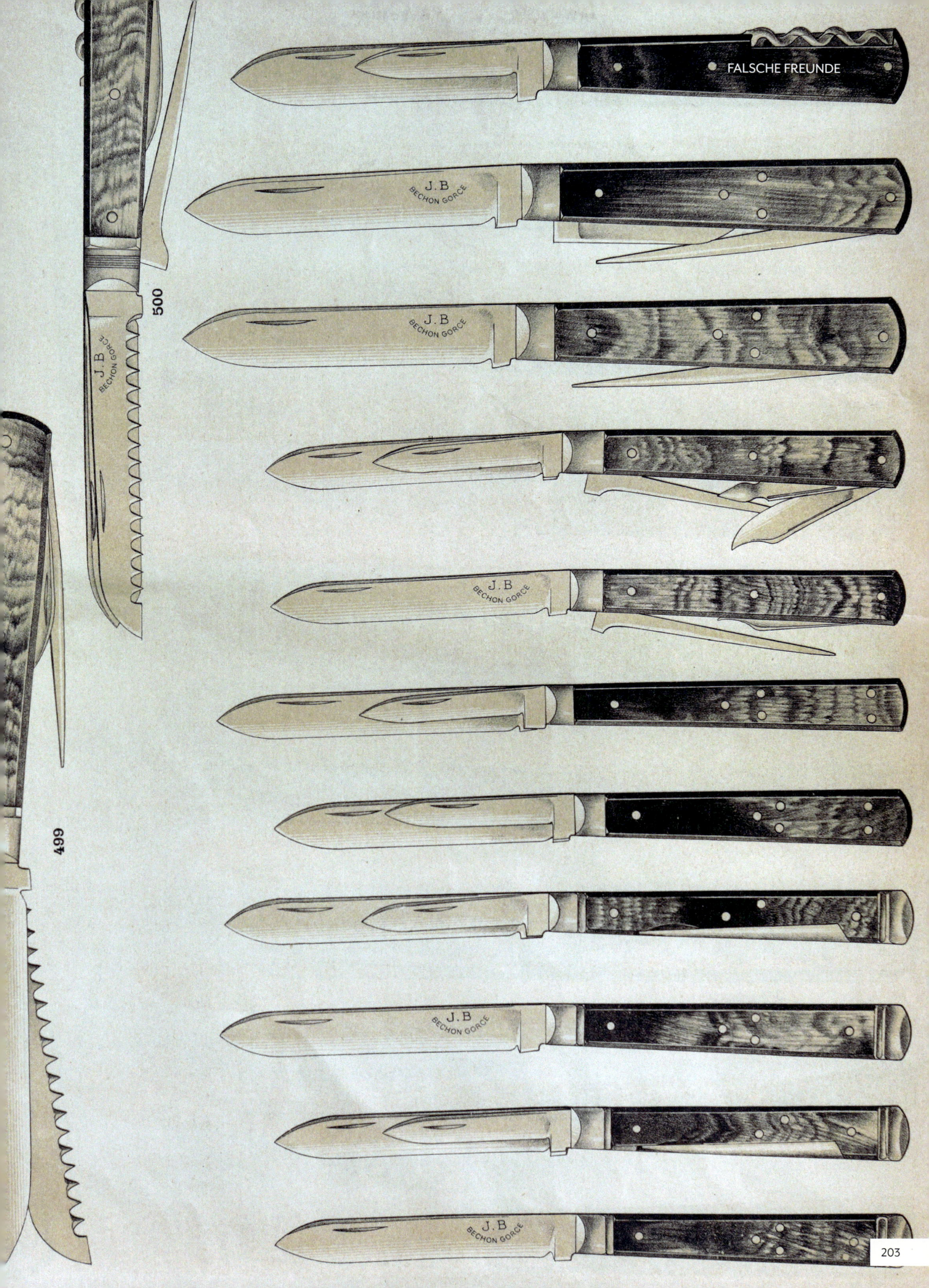
500
J.B
BECHON GORCE
499
J.B
BECHON GORCE
J.B
BECHON GORCE
J.B
BECHON GORCE
J.B
BECHON GORCE
J.B
BECHON GORCE

London, Messer der Seefahrer und der Bevölkerung im Westen Frankreichs, gedruckter Katalog Bechon-Gorce (Thiers), um 1895.

Mit dieser historisch wichtigen, markenrechtlichen Entscheidung öffnete das Gericht die Tür für die Anbringung des Wortes Pradel auf zahlreichen Messern, unabhängig von dem jeweiligen Hersteller. Dessen ungeachtet blieb die Marke *Véritable Pradel* weiterhin erfolgreich. Georges Pradel, ein Nachfahre, entschied sich 1920, die Herstellung zu rationalisieren und zu modernisieren. Er perfektionierte die Funktionsweise des Messers und konnte seinen Erfolg auf diese Weise sogar noch ausbauen.

Nach dem Vorbild englischer Messer aus Sheffield besaß das Pradel einen nach unten verlängerten Talon, der bewirkte, dass die Schneide beim Schließen nicht auf das Ressort schlug und stumpf wurde, denn das geräuschvolle Zuklappen des Messers war eine alte Sitte, eine Geste, die man vor allem auf den Bauernhöfen nach dem Essen beobachten konnte. Sie war wie die Uhr des Bauern. Ertönte das Signal, mussten die Knechte wieder zurück an ihre Arbeit.

Das London

Wie der Name schon sagt, stammte das London ursprünglich von der anderen Seite des Ärmelkanals. Es hatte sich im 19. Jahrhundert in der Messerlandschaft der westfranzösischen Küste fest etabliert und wurde sowohl von Seeleuten wie Touristen gekauft. Dass es in Thiers als preiswertes Messer hergestellt wurde, war einer der

London von Soanen (Thiers), um 1890.

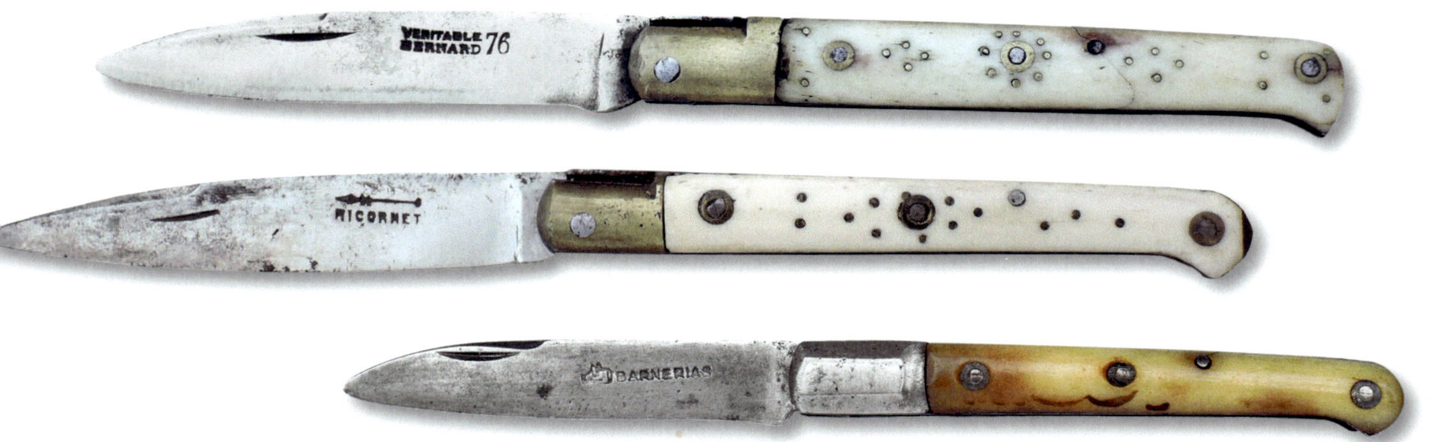

Gründe seines Erfolgs. Ein weiterer war seine Form, die für den Gebrauch auf See ungefährlich und sehr geeignet war.

Das Saint-Martin

Dieses Messer bleibt ein Rätsel. An welchen Sankt Martin sollte man sich wenden, um seine Herkunft herauszufinden? Es gab mehrere Modelle des in Thiers hergestellten Saint-Martin, die sich ähnlich waren und hauptsächlich im südlichen Massif Central verkauft wurden. Eine andere Form mit gleichem Namen wurde in der Vendée und der Charente-Maritime verkauft. Daraus ergibt sich die verlockende Hypothese, dass der Hafen von Saint-Martin-de-Ré eine potentielle Quelle für das zweite Saint-Martin war.

Das Yatagan-Basque

Es heißt nur so, hatte aber weder seine Herkunft noch sein Verkaufsgebiet im Baskenland, sondern stammte aus Thiers. Weil sein Profil mit den hervorstehenden Rosetten für einen guten Halt sorgte und verhinderte, dass die Hände der Tabakbauern abrutschten, war es ein Messer für

Saint-Martins aus Thiers von Véritable Bernard Mure Frères, um 1905, Ricornet, um 1915, und Roger Barnérias, um 1930.

Saint-Martins mit runden oder facettierten Mitres, gedrucktes Blatt von Barnérias (Thiers), um 1925.

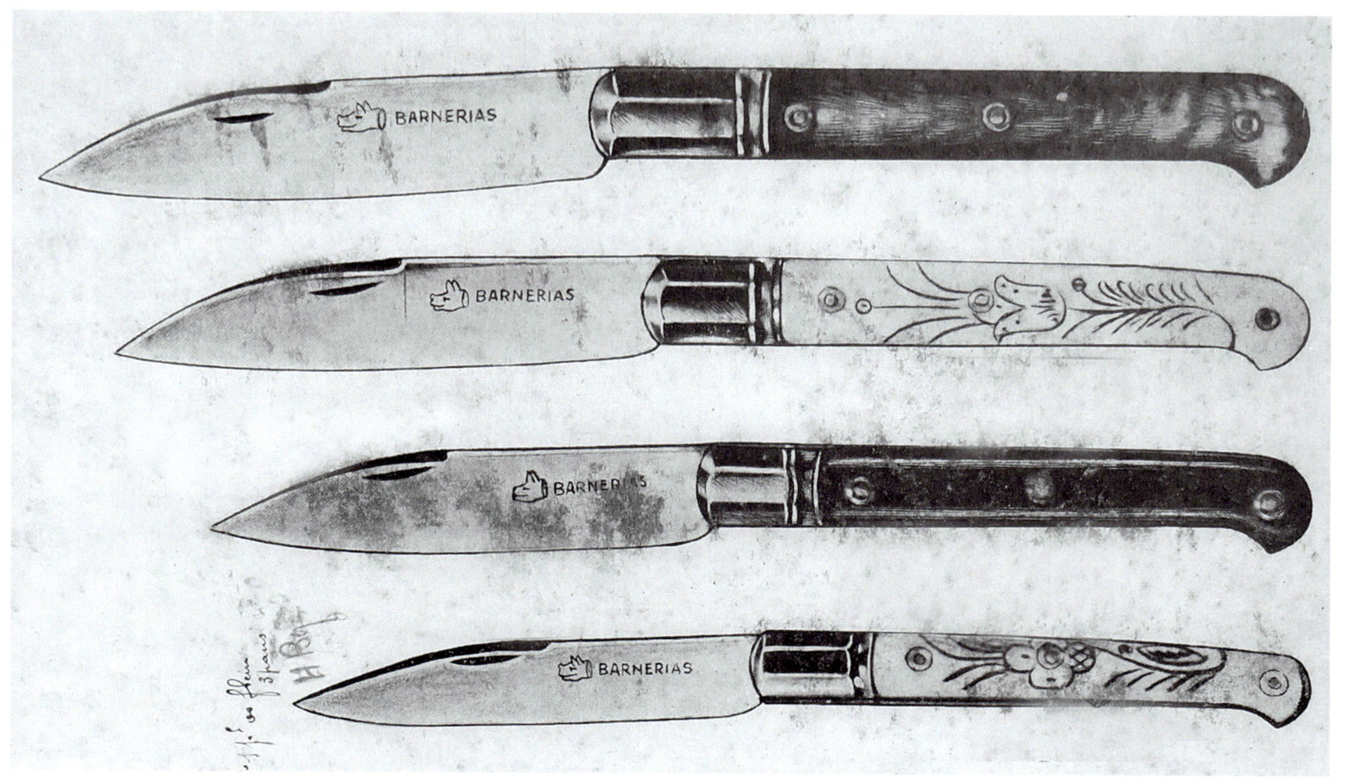

Yatagan basque, fälschlicherweise so genannt, Marke Calmette in Montpon (Dordogne), Herstellung in Thiers (1. Hälfte des 20. Jahrhunderts).

die Tabakbauern im Tarn-et-Garonne und der Dordogne. Dieses Messer ersetzte ein anderes mit Bourbonnaise-Klinge und Bec de corbin, dessen Griff ebenfalls mit gewölbten Rosetten versehen war und um Bergerac verkauft wurde.

Das Alsacien

Ebenso Massue oder Nixdorf genannt, verdankt das Alsacien seinen Ursprung der Annexion des Elsass-Moselgebiets durch die Deutschen, die das Reichsland Elsass-Lothringen schufen. Auf diese Weise konnten die Messerschmiede aus Solingen und Nixdorf ihre Messermodelle in dieser Region anbieten, da diese auch nach der Rückkehr der annektierten Gebiete zu Frankreich von 1871 bis 1919 gefragt blieben. Thiers nahm die Produktion dann wieder auf und bewahrte die Kontinuität. Die Elsässer betrachteten es nicht uneingeschränkt als ihr eigenes Messer und bezeichneten es daher auch nicht als Alsacien, sondern als *Couteau de musette* (Rucksackmesser).

Ein deutsch inspiriertes Messer, das außer von den Elsässern Alsacien genannt wird. Hergestellt in Thiers (1. Hälfte des 20. Jahrhunderts).

Das Mineur

War das Mineur wirklich ein Messer aus dem Norden? Ohne Frage wurde es von den Herstellern in Thiers dorthin verkauft, denn der Name war anschaulich und der Norden verfügte über Minen. Doch ob der Ursprung hier lag, ist fraglich. Die Schmiede in Lothringen nannten ihre Messer mit Haupt- und kleiner Piétin-Klinge *Berger* (Hirte). Mit nur einer Klinge hießen sie *Couteau de boucher* (Schlachtmesser). In Thiers verwendeten die Schmiede die Namen Berger oder *Mineur allemand*, was im Französischen wie im Deutschen die gleichen Messer bezeichnete. Bei der Region handelte es sich um ein geographisch homogenes Gebiet, das vom Plateau de Langres über Lothringen bis in den deutschsprachigen Raum reichte.

Das Vendetta

Ursprünglich war das Vendetta ein faltbares Messer, das sich an der piemontesischen Herstellungsart orientierte. Touristen, die heute ein Messer mit diesem Namen auf Korsika kaufen, gehen davon aus, dass sie ein ursprünglich korsisches Messer mit nach Hause nehmen. Aber das ist nicht der Fall. 80 Prozent der derzeit auf Korsika verkauften Vendettas sind chinesischer Herkunft. Im 20. Jahrhundert erwarb ein Tourist noch ein Messer, das in Thiers hergestellt wurde, und stellte sich vor, dass er ein Stück korsischer Geschichte oder Seele mit nach Hause nehmen

Mineur. Obwohl es eine Bergbauregion war, wurde es wirklich im Norden hergestellt? Hersteller 108 Girodias (Thiers), um 1920.

würde, wenn er die mit Säure eingeätzten Rachezitate auf den Klingen las.

Die Geschichte der Vendettas aus Thiers war das Echo auf die Veröffentlichung der *Novelle Colomba* von Prosper Mérimée aus dem Jahr 1840, die ein großer Erfolg war und eine ganze Mode in Gang setzte. Diese *de Gare* genannten Feuilletonromane entführten ihre Leserinnen im 19. Jahrhundert in eine überschwänglich pathetische Welt aus Liebeleien, bösen Blicken, Rache und Messern, die die Damenwelt in Ohnmacht fallen ließen. Die Vendettas aus Thiers waren eine Erfindung und eine Reaktion darauf.

Korsische Hirten nutzten von ihren Dorfschmieden hergestellte *Coucchiolus*, einfache Messer ohne Ressort mit einem Griff aus Widderhorn und einem einzelnen Niet als Klingenachse. Die andere Spezialität der Insel war der kunstvoll gearbeitete Dolch nach Genueser Art. Diese Dolche wurden um 1890 von den Messerschmieden Tambellini und Pensa sowie den Waffenschmieden Cibert und Badani in Bastia gefertigt.

SIND DIE NEO-REGIONALEN REGIONAL?

Auf der Welle der Begeisterung für das immaterielle Kulturerbe und die Werte, die von den Regionen verkörpert werden, haben private Unternehmer neue Messer ersonnen, die als „neo-regional" bezeichnet werden. Diese privaten Designs, die in ein patentrechtlich geschütztes Modell einfließen können, dürfen nicht von jedem Messermacher reproduziert werden. Ihr Erfolg bleibt an den kommerziellen Erfolg ihres Urhebers gebunden. Da sie nicht von jedermann hergestellt werden dürfen, bleibt ihre Zukunft ungewiss. Die Tatsache, dass ein Messer einen lokalen Namen trägt, bedeutet nicht, dass es von den Menschen in dieser Region als „ihr" Messer angesehen wird.

Vendetta, ein Messer für Touristen, das auf Korsika nie hergestellt wurde. Hier ein Exemplar aus Thiers, 716 Véritable Édouard, Mure (1. Hälfte des 20. Jahrhunderts).

Vendettas im Katalog von Bechon-Gorce (Thiers), um 1895.

Montpellier oder Couteau de voilier (Seglermesser), zugelassen vom Hafenamt des Arsenals von Toulon, Bizet-Dessaigne, Thiers (Ende des 19. Jahrhunderts).

London mit Holzgriff, ein weiteres Seefahrermesser, Véritable Pradel (Thiers), um 1920.

Das Meer, eine andere Welt

Couteau trancheur für den Hochseefischfang, Produktion des Taillandier Fourrey-Triquet in Sourdeval-la-Barre, Manche (Anfang des 20. Jahrhunderts).

In der Seefahrt pflegte man zu sagen: „Ein Platz für jedes Ding und jedes Ding an seinem Platz." Das Montpellier fand seinen Platz in den Taschen der Seeleute. Mit seinem Zweitnamen nannte man es *Couteau de voilier* (Seglermesser). Die für das Montpellier typische, tief nach unten gerichtete Klingenspitze verhinderte, dass Matrosen unbeabsichtigt verletzt wurden, wenn das Schiff ins Schaukeln geriet. Die Form der Klinge eignete sich für kleinere Arbeiten. Für echte Segelmacherarbeiten mit dickem Segeltuch bevorzugte der Segelmacher ein feststehendes Messer, das für diese Zwecke konzipiert war. Mit seinem Couteau de voilier nahm ein Seemann vor allem die Mahlzeiten zu sich, die in der Bordküche zubereitet wurden. Darüber hinaus diente es ihm als Feuerzeug, um eine Pfeife anzuzünden, wobei er mit einem Feuerstein über den Klingenrücken rieb und mit den Funken einen Zunderdocht zum Glühen brachte. Um zu verhindern, dass sein Messer über Bord ging, konnte er es am Griffende mit einer *Garcette* (einer dünnen, geflochtenen Fangschnur oder einem Lederriemen) befestigen.

In den Ateliers der westfranzösischen Hafenstädte schmiedeten die bretonischen und normannischen Couteliers Messer mit Ressort und tiefen Klingenspitzen, die eindeutig für Fischer und Seeleute bestimmt waren. Die Besatzung der Hochseefischer rekrutierte sich jedoch aus den Bauern im Hinterland. Für sie war es seinerzeit unvorstellbar, zwei Messer zu besitzen, eines für das Land und eines für die See. Das Seemannsmesser war also nicht nur auf dem Meer, sondern auch an Land zu Hause.

Couteau de bosco (Maatmesser), anonym, Frankreich, Erstes Empire.

Couteau piqueur für den Hochseefischfang, Messerschmied Loisons in Morlaix (Finistère), um 1840.

Wie der Name vermuten lässt, ist das London englischen Ursprungs und fand erst dann seinen Weg nach Frankreich. Sein Griff aus Holz oder Horn war zur besseren Handhabung nach oben gekrümmt. Die Klinge besaß zum Schutz der Seeleute eine rund nach unten weisende Spitze, mit der man Taue ebenso schneiden konnte wie Trockenfleisch. Der *Talon carré* der Klinge bot eine sicherere, zweistufige Schließbewegung. In den 1860er-Jahren wurde das London in Thiers in großen Mengen hergestellt. Vor allem Pradel machte das Messer an den Küsten populär. In den 1900er-Jahren hatten alle französischen Seeleute solche London von Pradel in der Tasche.

Um 1880 stattete die Marine die Schiffsbesatzungen mit Messern mit Marlspieker für die Arbeit an leichtem Tauwerk aus. Fälschlicherweise nannte man sie *Couteaux de bosco* (Maatmesser). Mit ihnen fertigten die Matrosen aus an Bord gesammelten Takelageresten kunstvolle, dekorative Arbeiten, die sie nach ihrer Rückkehr an Land verkauften, um sich ein Zubrot zu verdienen.

Bei Segelschiffen von Kriegsmarine, Handelsflotte und Fischerei wurden bei Takelagen mit rechteckigen Segeln Matrosen, Gabiers genannt, in die Rahen geschickt, um die Segel zu beschlagen oder zu verkleinern. Wenn der Wind zu stark wurde, verkleinerte man sie, indem man sie mithilfe von Reffleinen aufrollte. Dafür trugen die Gabiers ein großes, feststehendes Messer am Gürtel, das tief in einer Lederscheide steckte. Verklemmte sich ein Seil, konnte man es damit kappen. Die Gabiers sicherten ihr Messer nur ungern mit einer Garcette, was dazu führte, dass es, wenn es aus dieser Höhe aus der Rah herabfiel, zum Witwenmacher werden konnte.

Die Decksbesatzung sorgte unter dem Befehl des Bosco für die Ausrichtung der Segel und die Bedienung der Leinen zum Setzen der Segel. Für sie befanden sich an den wichtigsten Stellen auf dem Schiff Körbe mit großen, schweren Decksmessern, mit denen sie bei Bedarf Seile kappen konnte. Einige dieser Messer waren klappbar. Die Schneide der Klingen war gerade und ihr Klingenrücken sehr stark.

Auf den großen Segelschiffen der Hochseefischerei fuhren Besatzungen aus dem Baskenland, der Bretagne und der Normandie zu den Kabeljaubänken vor Island und Neufundland. Man nannte diese Schiffe *Terre-neuviers* (Neufundländer), die mit *Terre-neuvas* bemannt waren. In *Doris* (kleine Fischerboote) wurden Zweiergruppen zu Wasser gelassen, die den Kabeljau

Couteau de gabier, Messer der Matrosen in den Masten und Rahen, Benic in Saint-Malo (Ille-et-Vilaine), um 1850.

Couteau de pont à lentille (großes Decksmesser mit Lentille), anonym, Frankreich (Ende des 19. Jahrhunderts).

mit Treibangeln fingen. An Deck wurde der Fang dann auf großen Werkbänken zerlegt. Der *Ébreuyeur* spießte den Kabeljau mit dem Kopf auf einen Eisenspieß, schlitzte ihn mit seinem *Couteau piqueur* auf und entfernte die Eingeweide. Dann wanderte der Kabeljau auf der Werkbank weiter zum *Trancheur*, der mit 13 Schlägen seines Tranchiermessers die Filets zerteilte. Anschließend wurde der Kabeljau gesalzen und getrocknet. Manche der Trancheurs beschwerten ihre Messer zusätzlich noch mit Blei, damit sie die Wucht der Schläge erhöhen konnten. Um einen solchen Arbeitstag zu überstehen, musste man über enorme Kraft verfügen.

Die Arbeit an Deck war hart und gefährlich. Die Wellen konnten noch so sehr über das Deck schlagen, die Arbeit wurde fortgesetzt. Und dabei wurden Messer schnell über Bord gespült. Aus diesem Grund planten die Reedereien ganze Kisten mit Messern ein, die als Verbrauchsmaterial angesehen wurden. Bei einer sechsmonatigen Fangreise betrug die Lebenserwartung eines Trancheur- oder Piqueurmessers zwischen einem und drei Monaten.

Die zu Anfang des 19. Jahrhunderts von Messerschmieden an den Küsten Frankreichs lokal hergestellten Messer wurden ab dem zweiten Drittel des 19. Jahrhunderts von darauf spezialisierten Taillandiers in der Normandie hergestellt. Zum Ende des 19. Jahrhunderts bekamen sie Konkurrenz aus Thiers, zum Beispiel durch Pradel, und ab Anfang des 20. Jahrhunderts von Joseph Opinel aus den Savoyen.

Zum Flicken der Netze benutzten die Fischer ein *Couteau à ramender* (Flickmesser), ein spitzes, feststehendes Messer, mit dem ein Fischer die Maschen löste und schadhafte Teile des Netzes abschnitt, bevor er die Maschen durch Flechten und Knüpfen wieder zusammenfügte. Dieses Messer wurde zusammen mit den anderen Reparaturutensilien am Gürtel getragen.

Couteau à ramender (Messer zum Ausbessern der Netze), anonym, Frankreich (1. Hälfte des 20. Jahrhunderts).

Oben und unten: Couteaux de pont à ressort (Großes Decksmesser mit Ressort), anonym, Frankreich (Ende des 19. Jahrhunderts).

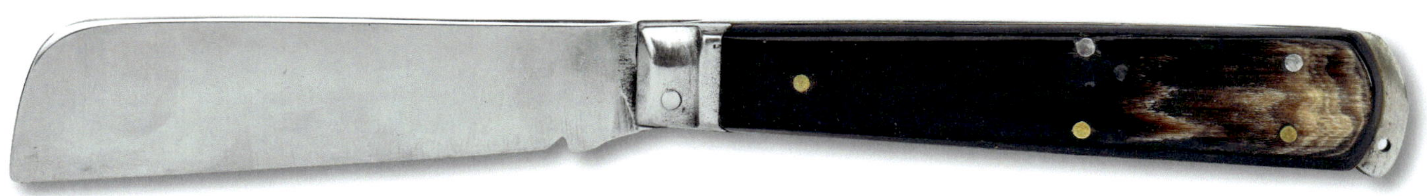

Couteau de matelot (Matrosenmesser), Gravur der Inventarnummer des Arsenals von Rochefort, anonym, Herstellung in Thiers, um 1920.

Couteau de matelot mit Marlspieker, fälschlicherweise Bosco-Messer genannt, um 1920.

Couteau de baleinier (Walfängermesser), von Hand gezeichnetes Musterbuch, Nogent, um 1860.

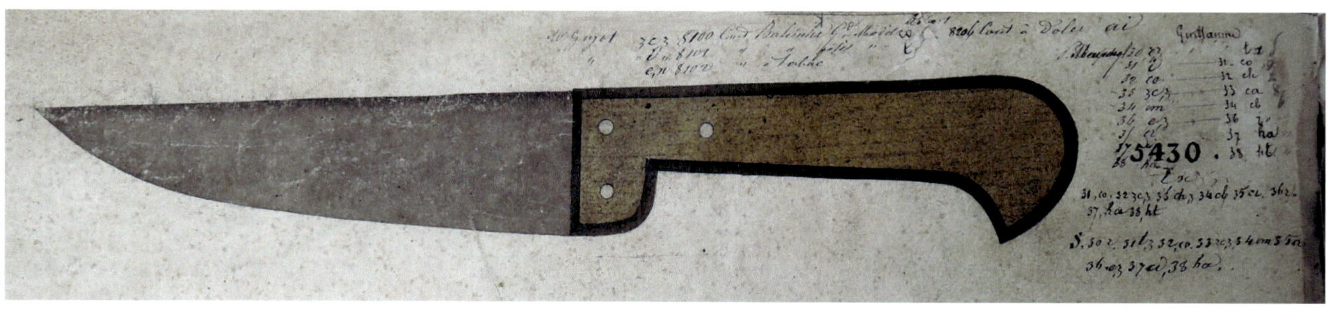

Sammlungen

Die Sehnsucht nach dem Messer des Großvaters, die Suche nach einer längst vergangenen, ländlichen Welt oder den Verbindungen zu regiona-

len Kulturen können einen neugierigen Menschen, einen Liebhaber alter Gegenstände oder der Lokalgeschichte dazu inspirieren, sich für traditionelle Messer einer Region oder eines Terroirs zu interessieren. Und oft wird daraus eine Sammlung.

Privatsammlung alter regionaler Messer.

Bei Trödlern oder auf alten Dachböden kann man überraschende Entdeckungen machen.

Auf Auktionen und bei Antiquitätenhändlern erfüllen sich manchmal Sammlerwünsche.

Ob es sich um eine kleine Sammlung handelt, die sich auf eine spezielle Region beschränkt, oder um eine größere, die mehrere Themen und Regionen Frankreichs umfasst, eine solche Sammlung regionaler Messer eröffnet ein weites Feld von Möglichkeiten, was dazu führt, dass man sich für die jeweilige Geschichte, die Tätigkeiten der Menschen und die menschlichen Schicksale interessiert. Denn immer und hinter jedem Messer steht ein Mensch mit Gefühlen und Träumen.

Eine Sammlung kann allgemein oder thematisch ausgerichtet sein. Ein Sammler kann sich für einen bestimmten Hersteller interessieren und die gesamte Bandbreite seines Sortiments sammeln, die während der Lebenszeit der Manufaktur hergestellt wurde. Er kann nach alten Katalogen suchen, in denen seine Messer möglicherweise enthalten sind, oder er kann sich für Messerschmiede interessieren, die spezielle Messer hergestellt haben. Manche Sammler spezialisieren sich auf die Erforschung eines speziellen Messertyps, der sich nach Herstellermarke, der Anzahl seiner Teile oder Griffarten unterscheidet. Andere Sammler konzentrieren sich auf Messer, die in einem bestimmten Terroir hergestellt wurden, in den Werkstätten eines Dorfes, einer Gruppe von Weilern oder einer Stadt.

Anhand der Sammlung kann man untersuchen, wie ein Coutelier seine Messer herstellte und wie die Landbevölkerung sie benutzte. Die Beschäftigung mit regionalen Messern führt zu einer Beschäftigung mit unserer Zivilisation, zu einem Blick auf die Beziehung zwischen Mensch und Objekt und auf die Beziehungen zwischen den Menschen einer Region.

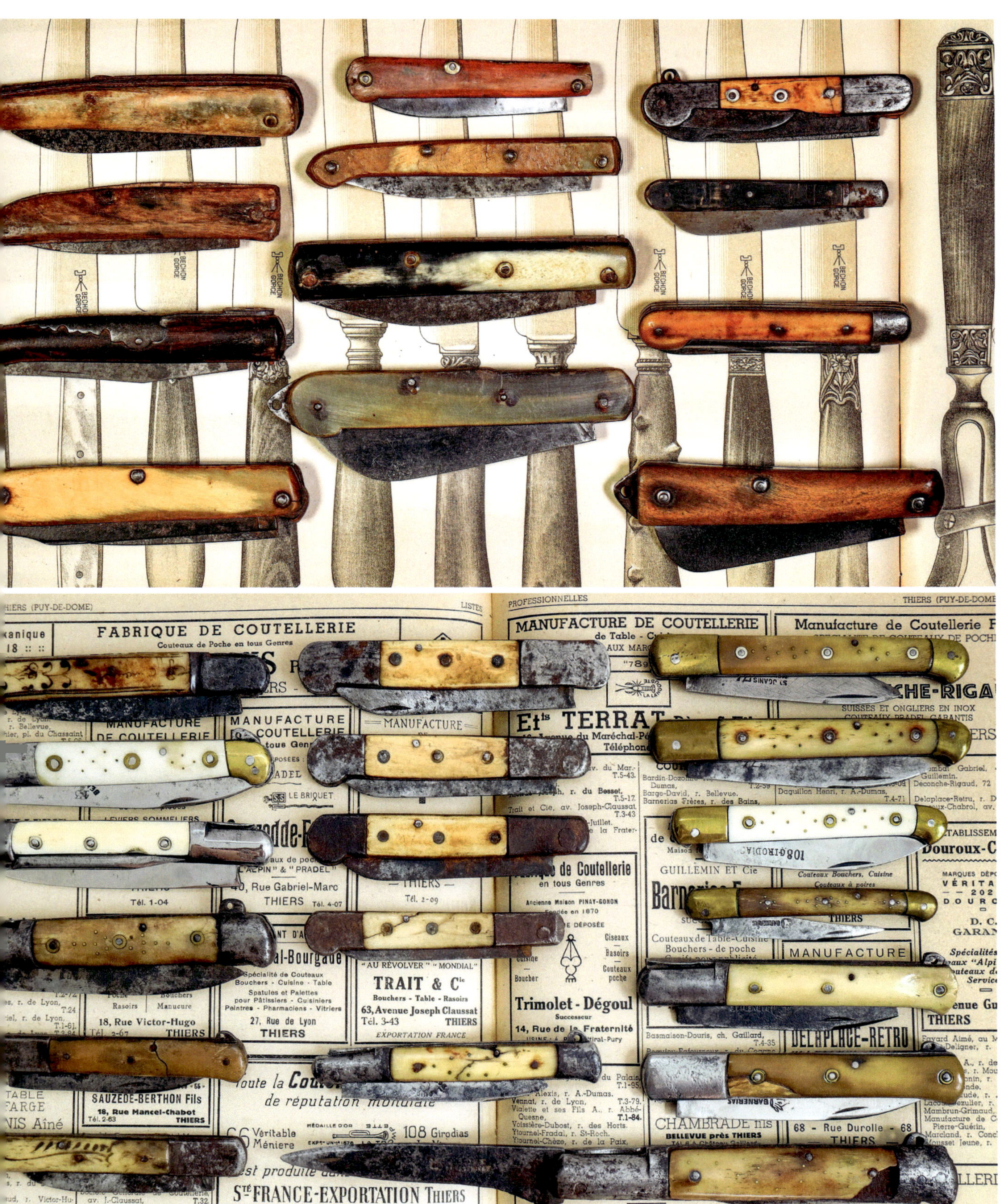

Eine nach Themen geordnete und sauber dokumentierte Sammlung besitzt Aussagekraft.

Haben regionale Messer eine Zukunft?

Das Laguiole kennt man auf der ganzen Welt. Ein Messer, das den Namen eines kleinen Dorfs im Aubrac trägt. Ein zweites Messer ist ebenfalls weltberühmt, das Opinel. Es trägt den Namen einer Familie und steht für den alpinen Raum der Savoyen. Beide Messer sind tief in Kultur und Tradition ihrer jeweiligen Region verwurzelt. Sie prägen zum einen das Bild, das man in der Welt von der französischen Messerschmiedekunst hat, und veranschaulichen gleichzeitig eine kulturelle Besonderheit Frankreichs: die einzigartige Vielfalt der regionalen Messer.

Wer kauft ein regionales Messer? Sind es in einer sich ständig wandelnden, ländlichen Welt, in der die reine Nutzanwendung schrumpft, noch die Menschen, die es für die täglichen Arbeiten auf dem Bauernhof, auf den Feldern oder im Umgang mit ihren Tieren benötigen?

Aus französischer Sicht kann man das verneinen. Natürlich gibt es für das Opinel und das Laguiole immer Menschen, die es kaufen, weil es „ihr" Messer ist und schon immer war. Zudem erlaubt das Laguiole Designern, Architekten und Kunstmessermachern die Auseinandersetzung mit seiner eleganten Linienführung. Auch die Kunden des Opinel rekrutieren sich nicht nur aus denjenigen, für die es ihr erstes Messer war, mit dem sie als Kinder ihre ersten Stöckchen und Boote schnitzten und Hütten bauten, sondern weil es ein Messer für Sportler und Naturliebhaber ist, die es wegen seiner Funktionalität und seines Preis-Leistungs-Verhältnisses schätzen.

Aber was ist mit den vielen anderen regionalen Messern?

Neben den Touristen, die vor Ort ein Souvenir kaufen (und leider häufig ein in Fernost hergestelltes, billiges Produkt zweifelhafter Qualität erwerben), gibt es Messerliebhaber, Sammler und vor allem Menschen, die häufig in urbanen Räumen leben und in modernen Berufen arbeiten. Mit dem Messer erwerben sie ein ideelles Stück Frankreich, eine Reminiszenz an die Tradition und Kultur einer liebenswerten, ländlichen Region, an die man sich gerne erinnert, wenn man es in der Tasche trägt, berührt oder benutzt.

Zu den bekanntesten Messern gehören Agenais, Alpin, Aurillac, Capucin, Charlois, Langres, London, Montpellier, Rouennais, Saint-Amans, Saint-Martin, Seurre und Yssingeaux. Nontron konnte dank der Initiative von Gérard Boissins die Produktion seiner Messer mit Virole fortführen. Und für viele regionale Messer, deren lokale Herstellung verschwunden war, gibt es heute in Chambéry, Laguiole, Nogent, Nontron und Thiers wieder Schmiede, bei denen Liebhaber ein originalgetreues Modell in Auftrag geben können, und zwar zu Preisen, die je nach Komplexität und von den Kunden gewünschten Materialien zuweilen recht günstig sind.

Lokale Initiativen haben die Wiedergeburt einiger lokaler Messer gefördert, zum Beispiel in Cahors oder Foix. Sie sind ermutigend, weil sie von den Nachkommen derjenigen ausgehen, die sie einst produzierten. In Vallon de Marcillac im Departement Aveyron wurde das Winzermesser Liadou wiederbelebt und in Albi das Albigeois.

In Deutschland ist es Wolfgang Lantelme von PassionFrance, der Übersetzer dieses Buchs, der zusammen mit dem *Meilleur Ouvrier de France*, Robert Beillonnet, einige regionale Messer erneuert und weiterentwickelt hat, die in Thiers hergestellt werden und internationale Auszeichnungen erhielten. Die Geschichte der regionalen Messer geht also weiter.

Rechte Seite: Regionale Messer von heute: Laguioles Modell Sommelier, von Laguiole en Aubrac in Espalion.

Index

7 Guionin Aîné 173, 182, 184
31 Besset 201
32 DUMAS 34, 37, 50, 141
74 Saint-Joanis 50, 51, 132, 157
108 Girodias 35, 98, 189, 206
716 Véritable Édouard 132, 207

A

Abgrall-Marie 125
Affutiau 148
Agenais 33, 36, 99, 100ff, 216
Ain 158, 162
À l'Ancre des Mers 202
Albi 99, 106, 111, 216
Albigeois 107, 111, 216
Albuquerque (Martinho) 87, 96, 99, 100, 101, 104
Allier 41, 44, 46, 50, 153, 157, 158
Alpin 182, 184, 216
Alsacien 206
Amboss 17, 19, 83, 115, 151, 160, 176
Amiel 82
Ancenis 131
Ancien Régime 23, 44, 58, 82, 108, 113, 160, 162, 187
Annecy 164, 165, 166, 168, 171
Aragonien 73
Arcius 82
Ardèche 187, 188
Ardes 46
Argelès 201
Ariège 82ff, 98, 196
Ariégeois 84
Arles-sur-Tech 197, 198
Arvan 16, 174, 175, 176, 180
Aubrac 13, 16, 52ff, 216
Au Grattoir 111
Aurillac 17, 50ff, 111, 216
Autun 148ff
Auvergne 26, 30, 36, 41, 44, 117, 118, 137
Aveyron 16, 17, 44, 50, 52, 54, 58f, 99, 100, 106, 110, 195, 216
Aveyronnais 56
Avranches 120, 121
Aymar Fils 96

B

Badani 207
Baïonnette/Bajonett 64, 70, 76f
Baleinier 211
Barfleur 113
Barnérias 132, 205
Barrière (Jean) 64
Bas-Limousin 96
Baskenland 64, 72f, 76, 77, 205, 209
Basses Marches 41
Batisse 88, 201
Bayonne 64, 65, 72, 73, 76, 195
Béarn 77, 78, 79
Béarnais 80
Beaucaire 28, 193
Beaujolais 157
Beaumont-du-Périgord 66
Beaussac 66
Bec de corbin 55, 61, 81, 97, 104, 105, 110, 132, 188, 206
Bechon-Brunel 69
Bechon-Gorce 46, 50, 57, 100, 102, 153, 202, 204, 207
Beg Pol 122
Bellet 168
Berbineau 66
Berger 13, 47, 81, 142f, 148, 206
Bergerac 61, 66, 206
Berlon 75
Bernard 62, 63, 64, 66, 70
Berthelot 128
Berthon (Frères) 117, 118
Besset-Jarrige 46, 50, 51, 58
Béziers 24, 192, 195, 196, 197
Bidache 73
Biesles 29, 139
Bilbao 73
Blois 128, 129
Bocage 116, 117, 121
Boissins 69, 216
Bonnet (Isaac) 107, 108
Bonnet 14, 107, 108f
Bordabehere 76, 77
Bordeaux 24, 28, 64, 98, 99, 100, 104, 193
Bordenave (Martin) 75
Borel 76
Bosco(s) 194, 209, 211
Boucher 142, 206
Boulogne-sur-Mer 135
Bourbonnais 41, 42, 100
Bourbonnaise 42, 46, 50, 51, 108, 114, 140, 153, 166, 206
Bourdeaux 191, 192
Bourguignon 24
Boutineau aus Thiviers 69
Boutonnet (Martin) 44, 45, 110
Bresse 158
Bressuire 130
Bretagne 26, 34, 113, 119, 122ff, 131, 202, 209
Breuvannes 29, 139, 141f
Brioude 46, 52
Brossard 46, 48, 50, 51, 61, 125, 141, 149, 152, 154, 155, 157
Buronniers 52, 53, 56

C

Cabaziès 111
Cadet 98
Cadurcien 104
Cahors 17, 103, 104, 216
Calmels 13, 54, 55, 57, 58
Calmette 206
Cambrésis 135
Cantal 17, 46, 50ff
Cantalès 53
Capucin(s) 13, 27, 31, 33, 81, 82, 83, 84, 86, 91, 163, 192, 195, 196, 216
Capujadou 13, 52f
Carouge 168
Casanova (Giacomo) 43
Casenave (Jean) 75
Castaing 91, 93ff
Casteljaloux 97
Castillon 83
Castres 106, 108, 195
Catalan(s) 83, 197, 198, 201
Causse Comtal 52
Céret 197, 198
Cevennen 17, 28, 106, 133, 187ff
Cévenols 187, 189
Chablais 166
Chalabre 196
Chalon-sur-Saône 24, 51, 157
Chambéry 164, 165, 171, 184, 185, 216
Chandernagor 88
Chapsal 50
Chapuisat 166, 168, 170, 171
Charente 69, 132
Charente-Maritime 131, 133, 205
Charlois 13, 100, 151ff, 216
Charloise 80, 152
Charolles 13, 151, 152, 153, 157
Charretier 142, 148
Chassaigne 42, 69, 99, 153

Château-Renault 128
Châtellerault 88, 136
Chazelles-sur-Lyon 157
Cher 157, 158
Cibert 207
Cluses 166
Cognin 180, 184
Coltell de faixa 197
Compagnonnage 23, 24, 25, 196
Compagnon(s) 24, 25
Conflent 201
Conscience 19
Contou 44, 45, 46
Cotebert 69
Côte-d'Or 28, 154
Côtes-d'Armor 124
Coudert 66
Couserans 82
Coutances 121
Crassus (Prosper) 81
Crépy-en-Valois 127, 128
Croisy 170
Crotte, La 18
Cure 54

D
Dax 73
Décros 154
Demonsant 141
Descos 160, 162
Despartim 53
Destannes 51, 52
Desvaux 114, 116, 118
Dijon 23, 24
Dinan 122
Dinard 124
Dombes 158
Domerie d'Aubrac 52
Donjon 41
Dordogne 61, 64, 69, 103, 104, 195, 206
Douris 16, 17
Douziech 59
Druille 111
Dufourcq 72, 76, 77
Dupret 62, 69
Dupuy 49, 75
Durolle 30, 31, 32, 36, 128
Duvert Frères 46, 100, 119

E
Eauze 89
Elfenbein 30, 56, 152
Elsass 26, 142, 143, 154, 206
Englisch 114, 119, 126, 202, 204, 209
Entraygues 54
Erstes Empire 14, 44, 147, 209
Escudier 110
Espalion 18, 54, 58, 216
Espelette 72, 77
Eustache(s) 160ff, 189, 190
Exbrayat 48

F
Fabre 98, 103, 104
Faures 75
Favié 61
Fécamp 113
Finistère 122, 123, 124, 125, 209
Flamme à saigner 77, 118, 166
Fleurance 88
Foix 82, 83, 84, 216
Forges Tarrerias 122, 147, 175
Foucou 152, 153
Fougax 196
Fourbet-Denisard 125, 127, 128, 129, 135
Fourbet-Tarrérias 50, 119, 125, 128
Fourniture 32, 34, 36
Fradal 34, 35, 119, 121
France-Exportation 35

G
Gabiers 124, 209
Gabriel Rousselon 31, 82, 96
Gaillac 106, 111
Gaillacois 107, 111
Gaillard 66, 129
Galopini 175, 185
Galvacher 148, 149, 151
Ganivet 201
Gannat 46
Garbet 82
Garlon (Jean) 97
Garonnais 105f
Gascogne 82, 86, 88
Genf 168
Génolhac 28, 189, 190, 191
Genouillac 189
Genouillat(s) 28, 163, 189ff
Gérome 89
Gers 16, 73, 86ff
Gersois 9, 86, 88, 91
Gévoudaz 174, 175, 176, 177, 180, 181, 182, 184, 185, 186
Gimel 35, 88
Gimont 86, 91
Ginolhac 189
Gironde 64, 104f, 106
Girondin 105
Glaize 52, 54, 56, 58
Granville 113, 116, 120, 121
Grat 83, 84, 86
Guillemot 42, 153
Guingamp 124, 125
Guyenne 96, 104

H
Haudeville 78, 79
Hausierer 36, 117, 174, 181, 198
Haute-Garonne 73, 98
Haute-Loire 46, 48, 133
Haute-Marne 17, 28, 139, 141, 144, 145, 148
Haute-Maurienne 176, 179
Haute-Savoie 164, 168, 170, 171, 172, 173
Hautes-Pyrénées 80
Hébert 18
Hennegau 135
Hérault 191ff
Honfleur 113, 118
Huau 128, 129
Hugo (Abel) 48, 72, 80, 83, 88, 98,100, 106, 113, 122, 130, 135

I
Île de Ré 131
Ille-et-Vilaine 18, 124, 209
Indre 158
Island 209
Issigeac 66
Issoire 44ff, 50
Italien 28, 80, 145, 162, 164, 174, 177, 181, 185, 191
IT Issard 126
Iwuy 135ff

J
James 149, 150, 151
Joanne (Alphonse) 78
Jouret 196
Journaix 41
Julien (Antoine) 44, 45, 47

K
Kolonien 113, 115, 132, 193
Korsika 206, 207

L
Labastide-Murat 97
Labourd 77
Lacouture (Martial) 86, 88, 91
Lacrouzette 109
Lafitte 78
Lagarde 178, 180
Laguiole(s) 13, 16, 30, 34, 52ff, 62, 69, 128, 132, 160, 180, 216
Lalès 124
Lamothe 88
Lamotte 105
Landerneau 124, 125
Landrevie (Pierre-Paul) 97
Langres 28, 29, 99, 100, 129, 138f, 142, 143ff, 206, 216
Lannion 124
La Réole 105

La Roche-Chalais 66
La Rochefoucauld 69
La Roche-sur-Foron 168, 171
Lauraire 59
Lazet 50
Lectoure 86
Le Fresne-Poret 17, 116
Legrand 62, 63
Lentille(s) 54, 55, 59, 160, 210, 217
Léon 124
Lesbats 75
Letiec 124
Liadou 58f, 216
Libourne 104, 105
Llaty 201
Locronan 122
Loire 24, 131, 157
Loisons 124, 125, 209
London 100, 126, 204, 208, 209, 216
Lorient 124, 193
Lot 17, 50, 73, 97, 100, 103
Lothringen 29, 142, 143, 144, 146, 147, 206
Loudéac 122
Louisiana 193
Louis XV 23
Lucien 87
Luzy 139, 141
Lyon 24, 25, 42, 157, 158

M
Machard 165
Magot 91
Maïs 107, 108, 109, 110
Makila 76, 77
Manche 116, 120, 121, 208
Manufrance 201
Marans 131
Marboutin 66
Marcillac 59, 216
Marie 125
Marine 73, 124, 193, 195, 209
Marmotte 37
Marseille 24, 100, 106, 192, 193, 194, 195
Martinaires 83
Martin Frères 201
Martouret 69, 160, 162, 163, 196
Mas 54
Masnaffre 108
Massiac 46, 50
Mathieu 46, 47
Mauras 46
Maurienne 28, 174, 175, 184
Mazamet 106, 110
Membrun 46, 119, 157, 173
Mende 54
Mérimée (Prosper) 207
Millau 69
Mineur 142, 143, 148, 206
Mirande 16, 86, 88, 91
Mittelalter 23, 75, 164, 191
Monclar-de-Quercy 21, 97
Montagne Noire 106, 108, 109
Montariol 84, 86
Montclar 96
Mont-de-Marsan 73
Montendre 133
Montpazier 61
Montpellier(s) 16, 24, 27, 31, 154, 163, 189, 191ff, 208, 216
Montpezat-sous-Bauzon 17, 187, 188
Montpon 206
Mont-Saint-Michel 113
Morlaix 124, 125, 209
Moulin (Antoine Casimir) 53
Moulins 42, 43, 152, 153
Muletier(s) 108, 195, 196
Mure 132, 205, 207
Muret 36, 99f

N
Nantua 158
Napoleon 164, 165, 171
Napoleon III 23
Narbonne 100, 196f
Navajas 79, 80, 197, 198, 201
Navalla(s) 197ff
Navarra 73, 77
Nixdorf 206
Nogaro 86, 91, 93
Nogent 17, 28, 29, 30, 79, 113, 119, 128, 129, 138ff, 141, 142, 143, 145, 146, 211, 216
Nogentais 29, 138ff, 141
Nollet 133
Nontron(s) 28, 34, 61ff, 138, 162, 163, 216
Normandie 13, 34, 42, 113ff, 202, 209, 210

O
Oloron 78f
Opinel 14, 16, 56, 62, 121, 166, 174ff, 210, 216
Orléanais 127, 129
Orléans 76, 129
Orne 116, 117

P
Pagé (Camille) 65, 66, 69, 80, 88, 91, 117, 136, 147
Pagès 13, 54, 58
Paillé 131
Pamiers 82, 83, 84
Parapluie à l'Épreuve 37, 51, 135, 151, 184
Paris 23, 24, 42, 51, 53, 55, 56, 62, 63, 66, 79, 98, 115, 145, 149, 197
Pau 78
Paulhaguet 46
Pensa 207
Périgord 28, 61, 64, 66, 69
Périgueux 61
Perpignan 197, 201
Perlmutt 101, 103, 114
Petit 63, 65, 66, 69, 70
Peyrehorade 73
Pézenas 27, 192, 193, 197
Picardie 135
Piétin 46, 78, 142, 143, 147, 206
Pique 78, 79
Piquetou 79
Polidor Ainé 97
Pons (Abel) 96
Pont-de-Vaux 158
Portal 21, 97
Poudrille 125, 126
Poyet-Sivet 42, 46, 49, 51, 56, 58, 69, 189, 193
Pradel 106, 119, 120, 121, 126, 202f, 208, 209, 210
Prades 198
Puech 50, 109
Puivert 196
Puy-en-Velay 46, 48
Pyrenäen 13, 27, 78, 80, 81, 82, 83, 117, 195, 196
Pyrénées-Atlantiques 72ff, 79

Q
Quercy 96
Quillan 195, 196

R
Retru-Gros 118, 119
Rhône 157, 187
Rifain 125
Riom 46, 50
Rivesaltes 198
Rodez 44, 50, 54, 58, 59, 66, 100
Rouen 42, 113, 114, 115, 116
Rouennais 13, 30, 113ff, 140, 202, 216
Rousselon Frères 42, 141, 173
Rousselon (Gabriel) 35, 88, 100
Rousselon (Joseph) 136, 137
Rucksackmesser 206
Rumilly 18, 34, 158, 166ff

S
Sabatier 33, 35, 37, 50, 61, 69, 79, 98, 99, 104, 105, 111, 135, 153, 178, 179, 195, 201
Saint-Amans 106, 107, 108, 109, 110, 216
Saint-Amans-Valtoret 107, 108
Sainte-Aulaye 66
Saint-Étienne 26ff, 62, 69, 77, 81, 151, 160, 162, 163, 189, 191, 193, 195, 201
Saint-Eustache 63
Saint-Jean-de-Luz 72, 76, 77
Saint-Jean-de-Maurienne 16, 174, 175, 177, 179, 181, 185, 186

Saint-Jean-des-Bois 17, 117
Saint-Laurent-de-la-Salanque 198
Saint-Lô 120, 121
Saint-Martin 132, 133, 205, 216
Saint-Martin-de-Ré 132, 133, 205
Saint-Palais 76, 77
Saint-Pol-de-Léon 122
Saint-Pons-de-Thomières 195
Saint-Sever 73
Saint-Urcize 54
Sainte-Marie 78
Sales 170
Salies-de-Béarn 77
San Sebastian 73
Saône 153, 154
Saône-et-Loire 148, 150
Saunous 82
Sauzède-Angély 34, 46, 50, 51, 58, 124, 125
Savignac 84, 86
Savoie/Savoyen 16, 18, 34, 62, 121, 162, 165, 166, 168, 170, 171, 173, 174ff, 210, 216
Savoyard 28, 166
Schäfermesser 13, 27, 142
Schlachtmesser 142, 148, 206
Schleifer 17, 30, 31, 86, 115, 147, 162, 165, 171, 176, 193, 201
Schmuggler 82
Schweiz 28, 145, 147, 154, 162, 181
Sète 192
Seurre 153, 154, 155, 216
Sévérac 54, 55
Sévérac-le-Château 54
Séverin Auvray 120, 121
Sèvre niortaise 131
Seyssel 168
Sheffield 114, 204
Soanen 87, 88, 100, 173, 194, 204
Socoa 72
Solingen 142, 206
Somme 113
Spanien 27, 28, 48, 75, 76, 79, 80, 82, 98, 106, 145, 153, 191, 198
Stéphanois 27, 160, 162, 193
Südamerika 193

T

Taillandier(s) 53, 64, 107, 110, 115, 151, 170, 174, 177, 185, 186, 195, 197, 198, 201, 208, 210
Tambellini 207
Tarbais 81, 98
Tarbes 80, 81
Tarn 14, 106f, 108, 109, 110, 195
Tarnais 108, 110
Tarn-et-Garonne 21, 96, 97, 206
Tarniquet 192, 193
Tarrerias (Forges) 125, 126, 128, 142, 148, 151, 179
Tarry-Levigne 56, 82, 100, 101, 102, 194
Tech 197, 198
Têt 198
Thérias 46, 49, 50, 58, 119, 157, 173
Thibaud 54, 55, 58
Thiers 14, 15, 17, 18, 22, 23, 25, 27, 28, 29, 30ff, 41, 42, 45, 46, 47, 48, 49, 50, 51, 56, 57, 58, 59, 61, 69, 79, 80, 81, 82, 84, 86, 87, 88, 91, 98, 99, 100, 101, 102, 104, 105, 106, 107, 109, 111, 113, 114, 117, 118, 119, 121, 124, 125, 126, 127, 128, 129, 130, 132, 133, 135, 137, 139, 140, 141, 142, 143, 145, 146, 148, 149, 151, 152, 153, 154, 155, 157, 173, 178, 179, 180, 182, 184, 189, 193, 194, 195, 201, 202, 204, 205, 206, 207, 208, 209, 210, 211, 216
Tinchebray 116, 117, 121
Tiré-Droit 149, 151
Tonneau 157
Toulouse 24, 33, 98f, 106, 107, 192
Touraine 127ff
Tourangeau 127, 128, 129
Trajinaires 198, 201
Trégor 124, 125
Trempe 17, 18
Türkisch 12, 81, 91, 96, 97, 98, 99, 111, 114, 116, 160, 196, 197
Tulle 96
Turc 96, 98
Turgot 23, 145

U

Uzès 189

V

Valle 158
Vallespir 198, 201
Vauthier 149, 150
Vauzy 99, 100, 132, 133
Vendetta 206f
Vennat 125, 126
Vigier 50, 52
Villebrequin 41
Villefranche-de-Rouergue 16, 99
Violon 88, 100
Vitré 18

W

Westindische Inseln 193
Winzermesser 59, 127, 216

Y

Yatagan(s) 31, 57, 69, 76, 80, 86, 88, 91, 92, 93, 95, 96, 97, 103, 104, 108, 110, 160, 166, 193, 205, 206
Yonne 158
Yssingeaux 46ff, 216

QUELLENANGABEN

EINGESEHENE ÖFFENTLICHE ARCHIVE

- Im Musée de la Coutellerie in Thiers verwahrt: Fundus Privatarchiv von Camille Pagé, Korrespondenz, handschriftliche Notizbücher von Fourbet-Denisard Crépy-en-Valois, Archiv Sabatier Frères (teilweise), Archiv 108. Girodias, im Fundus France-Export.
- Im Stadtarchiv von Thiers hinterlegt: Archives Chassaigne XVIII. Jhd., Premier Empire, Restauration.
- Im Archiv des Departement Puy-de-Dôme hinterlegt: Catalogue Poyet-Sivet um 1870, im Archiv des Tribunal de Commerce de Thiers cote AD63-U27 426, Fundus Delotz, Archiv Antoine Chassaigne XVII. Jhd., Archiv des Tribunal de Commerce. Marques de fabrique Serie U.

EINGESEHENE PRIVATE ARCHIVE

- Thiers: Archive der Coutellerie Besset-Jarrige, Annet Thérias, Robert Saint-Joanis, Sauzè-de-Angély, Fradal, Sabatier Frères, Sabatier Jeune, handschriftliche Notizbücher der Forges Tarrérias Frères.
- Nogent: handschriftlicher Katalog, Milliard, handgemalt um 1820, Musterkatalog, anonym, handgeschrieben um 1850, Musterkatalog, anonym, handgeschrieben und handgemalt um 1860, handgezeichneter und handgemalter Musterkatalog des Händlers Thirion um 1880.

IKONOGRAPHISCHE QUELLEN

Die Initialen „AD" bezeichnen die Quelle des vom Autor fotografierten Dokuments in den Departementsarchiven des jeweiligen Departements, gefolgt vom Code des betreffenden Departements und seiner Inventarnummer.
Der Vermerk „coll. MCT" zeigt an, dass das Foto vom Autor im Archiv des Musée de la Coutellerie de Thiers aufgenommen wurde. Die alten Fotos von Messerschmieden stammen aus den privaten Familienarchiven der in der Bildunterschrift genannten Familien, alle Rechte vorbehalten.

BIBLIOGRAFIE

- L'Art du coutelier, Bd. 1 bis 3, Jean-Jacques Perret, 1771
- L'Art du coutelier en ouvrages communs (Die Kunst des Messerschmieds in gemeinsamen Werken), Auguste-Denis Fougeroux de Bondaroy, 1771
- Manuel du coutelier (Handbuch des Messerschmieds), Henri Landrin, 1835
- La coutellerie des origines à nos jours, Camille Pagé, Bände 1 bis 6, Châtellerault, 1896

DIE AUTOREN, DIE ICH EINGELADEN HABE, UNS ZU BEGLEITEN

Abel Hugo, La France pittoresque, 1835
Eusèbe Girault de Saint Fargeau, Guide pittoresque du voyageur en France, 1838
Joseph de Pesquidoux, La Harde, Éd. Les petits fils de Plon et Nourrit, Paris, 1936

Danksagung

Mein herzlichster Dank geht an Martinho Albuquerque, Laurent Bastard, Musée du Compagnonnage, Tours, Raphael Bedos, Antiquitätenhändler in Paris, Familie Besombes, Michel Bourlier, Gérard Boissins, Josette Bouvier, Familie Bonnet, Alain und Philippe Bournilhas, Jean-Michel Brosse, Jean Bruchon, Jean Brunel, Michel Chambon, Pierre Chemereau, Coutellerie Per à Vannes, Antiquités Clévarec, Nantes, Christophe Cheutin, Pierre Chevalerias, François Comba, Pierre und Patricia Cognet, Élise Cousin, Musée de la Coutellerie, Thiers, Le Centre de la Mémoire compagnonnique, Angers, Les Compagnons du Devoir et du Tour de France, Les Compagnons du Tour de France des Devoirs Unis („Union Compagnonnique"), Bruno Delor, Jean Delmas, Christian Delperie, Gérard Destannes, Coutellerie Destannes in Aurillac, Françoise Detroyat, Pierre Dompnier, Thierry Dufrène, Marie-Lucie Dumas, Familie Escudier, Jean-Michel Fabre Coutellerie Fabre in Cahors, Jean Ferrier, Michel Fervel, Michel Garcia, Kevin Gélinas, Familie Girard-Tarrerias, Sébastien Goudon, Bernard Givernaud, Lauriane Grosset, Musée de la Coutellerie de Nogent, Laurent Haond, Bergamote Hébrard, Jean-Claude James, Coutellerie James in Autun, Marie-Caroline Janand, Pierre-Yves Javel, Hervé Lapouge, Christophe Lauduique, Lames de Sames-Couteaux du Pays Basque in Anglet, Familie Laurent, Sébastien Legay, Familie Lequepeys-Thibaud, Michel Lespagnol, Jacques Leymarie, Audrey Leyssales, Mairie de Nontron, Serge Le Louët, Brocante marine, Le Rocher du Corsaire in Saint-Suliac, Michel Louvet, Musée de Cancale, Christian Manin, Jean-Michel Mathonière, Jean-Michel Mazelier, Thierry Monredon, Alain und Olivier Montariol, Coutellerie Savignac in Foix, Pascal Morin, Philippe Moulin, Jean-Louis Mirmand, Geneviève Nicolas, Jacques Opinel, Maxime Opinel, Familie Pagès, Lucien Perronne, Jean Philippon, Familie Poujoulat, Marie-Noelle Provent, Musée de l'Opinel, Saint-Jean-de-Maurienne, Opinel SAS, Marc Prival, Annick Rimbod-Pethiod, Gérard Rayrolles, Marie Claude Rayssac, Benoit Renaut, Gilles Reynewaeter, Joe Reyno, Jean-Marie Roulot, Jean-Luc Rouyer, Josette Saint-Joannis, Rémy Thérias, Marie-Pierre Touyaa-Dufourcq, Pierre Sauvadet, Chantal Somm, Christine Springolo, Rémy Thérias, Jean-Pierre Vera, Verantic, und an diejenigen, deren Namen ich vielleicht vergessen habe zu erwähnen, die sich aber wiedererkennen werden.

Mein besonderer Dank gilt der Direktorin Élise Cousin und dem Team des Musée de la Coutellerie de Thiers, die mir den Zugang zu den Privatarchiven von Camille Pagé, den Messerschmieden 108 Girodias und Fourbet-Denisard sowie den Archiven von Sabatier Frères ermöglicht haben. Fotos von Dokumenten aus den Archivbeständen des Musée de la Coutellerie de Thiers tragen den Vermerk Coll. MCT als Zusatz zur Bildunterschrift (die gesamten Archive von Sabatier Frères, Sabatier-K und Sabatier Jeune wurden bei drei verschiedenen Eigentümern gesichtet).

Ich danke Florence Grange-Ponte, der Leiterin des Stadtarchivs von Thiers, die mir die Bereitstellung der Archive der Händler und Hersteller der Familie Chassaigne erleichtert hat.

Mein herzlicher Dank gilt Martinho Albuquerque, einem leidenschaftlichen Schmied und Liebhaber alter Schneidwaren, der nach zeitgenössischen Zeichnungen exakte Repliken von einigen sehr seltenen regionalen Messern aus dem handgemalten Katalog von Sabatier Frères aus den Jahren um 1865 angefertigt hat.

Im Gedenken an François Lalliard.

DOKUMENTENQUELLEN UND BILDNACHWEISE

Die in diesem Buch veröffentlichten Dokumente und alten Fotografien stammen aus privaten Sammlungen oder aus den Dokumentationsbeständen von Museen, sie sind das Eigentum ihrer jeweiligen Besitzer oder Rechteinhaber. Die Zeichnungen sind geistiges Eigentum ihrer jeweiligen Urheber oder Berechtigten.

Alle Fotografien stammen von Christian Lemasson, außer S. 211: Vivien Therme.

WIELAND

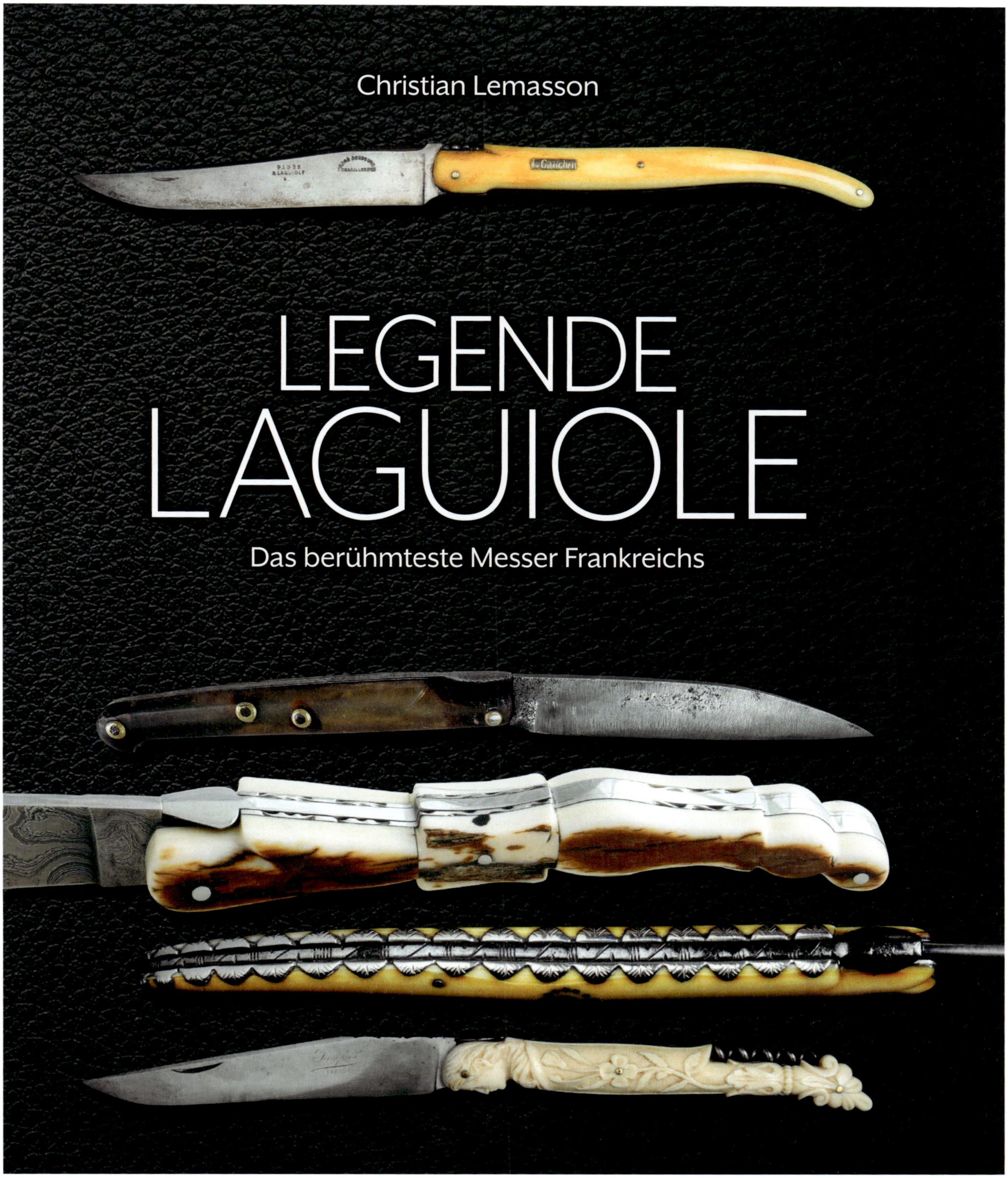

Ebenfalls im
Wieland Verlag erschienen

Direktbestellung:
www.wieland-verlag.com

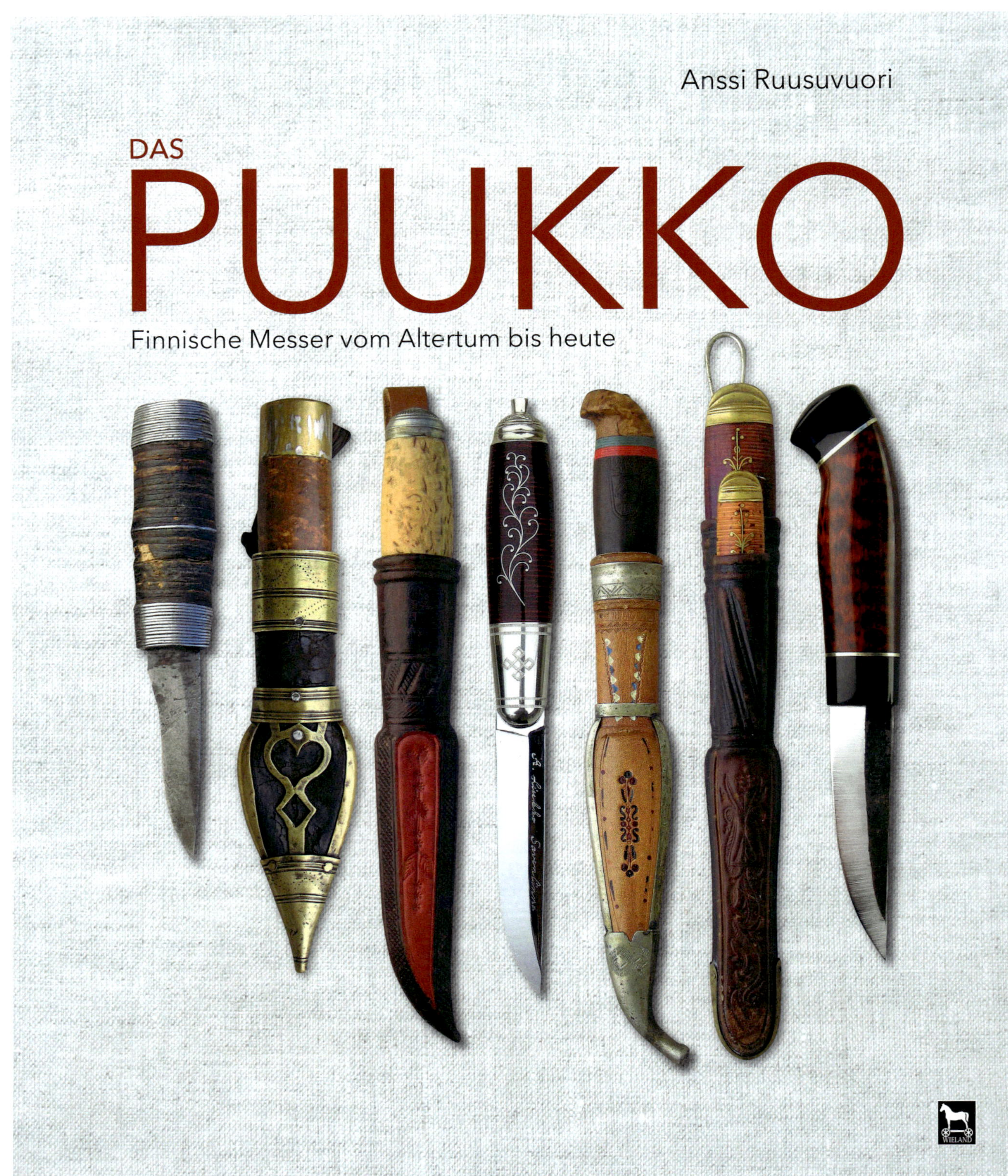

Anssi Ruusuvuori

DAS PUUKKO – FINNISCHE MESSER VOM ALTERTUM BIS HEUTE

Hardcover, 24 x 28 cm, 224 Seiten, ISBN 978-3-938711-77-4

EUR 49,90